普通高等教育“十三五”规划教材

水利工程抗冻技术教程

主　编　王海娟　程建军　李东升
副主编　刘建军　余书超

中国水利水电出版社
www.waterpub.com.cn

内 容 提 要

本教材共分为8章，主要内容包括绪论，冻土及其物理性质，土的冻胀及冻胀力，刚性护面渠道冻胀破坏分析与防治技术，板式基础冻胀破坏分析与防治技术，平原水库土坝护坡冻害与防治技术，桩、墩式基础冻胀破坏分析与防治技术，支挡建筑物冻胀破坏分析与防治技术。

本教材可作为高校水利水电工程、农业水利工程、土木工程、给水排水工程专业教材，也可供相关专业的师生学习和参考。

图书在版编目（CIP）数据

水利工程抗冻技术教程 / 王海娟，程建军，李东升主编. -- 北京 : 中国水利水电出版社，2016.1
普通高等教育“十三五”规划教材
ISBN 978-7-5170-3825-2

Ⅰ. ①水… Ⅱ. ①王… ②程… ③李… Ⅲ. ①水利工程－抗冻性－高等学校－教材 Ⅳ. ①TV

中国版本图书馆CIP数据核字(2016)第018656号

书　　名	普通高等教育“十三五”规划教材 **水利工程抗冻技术教程**
作　　者	主编　王海娟　程建军　李东升　副主编　刘建军　余书超
出版发行	中国水利水电出版社 （北京市海淀区玉渊潭南路1号D座　100038） 网址：www. waterpub. com. cn E－mail：sales@waterpub. com. cn 电话：（010）68367658（发行部）
经　　售	北京科水图书销售中心（零售） 电话：（010）88383994、63202643、68545874 全国各地新华书店和相关出版物销售网点
排　　版	中国水利水电出版社微机排版中心
印　　刷	北京瑞斯通印务发展有限公司
规　　格	184mm×260mm　16开本　9.75印张　232千字
版　　次	2016年1月第1版　2016年1月第1次印刷
印　　数	0001—2000册
定　　价	**25.00**元

前言

我国是第三冻土大国，冻土区（包括多年冻土和季节冻土）约占国土面积的70%左右，主要分布于东北、西北、华北等广大地区，这些地区除部分多年冻土区，其余均为季节性冻土区。冬季气候寒冷，造成地表土层不同程度的冻结，水面结成冰盖，春夏转暖时全部融化，这种现象称为年季节性冻结和融化。大地及河湖在年季节冻结和融化过程中，将发生一系列物理力学性质的变化，诸如地表冻胀隆起、融化沉陷及冰层膨胀等现象，使许多坐落在土基上和以土、水为环境的各类建筑物，受到种种动力作用而产生不同部位、不同形式和不同程度的破坏，称为冻害。尤其以土和水为环境水利工程冻害最为严重。冻害严重影响了现有工程效益的发挥和新建工程的安全，因此研究冻土性质及水利工程冻害破坏机理，采取有效的抗冻技术，对水利工程的建设及发展有着至关重要的作用。

中国冻土研究起步相对较晚，新中国成立初期，主要是中国科学院兰州冰川冻土研究所、铁道第二设计院等单位从事冻土的研究工作。20世纪70年代末，我国冻土研究进入了高潮，水利工作者做出了大量的理论和试验研究及调查工作，取得了丰硕的成果。例如水利部颁布的《渠系工程抗冻设计规范》（SL 23—91，SL 23—2006）、《水工建筑物抗冰冻设计规范》（SL 211—98，SL 211—2006）。国内冻土研究学者，出版了《土的冻胀与建筑物冻害防治》（童长江等）、《冻土路基工程》（吴紫汪等）、《水工建筑物冻害及防治》（水电部东北勘测设计院等）、《冻土物理学》（徐学祖等）、《中国冻土》（周幼吾等）一批著作。为工程冻害防治技术奠定了坚实的理论基础，积累了大量的冻害防治的方法措施。

本教材共8章内容，第1章绪论部分，主要阐述冻土分布、冻土引起的工程冻害、研究现状相关内容。第2、3章是基础章节，阐述了冻土的基本概念及分类；冻土物理力学性质；冻土热学性质；土体的冻胀及有关的指标的计算；土体冻结过程中的水分迁移机理及温度特征；影响土体冻胀的因素；土的切向冻胀力、法向冻胀力、水平冻胀力等相关内容。第4～8章分别阐述刚性护面渠道、板式基础、平原水库土坝护坡、桩（墩）式基础、支挡建筑物冻胀破坏分析与防治技术。

本教材第1章由程建军编写，第2章由刘建军、余书超、王海娟编写，第3、5、6、7、8章由王海娟编写，第4章由李东升编写。

本教材是编者在多年从事水利工程抗冻技术教学研究过程中，收集大量资料编写而成的。在编写过程中参阅了有关参考文献和著作，并引用了一些图表，在此特向原作者表示衷心的感谢。

由于编者水平有限，书中难免存在错误和不妥之处，恳请各位专家、同仁、读者提出批评指正和建议。

编 者

2015年9月

目 录

第1章 绪 论

1.1 冻 土 分 布

1. 世界冻土分布

地球上多年冻土总面积约为3500万km^2，主要分布在北半球。包括欧亚大陆的西伯利亚和北美大陆的阿拉斯加及加拿大广阔地区的多年冻土，约占全球多年冻土总面积的63%。冻土在地球上的分布具有明显的纬度地带性和高度地带性。在水平方向和垂直方向上，多年冻土带可分为连续多年冻土带、不连续多年冻土带和岛状多年冻土带。在纬度地带性上，自高纬度向中纬度，多年冻土埋深逐渐增加，厚度不断减小，年平均地温相应升高，由连续多年冻土带过渡到不连续多年冻土带、季节冻土带。

围绕极地的高纬度多年冻土，分布具有明显的纬度地带性，在北半球自北而南多年冻土分布的连续性减小。北部为连续多年冻土带，通常以−5℃年平均气温等值线作为分布的南界。往南形成连续或广布多年冻土带，其南界大致与−4℃年平均气温等值线相符。再往南为高纬度多年冻土区的南部边缘地区，形成岛状或散布多年冻土带，其南部界限即为多年冻土南界，多年冻土以南界以南、一定海拔高度上出现的多年冻土称为高海拔多年冻土，其分布有明显的垂直地带性，厚度一般自多年冻土出现的最低界限（多年冻土下界）往上，随高度的递增而增加，多年冻土南界以南还分布有残余多年冻土。残余多年冻土有时出现在多年冻土区的南缘的地下深处，与现代多年冻土一起构成双层多年冻土。

2. 我国冻土分布

我国是第三冻土大国，冻土区（包括多年冻土和季节冻土）约占国土面积的70%，主要分布在东北北部地区及西部高山区。其中多年冻土分布区，占国土面积的21.5%，主要分布在大小兴安岭的北部，青藏高原及西南西北之巅和冰川外缘。

东北冻土区为欧亚大陆冻土区的南部地带，冻土分布具有明显的纬度地带性规律，自北而南，分布的面积减少。该地区有宽阔的岛状冻土区（南北宽200～400km），其热状态很不稳定，对外界环境因素改变极为敏感。东北冻土区的自然地理南界变化在北纬46°36′～49°24′，是以年均温0℃等值线为轴线摆动于0℃和±1℃等值线之间的一条线。

西部高山高原和东部一些山地，一定的海拔高度以上（即多年冻土分布下界）才有多年冻土出现。冻土分布具有垂直分带规律，如祁连山热水地区海拔3480m出现岛状冻土带，3780m以上出现连续冻土带；前者在青藏公路上的昆仑山上分布于海拔4200m左右，后者则分布于4350m左右。青藏高原冻土区是世界中、低纬度地带海拔最高（平均4000m以上）、面积最大（超过100万km^2）的冻土区，其分布范围北起昆仑山，南至喜马拉雅山，西抵国界，东缘至横断山脉西部、巴颜喀拉山和阿尼马卿山东南部。青藏高原多年冻土基本呈连续或大片分布，温度低、地下冰厚度大。在青藏高原地势西北高、东南低，年均温和降水分布西、北低，东、南高的总格局影响下，冻土分布面积由北和西北向南和东南方向减少。高原冻土最发育的地区在昆仑山至唐古拉山南区间，本区除大河湖融区和构造地热融区外，多年冻土基本呈连续分布。往南到喜马拉雅山为岛状冻土区，仅藏南谷地出现季节冻土区。中国高海拔多年冻土分布也表现出一定的纬向和经向的变化规律。冻土分布下界值随纬度降低而升高。二者呈直线相关。冻土分布下界值中国境内南北最大相差达3000m，除阿尔泰山和天山西部积雪很厚的地区外，下界处年均温由北而南逐渐降低（由－3～－2℃以下）。西部冻土下界比雪线低1000～1100m，其差值随纬度降低而减小。东部山地冻土下界比同纬度的西部高山一般低1150～1300m。

1.2　工　程　冻　害

我国东北、西北、华北等广大地区，冬季气候寒冷，造成地表土层不同程度的冻结，水面结成冰盖，春夏转暖时全部融化。这种现象称为年季节性冻结和融化。大地及河湖在年季节冻结和融化过程中，将发生一系列物理力学性质的变化，诸如地表冻胀隆起、融化沉陷及冰层膨胀等现象，使许多坐落在土基上和以土、水为环境的各类工程和建筑物，受到种种动力作用而产生不同部位、不同形式和不同程度的破坏。这就是我们所称的冻害。无论是水利工程、建筑工程还是路桥工程等都存在着冻害问题。20世纪70年代，据调查资料统计，黑龙江省查哈阳灌区支渠以上的112座建筑物（包括进水闸42座、排水闸8座、节制闸13座、跌水23座、渡槽1座、其他结构构造物25座），发现遭受不同程度冻胀破坏的就有93座，占全部构造物的83%。新中国成立以来，有的灌区工程已经重建了几次，造成的经济损失达数千万，而且还严重影响了水利工程效益的发挥。

1. 水利工程冻害

渠系工程中涵闸、渡槽、跌水、陡坡、渠道、倒虹吸等建筑物因受冻胀、融沉、冰压力和冻胀力的作用，冻害破坏最为严重。渠系工程破坏特征首先以裂缝和断裂最为普遍。其次是融沉与倾覆，冬季冻结春季融化，地基土含水量增加、强度降低，在建筑物荷载作用下产生沉陷，不均匀沉陷导致建筑物倾斜，甚至倾覆破坏。板式基础在法向冻胀力的作用下，建筑物整体或部分隆起或上抬；桩柱基础在切向冻胀力的作用下被拔起或拔断；衬砌渠道产生裂缝、鼓胀、隆起架空、整体上抬滑塌等。

2. 路桥冻害

铁路、公路路基工程因冻胀引起的路基变形，冻胀引起路基不平，路面产生裂缝，一般呈纵向分布，严重时造成路面破碎。桥梁墩柱冻拔上抬，桥面隆起，桥台翼墙裂缝倾覆倒塌。更为严重的是，春季到来，路基土融化，含水量增加，路基中水分不能及时排出，形成潮湿软弱状态，路基承载能力降低，在车辆通过时，造成路面鼓包，翻浆冒泥，影响行车，甚至中断交通。

1.3　冻土研究概况

世界冻土研究的国家主要有苏联、美国、加拿大、瑞典、日本、挪威和中国，苏联研究处于世界前列，取得了丰硕的成果。如 1940 年由 M. N. 苏姆金编写的《普通冻土学》一书，主要通过现场调查手段研究冻土成因、成分、性质、组构、分布及其与发生在冻土中的地质作用、地球化学作用和生物作用的关系。《普通冻土学》是第一部冻土学教科书。此外，1952 年 H. A. 崔托维奇出版了《冻土力学原理》一书，主要研究冻土的强度和变形特性及其在工程实践的应用。1958 年由原苏联科学院出版社出版了 H. A. 崔托维奇《冻土上的地基与基础》一书，论述了冻土的基本物理、力学性质，冻土中的物理力学过程及冻土上基础设计、施工方法。

中国冻土研究起步相对较晚，新中国成立初期，主要是中国科学院兰州冰川冻土研究所、铁道第二设计院等单位从事冻土的研究工作。水利工程冻害研究是从 20 世纪 50 年代开始的，主要对负温条件下土方施工、冬季土坝防渗铺盖问题结合实际工程进行研究，为寒区土方施工提供了依据，并出版了《碾压式土坝的冬季施工》一书。20 世纪 70 年代末，我国冻土研究进入了高潮，成立了全国抗冻技术联合组织、抗冻技术科学研究协作组和抗冻技术情报网，召开了多次全国冰川冻土学术会议，多次参加国际冻土学学术会议。中国科学院兰州冰川冻土研究所、水利部东北勘测设计院、黑龙江水利科学研究院、黑龙江低温研究所、辽宁省水利科学研究所、铁道部设计院等一批教学、科研、生产单位密切结合生产实践，进行了大量的调查和室内外试验，从理论和实践上取得了大批科研成果。在冻土物理力学性质、土的冻胀分类、土的冻胀预报、冻害机理、冻害防治、抗冻胀计算等方面发表了多篇论文。在水利、工业与民用建筑等行业颁布了有关冻土工程的规范，例如：《渠系工程抗冻设计规范》（SL 23—91，SL 23—2006）、《水工建筑物抗冰冻设计规范》（SL 211—98，SL 211—2006）、《建筑桩基基础设计规范》（JGJ 94—94）、《冻土地区建筑地基基础设计规范》（JGJ 118—98）、《公路桥涵地基与基础设计规范》（JTJ 024—85）等。国内冻土研究的学者，出版了《土的冻胀与建筑物冻害防治》（童长江等）、《冻土路基工程》（吴紫汪等）、《冻融土中水热运输问题》（李述训等）、《冻土物理学》（徐学祖等）、《中国冻土》（周幼吾等）一批著作。关于冻土的研究还远远没有结束，许多基础理论和生产实践问题还需要进一步研究和完善。随着我国经济的发展和国力的增强，我国冻土研究必将取得更大的成绩。

1.4　本教材的主要内容

本教材共 8 章内容，第 1 章绪论部分，主要阐述冻土分布、冻土引起的工程冻害、研究现状相关内容。第 2、3 章本教材的基础章节，阐述了冻土的基本概念及分类；冻土物理力学性质；冻土热学性质；土体的冻胀及有关的指标的计算；土体冻结过程中的水分迁移机理及温度特征；影响土体冻胀的因素；土的切向冻胀力、法向冻胀力、水平冻胀力等相关内容。第 4～8 章分别阐述刚性护面渠道、板式基础、平原水库土坝护坡、桩（墩）式基础、支挡建筑物冻胀破坏分析与防治技术。

第2章　冻土及其物理性质

2.1　冻土及其分类

2.1.1　冻土

冻土是指温度在0℃或0℃以下含有冰胶结层的各种岩石和土壤，是一种复杂的多相、多成分的复合体。如果只有负温而没有冰胶结层的土层称为寒土。冻土在结构上呈毛细多孔状，整体上是非均匀和各向异性的。冻土的基本成分是矿物或矿体骨架（固相）、冰、未冻水和气体，它们决定着冻土的结构、物理力学和热物理性质，并影响着土体冻结和解冻过程。

1. 骨架（固相）

冻土的骨架（固相）由土颗粒和负温矿物组成，是冻土多成分体系的主体。矿物颗粒大小、形状、矿物成分、比表面积、表面活动性等反映其表面物理化学性质的交换阳离子成分和交换量，极大地影响了土的结构构造特性、水分迁移机制、强度，以及冻结时冰的形成和冻胀量等。

2. 冰

冰是冻土存在的基本条件，是冻土的必然组成成分。冻土中的冰一般称为地下冰，其形成和融化致使冻土层的结构发生特殊的变化，使冻土具有特殊的物理力学性质。地下冰形成过程可分为三种类型：构造冰，在岩石冻结时形成，对冻土的结构形成和性质具有重要意义，对冰和骨架的数量关系以及它们在土内的相互位置有影响；穴脉冰，冻结岩石中的孔穴被冰充填而成；埋藏冰，包括各种成因的埋藏的地面冰，其形成分为两个阶段：地面上形成的地面冰，及随后在矿物冲积层形成的埋藏冰。地面冰是由于地面覆盖雪变成冰而形成的，有河川埋藏冰、湖泊埋藏冰、冰锥埋藏冰等，埋藏雪属于第二种埋藏冰。

3. 未冻水

冻土中的液相是指其中的未冻水。土体冻结是随时间变化的、复杂的热过程。不同土体起始冻结温度不同，当土的温度降低到起始冻结温度以下时，部分孔隙水开始冻结。随着温度进一步降低，土中未冻水的含量逐渐减少，但不论温度有多低总有一部分水保持未冻状态而与冰共存。未冻水主要是结合水。因结合水受到土粒表面静电引力的作用，要使其冻结，除要克服普通液态水分子引力外，还要克服土粒表面对水分的引力。因此结合水的冰点较低，一般弱结合水在－20～－30℃才开始冻结，强结合水在－78℃才冻结。冻土中未冻水含量对其力学性质影响很大。未冻水含量取决于冷却温度和压力，以及矿物骨架或有机矿物骨架的性质。

4. 气体

冻土的气相包括水蒸气、空气、沼气以及其他气体。处于自由和吸附式封闭状态。自由气体的数量取决于土的孔隙度，吸附式封闭气体的数量与冻土颗粒的数量、成分和孔隙大小及冻土中有机质含量有关。

2.1.2 冻土分类

冻土分类有多种形式。冻土可按冻土层存在时间长短、泥炭化程度、体积压缩系数、总含水量及盐渍度、平面分布特征、冻胀率、融化下沉系数、冻结特征和冰层厚度等进行分类。

1. 根据在自然条件下冻土层存在时间长短分类

(1) 暂时冻土——冻土存在的时间为几个小时或只有几天。

(2) 季节冻土——冬季冻结，夏季全部融化的土。

(3) 隔年冻土——冬季冻结，一两年内不融化的土。

(4) 多年冻土——冬季冻结，冻结时间延续3年及3年以上，甚至长达一个世纪或几千年的土层。

2. 根据泥炭化程度分类

泥炭化程度指单位体积中含植物残渣和成泥炭的质量与冻土干密度的比值，工程中用百分数表示。

冻结泥炭化土的泥炭化度ξ按下式计算：

$$\xi=\frac{m_p}{g_d}\times 100\% \tag{2.1}$$

式中 m_p——土中含植物残渣和成泥炭的质量，g。

g_d——土骨架质量，g。

按冻结泥炭化土的泥炭化程度ξ分为：对粗颗粒冻土，当$\xi>3$时，为泥炭化冻土；对黏性冻土，当$\xi>5$时，为泥炭化冻土。

3. 按盐渍度分类

盐渍度指单位体积中含易溶盐的质量与冻土干密度的比值，工程中用百分数表示。

盐渍化冻土的盐渍度ζ用下式计算：

$$\zeta=\frac{m_g}{g_d}\times 100\% \tag{2.2}$$

式中 m_g——土中含易溶盐的质量，g。

按盐渍度ζ判定，归属于盐渍化冻土的是：对粗粒土，$\zeta>0.1$；对粉土，$\zeta>0.15$；对粉质黏土，$\zeta>0.2$；对黏土，$\zeta>0.25$。

4. 按冻土的平面分布特征分类

多年冻土根据融区的存在与否及融区的大小分为：

(1) 零星分布多年冻土。冻土面积仅占5%～30%，绝大部分为融区。

(2) 岛状分布多年冻土。冻土面积占40%～60%，冻土以岛状分布在融土区中。

(3) 断续分布多年冻土。冻土面积占70%～80%，融区呈岛状分布。

(4) 整体分布多年冻土。也称连续分布多年冻土，冻土面积大于90%，仅在大河或大湖底部及地热异常地带（如温泉）无冻土分布。

其中零星分布多年冻土、岛状分布多年冻土、断续分布多年冻土均属于非整体多年冻土。

5. 按冻土的压缩变形系数和总含水量分类

(1) 坚硬冻土：$a\leqslant 0.01\text{MPa}^{-1}$或$m_v\leqslant 0.01\text{MPa}^{-1}$，可近似看成不可压缩土。土中未冻含水量很少，土粒被冰牢固胶结，土体压缩性很小，在荷载作用下表现为脆性破坏，与岩石相似。当土的温度低于下列数值时，呈坚硬冻土：粉砂－0.30℃；粉土－0.60℃；粉质黏土－1.0℃；黏土－1.5℃。

(2) 塑性冻土：$a>0.01\text{MPa}^{-1}$或$m_v>0.01\text{MPa}^{-1}$，为塑性冻土。土中含大量未动水，土的强度不高，压缩性较大，当土体温度低于0℃以下至坚硬冻土温度是上限之间，饱和度$S_r<80\%$时，冻土呈塑性，受力计算变形时应计入压缩变形量。

(3) 松散冻土：冻土中总含水量不大于3%，土粒为被冰所胶结，粒间互不连续仍保持结冰前散体状态。其力学性质与未冻土体无太大差别，所以称为松散冻土。砂土和碎石土常呈松散冻土。

6. 按冻土的冻胀率分类

根据《建筑地基基础设计规范》(GB 50007—2002) 中根据土类（主要是粒径成分）、土中天然含水量和与地下水关系，把土按冻胀性强弱分为5级，见表2.1。

表2.1 季节冻土的冻胀分类

<table>
<tr><th>土的名称</th><th>冻前天然含水量 ω/%</th><th>冻结期间地下水位距冻结面的最小距离 h_w/m</th><th>平均冻胀率 η/ %</th><th>冻胀等级</th><th>冻胀类别</th></tr>
<tr><td rowspan="6">碎（卵）石，砾、粗、中砂（粒径小于0.075mm颗粒含量大于15%），细砂（粒径小于0.075mm颗粒含量大于10%）</td><td rowspan="2">$\omega\leqslant12$</td><td>>1.0</td><td>$\eta\leqslant1$</td><td>Ⅰ</td><td>不冻胀</td></tr>
<tr><td>≤1.0</td><td rowspan="2">$1<\eta\leqslant3.5$</td><td rowspan="2">Ⅱ</td><td rowspan="2">弱冻胀</td></tr>
<tr><td rowspan="2">$12<\omega\leqslant18$</td><td>>1.0</td></tr>
<tr><td>≤1.0</td><td rowspan="2">$3.5<\eta\leqslant6$</td><td rowspan="2">Ⅲ</td><td rowspan="2">冻胀</td></tr>
<tr><td rowspan="2">$\omega>18$</td><td>>0.5</td></tr>
<tr><td>≤0.5</td><td>$6<\eta\leqslant12$</td><td>Ⅳ</td><td>强冻胀</td></tr>
<tr><td rowspan="7">粉砂</td><td rowspan="2">$\omega\leqslant14$</td><td>>1.0</td><td>$\eta\leqslant1$</td><td>Ⅰ</td><td>不冻胀</td></tr>
<tr><td>≤1.0</td><td rowspan="2">$1<\eta\leqslant3.5$</td><td rowspan="2">Ⅱ</td><td rowspan="2">弱冻胀</td></tr>
<tr><td rowspan="2">$14<\omega\leqslant19$</td><td>>1.0</td></tr>
<tr><td>≤1.0</td><td>$3.5<\eta\leqslant6$</td><td>Ⅲ</td><td>冻胀</td></tr>
<tr><td rowspan="2">$19<\omega\leqslant23$</td><td>>1.0</td><td rowspan="2">$6<\eta\leqslant12$</td><td rowspan="2">Ⅳ</td><td rowspan="2">强冻胀</td></tr>
<tr><td>≤1.0</td></tr>
<tr><td>$\omega>23$</td><td>不考虑</td><td>$\eta>12$</td><td>Ⅴ</td><td>极强冻胀</td></tr>
<tr><td rowspan="9">粉土</td><td rowspan="2">$\omega\leqslant19$</td><td>>1.5</td><td>$\eta\leqslant1$</td><td>Ⅰ</td><td>不冻胀</td></tr>
<tr><td>≤1.5</td><td rowspan="2">$1<\eta\leqslant3.5$</td><td rowspan="2">Ⅱ</td><td rowspan="2">弱冻胀</td></tr>
<tr><td rowspan="2">$19<\omega\leqslant22$</td><td>>1.5</td></tr>
<tr><td>≤1.5</td><td rowspan="2">$3.5<\eta\leqslant6$</td><td rowspan="2">Ⅲ</td><td rowspan="2">冻胀</td></tr>
<tr><td rowspan="2">$22<\omega\leqslant26$</td><td>>1.5</td></tr>
<tr><td>≤1.5</td><td rowspan="2">$6<\eta\leqslant12$</td><td rowspan="2">Ⅳ</td><td rowspan="2">强冻胀</td></tr>
<tr><td rowspan="2">$26<\omega\leqslant30$</td><td>>1.5</td></tr>
<tr><td>≤1.5</td><td rowspan="2">$\eta>12$</td><td rowspan="2">Ⅴ</td><td rowspan="2">极强冻胀</td></tr>
<tr><td>$\omega>30$</td><td>不考虑</td></tr>
</table>

续表

土 的 名 称	冻前天然含水量 ω/%	冻结期间地下水位距冻结面的最小距离 h_w/m	平均冻胀率 η/ %	冻胀等级	冻胀类别
黏性土	$\omega \leqslant \omega_p+2$	>2.0	$\eta \leqslant 1$	Ⅰ	不冻胀
		$\leqslant 2.0$	$1<\eta \leqslant 3.5$	Ⅱ	弱冻胀
	$\omega_p+2<\omega \leqslant \omega_p+5$	>2.0			
		$\leqslant 2.0$	$3.5<\eta \leqslant 6$	Ⅲ	冻胀
	$\omega_p+5<\omega \leqslant \omega_p+9$	>2.0			
		$\leqslant 2.0$	$6<\eta \leqslant 12$	Ⅳ	强冻胀
	$\omega_p+9<\omega \leqslant \omega_p+15$	>2.0			
		$\leqslant 2.0$	$\eta>12$	Ⅴ	极强冻胀
	$\omega>\omega_p+15$	不考虑			

注 1. ω_p 为塑限含水率，%。
2. 盐渍化冻土不在表列。
3. 塑性指数大于 22 时，冻胀性降低一级。
4. 粒径小于 0.005mm 颗粒含量大于 60%，为非冻胀土。
5. 碎石类土当充填物大于全部质量的 40%时，其冻胀性按充填物土的类别判断。
6. 碎石土、砾砂、粗砂、中砂（粒径小于 0.075mm 颗粒含量不大于 15%）、细砂（粒径小于 0.075mm 颗粒含量不大于 10%）均按不冻胀考虑。

冻土层平均冻胀率 η 按下式计算：

$$\eta=\frac{\Delta h}{H_f}\times 100\% \tag{2.3}$$

$$H_f=H_m-\Delta h \tag{2.4}$$

式中 Δh——地表冻胀量，mm；

H_f——冻结深度，mm；

H_m——冻土层厚度，mm。

土的冻胀率与土的颗粒组成、孔隙度、含盐量、含水量关系密切。土在稳定负气温条件下，土中含水量达到一定界限值时，就表现出冻胀，该界限值称为土的起始冻胀含水量。对细粒土，起始冻胀含水量大致等于塑限含水量。

土层冻胀率可在现场用单层或分层冻胀仪做原始观测，或由室内试验测定，若有丰富经验时也可用经验公式计算确定。

7. 按冻土的融化下沉系数分类

在没有外荷载的作用条件下，冻土在融化过程中，由于土体中冰融化，所产生的沉降称为融化下沉。融化下沉通常是不均匀的，具有突陷性。融沉性可由试验测定，常以平均融化下沉系数 δ_0 表示，用下式计算。

$$\delta_0=\frac{h_1-h_2}{h_1}\times 100\%=\frac{e_1-e_2}{1+e_1}\times 100\% \tag{2.5}$$

式中 h_1、h_2——冻土试样融化前、后的高度，mm；

e_1、e_2——冻土试样融化前、后的孔隙比。

工程上依据平均融化下沉系数 δ_0 的大小，将多年冻土又可分为五级，具体分类情况见表 2.2。

（1）$\delta_0 \leqslant 1\%$，Ⅰ级，不融沉。

（2）$1\% < \delta_0 \leqslant 3\%$，Ⅱ级，弱融沉。

（3）$3\% < \delta_0 \leqslant 10\%$，Ⅲ级，融沉。

（4）$10\% < \delta_0 \leqslant 25\%$，Ⅳ级，强融沉。

（5）$\delta_0 > 25\%$，Ⅴ级，融陷。

表 2.2　　多年冻土按融沉性分类

土的名称	含水量 ω/%	平均融沉系数 δ_0	融沉等级	融沉类别
碎（卵）石、砾、粗、中砂（0.075mm 粒径含量小于 15%）	$\omega<10$	$\delta_0 \leqslant 1$	Ⅰ	不融沉
	$\omega \geqslant 10$	$1<\delta_0 \leqslant 3$	Ⅱ	弱融沉
	$\omega<12$	$\delta_0 \leqslant 1$	Ⅰ	不融沉
	$22 \leqslant \omega<15$	$1<\delta_0 \leqslant 3$	Ⅱ	弱融沉
	$15 \leqslant \omega<25$	$3<\delta_0 \leqslant 10$	Ⅲ	融沉
	$\omega \geqslant 25$	$10<\delta_0 \leqslant 25$	Ⅳ	强融沉
粉、细砂	$\omega<14$	$\delta_0 \leqslant 1$	Ⅰ	不融沉
	$14 \leqslant \omega<18$	$1<\delta_0 \leqslant 3$	Ⅱ	弱融沉
	$18 \leqslant \omega<28$	$3<\delta_0 \leqslant 10$	Ⅲ	融沉
	$\omega \geqslant 28$	$10<\delta_0 \leqslant 25$	Ⅳ	强融沉
粉土	$\omega<17$	$\delta_0 \leqslant 1$	Ⅰ	不融沉
	$17 \leqslant \omega<21$	$1<\delta_0 \leqslant 3$	Ⅱ	弱融沉
	$21 \leqslant \omega<32$	$3<\delta_0 \leqslant 10$	Ⅲ	融沉
	$\omega \geqslant 32$	$10<\delta_0 \leqslant 25$	Ⅳ	强融沉
黏性土	$\omega<\omega_p$	$\delta_0 \leqslant 1$	Ⅰ	不融沉
	$\omega_p \leqslant \omega<\omega_p+4$	$1<\delta_0 \leqslant 3$	Ⅱ	弱融沉
	$\omega_p+4 \leqslant \omega<\omega_p+15$	$3<\delta_0 \leqslant 10$	Ⅲ	融沉
	$\omega_p+15 \leqslant \omega<\omega_p+35$	$10<\delta_0 \leqslant 25$	Ⅳ	强融沉
含土冰层	$\omega \geqslant \omega_p+35$	$\delta_0>25$	Ⅴ	融陷

注　1. 总含水量 ω，包括冰和未冻水。
2. 盐渍化冻土、冻结泥岩化土、腐殖质、高塑性黏土不在表列。

当土的含水量小于起始融沉含水量时，$\delta_0=0$。对于大型建筑物，要求尽可能在现场原位试验确定 δ_0 值，但在一般工程地质评价及基础沉降验算中，可依据冻结地基土的土质及物理力学性质按以下经验公式进行计算。

（1）按含水量确定 δ_0。

1）按表 2.2 确定的融沉等级为Ⅰ、Ⅱ、Ⅲ、Ⅳ类土，按下式计算 δ_0。

$$\delta_0=\alpha_1(\omega-\omega_0)\times 100\% \tag{2.6}$$

式中　α_1——修正系数，按表2.3确定；

ω_0——冻土起始融沉含水量，%，可按表2.3确定。

对于黏性土，冻土起始融沉含水量可按下式计算：

$$\omega_0=5+0.8\omega_p \tag{2.7}$$

式中　ω_p——土体的塑限含水量，%。

表2.3　α_1、ω_0值表

土质	砾石、碎石土	砂类土	粉土、粉质黏土	黏土
α_1	0.5	0.6	0.7	0.6
ω_0	11.0	14.0	18.0	23.0

注　1. 对于粉黏土（粒径小于0.074mm）含量小于15%的土，α_1取0.4。
2. 黏性土起始融沉含水量ω_0按式（2.7）计算的值与表2.3所列数值不同时取小值。

2）按表2.2确定的融沉等级为Ⅴ类土，按下式计算δ_0。

$$\delta_0=3\sqrt{\omega-\omega_c}+\delta_0' \tag{2.8}$$

$$\omega_c=\omega_p+35 \tag{2.9}$$

对于粗颗粒土可用ω_0代替ω_p。缺乏试验资料时，ω_c可按表2.4取值。δ_0'对应于$\omega=\omega_c$值，可按式（2.6）计算。缺乏试验资料时，可按表2.4取值。

表2.4　ω_c、δ_0'值

土质	砾石、碎石土	砂类土	粉土、粉质黏土	黏土
ω_c/%	46	49	52	58
δ_0'/%	18	20	25	20.0

注　对于粉黏土（粒径小于0.074mm）含量小于15%的土，ω_c取44%，δ_0'取14%。

（2）按土体干密度ρ_d确定δ_0。

1）按表2.2确定的融沉等级为Ⅰ、Ⅱ、Ⅲ、Ⅳ类土，按下式计算δ_0。

$$\delta_0=\alpha_2\frac{\rho_{d0}-\rho_d}{\rho_d} \tag{2.10}$$

式中　α_2——修正系数，按表2.5确定；

ρ_{d0}——冻土起始融沉干密度，t/m^3，可按表2.5取值。

表2.5　α_2、ρ_{d0}值

土质	砾石、碎石土	砂类土	粉土、粉质黏土	黏土
α_2	25	30	40	30
ρ_{d0}/(t/m^3)	1.95	1.80	1.70	1.65

注　对于粉黏土（粒径小于0.074mm）含量小于15%的土，α_2取20，ρ_{d0}取$2.0t/m^3$。

2）按表2.2确定的融沉等级为Ⅴ类土，按下式计算δ_0。

$$\delta_0=60(\rho_{dc}-\rho_d)+\delta_0' \tag{2.11}$$

式中　ρ_{dc}——对应于$\omega=\omega_c$时冻土的干密度，无试验资料时，可查表2.6；

其他符号意义同前。

表 2.6　　　　　　　　　　　　　**ρ_{dc} 值**

土质	砾石、碎石土	砂类土	粉土、粉质黏土	黏土
$\rho_{dc}/(t/m^3)$	1.16	1.10	1.05	1.00

注　对于粉黏土（粒径小于 0.074mm）含量小于 15%的土，α_2 取 20，ρ_{dc} 取 1.2t/m^3。

8. 按冻结特征分类

少冰冻土、多冰冻土、富冰冻土和饱冰冻土。

多年冻土按冻结特征的分级与土的颗粒和冻土总含水量 ω_n 界限的关系及其融陷性等级见表 2.7。

表 2.7　　　　**多年冻土与土的颗粒和总含水量界限的关系及其融陷性分级**

<table>
<tr><th>多年冻土名称</th><th>土的类别</th><th>总含水量 ω_n/%</th><th>融化后的潮湿状态</th><th>融陷等级及评价</th></tr>
<tr><td rowspan="3">少冰冻土</td><td>粉黏粒质量不大于 15%（或粒径小于 0.1mm 的颗粒不大于 25%，以下同）的粗颗粒土（包括碎石土、砂砾、粗砂、中砂，以下同）</td><td>$\omega_n \leqslant 0$</td><td>潮湿</td><td rowspan="3">Ⅰ级不融陷</td></tr>
<tr><td>粉黏粒质量大于 15%（或粒径小于 0.1mm 的颗粒大于 25%，以下同）的粗颗粒土、细砂、粉砂</td><td>$\omega_n \leqslant 12$</td><td>稍湿</td></tr>
<tr><td>黏性土、粉土</td><td>$\omega_n \leqslant \omega_p$</td><td>半干硬</td></tr>
<tr><td rowspan="3">多冰冻土</td><td>粉黏粒质量不大于 15%的粗颗粒土</td><td>$10 < \omega_n \leqslant 16$</td><td>饱和</td><td rowspan="3">Ⅱ级弱融陷</td></tr>
<tr><td>粉黏粒质量大于 15%的粗颗粒土、细砂、粉砂</td><td>$12 < \omega_n \leqslant 18$</td><td>潮湿</td></tr>
<tr><td>黏性土、粉土</td><td>$\omega_p < \omega_n \leqslant \omega_p + 7$</td><td>硬塑</td></tr>
<tr><td rowspan="3">富冰冻土</td><td>粉黏粒质量不大于 15%的粗颗粒土</td><td>$16 < \omega_n \leqslant 25$</td><td>饱和出水（出水量小于 10%）</td><td rowspan="3">级中融陷</td></tr>
<tr><td>粉黏粒质量大于 15%的粗颗粒土、细砂、粉砂</td><td>$18 < \omega_n \leqslant 25$</td><td>饱和</td></tr>
<tr><td>黏性土、粉土</td><td>$\omega_p + 7 < \omega_n \leqslant \omega_p + 15$</td><td>软塑</td></tr>
<tr><td rowspan="4">饱冰冻土</td><td>粉黏粒质量不大于 15%的粗颗粒土</td><td rowspan="2">$25 < \omega_n \leqslant 44$</td><td>饱和大量出水（出水量 10%～20%）</td><td rowspan="4">Ⅳ级强融陷</td></tr>
<tr><td rowspan="2">粉黏粒质量大于 15%的粗颗粒土、细砂、粉砂</td><td rowspan="2">饱和大量出水（出水量小于 10%）</td></tr>
<tr><td rowspan="2">$\omega_p + 15 < \omega_n \leqslant \omega_p + 35$</td></tr>
<tr><td>黏性土、粉土</td><td>软塑</td></tr>
<tr><td rowspan="2">含土冰层</td><td>碎石土、砂土</td><td>$\omega_n > 44$</td><td>饱和大量出水（出水量 10%～20%）</td><td rowspan="2">Ⅴ级极融陷</td></tr>
<tr><td>黏性土、粉土</td><td>$\omega_n > \omega_p + 35$</td><td>软塑</td></tr>
</table>

注　1. ω_p 为塑限含水率，%。

2. 碎石土及砂土的总含水量界限为该两类土的中间值。含粉黏粒少的粗颗粒土比表列数值小；细砂、粉砂比表列数值大。

3. 黏性土、粉土总含水量界限中 +7、+15、+35 为不同类别黏性土的中间值。粉土比该值小；黏性土比该值大。

9. 按冰层厚度分类

(1) 冰层厚度小于2.5cm，含冰土层。

(2) 冰层厚度不小于2.5cm，含土冰层或纯冰层。

2.2　冻土的物理力学性质

2.2.1　冻土的物理性质

冻土由矿物颗粒（骨架）、冰、未冻水和气体四部分组成。表示冻土物理状态的指标除天然容重、天然含水率及土粒相对密度等一般的常用指标外还有几个与含水状态有关的指标。

1. 冻土的含水率

冻土的含水率系指冻土中所含的冰的质量和未冻水质量之和与土骨架质量之比。即天然温度的冻土试样，在100～105℃下烘至恒重时，失去的水的质量与干土的质量之比。用百分数（%）来表示。

根据定义，冻土含水率计算公式如下：

$$\omega=\frac{m_u+m_i}{m_s}\times 100\% \tag{2.12}$$

式中　m_u——冻土中未冻水的质量，g；

m_i——冻土中冰的质量，g；

m_s——土粒的质量，g。

冻土的含水率是研究冻土体内在规律性的重要指标。冻土中的水分是最活跃的因素，它沿着深度的分布和随季节的变化而不断变化。它的变化规律与冻土的物理-力学性质有着密切关系。含水率大的土，一般冻胀性较大，对建筑物的危害也较大。

2. 冻土的密度

冻土的密度指在冻结状态下单位体积冻土的质量，单位为g/cm^3。

$$\rho=\frac{m}{V} \tag{2.13}$$

式中　m——冻土的质量，g；

V——冻土的体积，cm^3。

冻土的密度是冻土的基本物理指标之一，它是冻土地区建筑设计中，计算冻融深度、冻胀、融沉、保温层厚度以及检验地基强度等方面不可缺少的重要指标。

土冻结后，由于土中水相变成体积膨胀，致使整个土体的体积比冻前增大，所以冻结状态的土的密度比冻前小。

3. 冻土含冰量

冻土含冰量系指冻土中所含各类型冰的总和。衡量的指标有质量含冰量、体积含冰量和相对含冰量。

(1) 质量含冰量i_g：冻土中冰的质量m_i与土骨架质量m_s之比。

$$i_g=\frac{m_i}{m_s}\times 100\% \tag{2.14}$$

(2) 体积含冰量 i_v：冻土中冰的体积 V_i 与冻土总体积 V 之比。

$$i_v=\frac{V_i}{V}\times100\% \tag{2.15}$$

(3) 相对含冰量（结冰率）i_c：冻土中冰的质量 m_i 与全部水的质量之比 m_w（包括冰）之比。

$$i_c=\frac{m_i}{m_w}\times100\% \tag{2.16}$$

4. 冻土中未冻含水量 ω_r

土体冻结后，并非土中所有液态水均全部转变为固态的冰，由于颗粒表面能的作用，其中始终保持一定数量的液态水，称为未冻水。冻土中的未冻含水量与温度之间保持着动态平衡关系，即随着温度降低，未冻含水量减少，反之亦然。冻土中的未冻水是冻土中液态水迁移的源泉，同时，由于冻土中未冻水含量随温度变化，固态和液态水的相变导致了土体性质随温度而变。

冻土中未冻水的含量主要取决于三大因素：土质（包括土颗粒的矿物化学成分、分散度、含水量、密度、水溶液的成分和浓度）、外界条件（包括温度和压力）以及冻融历史。其中，未冻水含量与负温始终保持动态平衡的关系，并可以用下式计算（徐学祖，1985）。

$$\omega_r=a|t|^{-b} \tag{2.17}$$

式中 ω_r——未冻含水量，%；

t——负气温，℃；

a、b——与土质因素有关的经验常数。

冻土中未冻含水量也可通过试验确定，当无试验条件时，可按下列方法估算。

黏性土：
$$\omega_r=K\omega_p \tag{2.18}$$

砂性土：
$$\omega_r=(1-i_c)\omega \tag{2.19}$$

式中 ω_p——塑限含水量，%；

K——温度修正系数，按表2.8选用；

i_c——相对含冰率，以小数计（小数点后取两位），按表2.8选用；

ω——总含水量，%。

表2.8 不同温度下的修正系数 K 和相对含冰率 i_c 值

土名	塑性指数		温度/℃						
			−0.2	−0.5	−1.0	−2.0	−3.0	−5.0	−10
砂土	—	i_c	0.65	0.78	0.85	0.92	0.93	0.95	0.98
粉土	$I_p\leqslant10$	K	0.70	0.50	0.30	0.20	0.15	0.15	0.10
粉质黏土	$10<I_p\leqslant13$	K	0.90	0.65	0.50	0.40	0.35	0.30	0.25
	$13<I_p\leqslant17$	K	1.00	0.80	0.70	0.60	0.50	0.45	0.40
黏土	$I_p>17$	K	1.10	0.90	0.80	0.70	0.60	0.55	0.50
草炭粉黏	$15\leqslant I_p\leqslant17$	K	0.50	0.40	0.35	0.30	0.35	0.25	0.20

注 表中粉质黏土 $I_p>13$ 及黏土 $I_p>17$ 两栏数据仅作参考。

5. 土的起始冻结温度

各种土体的起始冻结温度是不一样的，砂土、砾砂石约在0℃时冻结，可塑的粉土在−0.2～−0.5℃开始冻结，坚硬黏土和粉质黏土在−0.6～−1.2℃开始冻结。对同一种土，含水量越小，起始冻结温度越低，如图2.1所示。当土的温度降低到起始冻结温度以下时，部分孔隙水开始冻结；随着温度进一步降低，土中未冻含水量逐渐减少，但不论温度多低，土中仍含有未冻水。

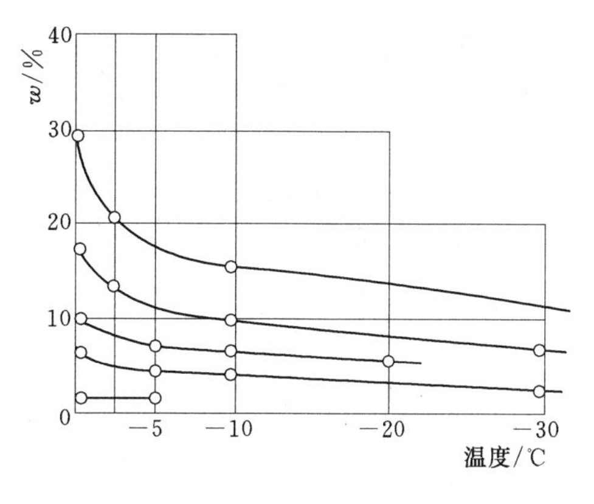

图2.1　冻土起始冻结温度与含水量的关系图

2.2.2　冻土的力学性质

1. 冻土的构造和融沉性

土体冻结强度、边界条件、土体从单向冻结还是从多向冻结、原驻水状况、有无地下水源补给等条件，决定着在冻结过程中冻土中冰晶体的形状、大小及矿物颗粒间的相对排列方式，从而形成以下4种冻土构造，如图2.2所示。

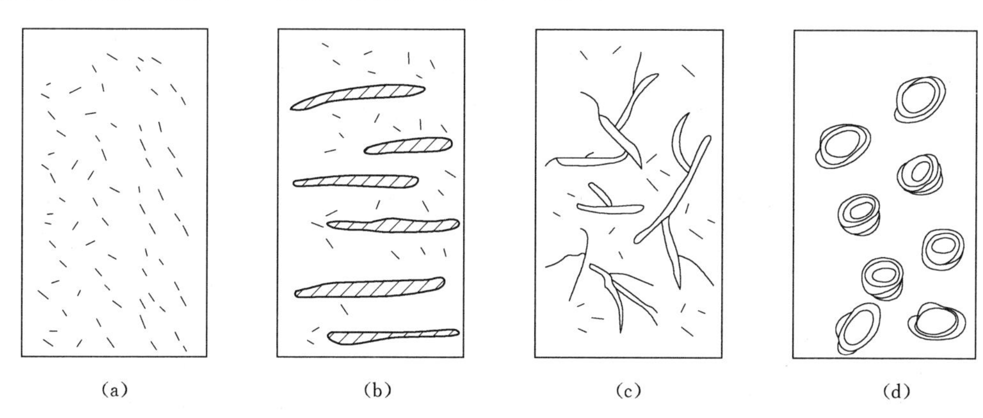

图2.2　冻土构造示意图

(a) 整体状构造；(b) 层状构造；(c) 网状构造；(d) 冰包裹状构造

(1) 整体状构造。当外界冻结强度很大，土中温度梯度也很大，冻结锋面向下推移的速度很快，下卧融土层中的水分来不及迁移就在原地冻结成冰，这时冰晶较均匀地分布在孔隙中，肉眼难见到明显的冰晶体（隐晶），冻土的构造呈整体状。一般粗颗粒土容易形成整体状构造。由于整体状冻土水分重分布不明显，所以冻胀性也不大。这种土在融化后与冻前比较，其物理力学性质变化不大。

(2) 层状构造。层状冻土构造只在黏性土及粉土、细沙中并且含水量较大时，在单向冻结的条件下才能产生。当外界冷却强度适中，土中温度梯度较小，冻结锋面向下推移的速度较慢，再加上土含水率较高，水相变时放出的潜热使冻结锋面在某一位置停留的时间较长，下卧未冻土层的水分有充足的时间迁移到冻结前缘，于是便形成冰层。层状冻土产生的冻胀明显，融化后这种构造的冻土其物理力学性质有很大改变，往往会产生很大的融沉，其承载力大大降低，抗剪强度可减低80%以上。

(3) 网状构造。网状构造的冻土也多产生在细颗粒土中，它是在水源补给条件充分，且在多向冻结条件下形成的，有着各种形状的冰带和连续的网格。有时由于土质不均匀，土层中存在原生的纹理、裂缝，冻结时除形成冰透镜体外，还产生大量纵横交错的冰脉，即形成网状构造。网状构造冻土其冻胀性和融沉介于整体状构造和层状构造冻土之间。

(4) 冰包裹状构造。冰包裹状冻土多产生在砾石土中，当这种土饱水并处在长期冻结条件下，在砾卵石周围形成冰包裹体，使砾石颗粒彼此分开，处于被包裹的“悬浮”状态，这种构造的冻土多发生在多年冻土的上限附近。在一般情况下，砾石地基具有较高的承载力和很小的压缩性，但出现冰包裹状构造后，一旦融化将会产生严重的下沉。

2. 冻土的融沉性

冻土融沉性指在自重和外荷载的作用下，冻土在融化过程中不断产生排水固结下沉的过程。冻土融沉过程中，不仅冻土中冰变成水，相变体积会缩小，还会产生孔隙水的消散与排出。

冻土的融沉性与冻土粒度组成、密度、含冰率、孔隙水消散程度等有关。相关资料研究表明：在允许自由排水条件下，无论何种类型的土体，冻土融沉系数随冻土含水量的增加而急剧增加，并且随冻土干密度增大而减小；在相同含水率条件下，冻结粉质亚黏土、粉质黏土的融沉性最强，重黏土和细砂次之，砾石土最小。对于粗粒土来讲，土中粉黏粒含量不大于 12% 时，融沉性变化不大，当粉黏粒含量大于 12%时，融沉性随粉黏粒含量增加急剧增大。

此外，冻土的融沉性与其构造有密切关系，一般整体状构造的冻土，融沉性不大，而层状和网状、冰包裹状构造的冻土在融化时可产生很大的融沉。

3. 冻土的融化压缩及融化压缩系数 a_v 或体积压缩系数 m_v

冻土融化后，在外荷载作用下产生的压缩变形，称为融化压缩。融化压缩系数 a_v 是指冻土融化后，在单位外荷载作用下的相对变形量；而融化体积压缩系数 m_v 是指在冻土融化后，在单位外荷载作用下的相对体积变化量。

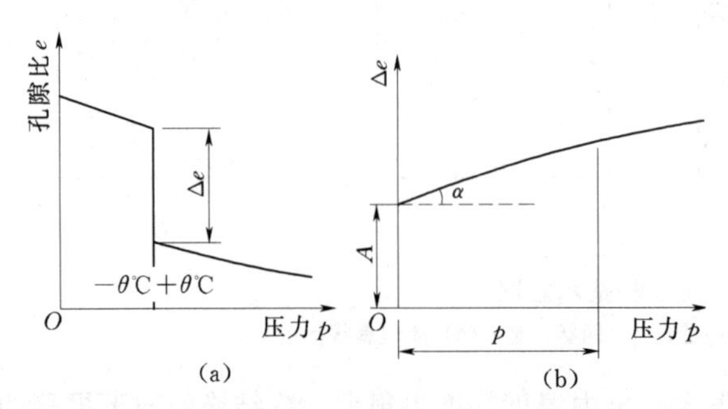

图 2.3　冻土融化前后的孔隙比变化曲线图

(a) 冻土的压缩曲线，在温度由 $-\theta$℃上升至 $+\theta$℃时，孔隙比有突变；(b) 融化前后孔隙比的突变与压力的关系

短期荷载作用下，冻土的压缩性很低，可以不计其变形。但是冻土在融化时，结构破坏，变成高压缩性和稀释的土体，产生剧烈变形。由冻土的压缩曲线 [图 2.3 (a)] 可以看出，冻土在融化前后孔隙比会发生明显的突变。图 2.3 (b) 为孔隙比变化 Δe 与压力 p 之间的关系，可以看出压力越大则融化前后孔隙比之差 Δe 也越大。在较小荷载水平下，这一关系可近似为直线。

$$\Delta e = A + ap \tag{2.20}$$

$$a_v = \frac{\dfrac{s_{n+1} - s_n}{h}}{p_{n+1} - p_n} \tag{2.21}$$

式中　A——$\Delta e-p$ 曲线在纵轴上的截距；

a_v——$\Delta e-p$ 曲线的斜率，为冻土融化时的压缩系数，冻土融化压缩系数的测定有现场原位测试和室内试验两种，室内试验方法比较成熟，应用也较久；

h——室内试验时，冻土试验的原始高度，cm；

p_{n+1}、p_n——各级荷载重，kPa；

s_{n+1}、s_n——分别在 p_{n+1} 和 p_n 级荷重作用下的变形量，cm。

冻土地基融沉变形 s 按下式计算：

$$s=\frac{\Delta e}{1+e_1}h=\frac{A}{1+e_1}h+\frac{a_v}{1+e_1}ph=A_0h+m_vph \tag{2.22}$$

式中　e_1——冻土的原始孔隙比；

h——土层融前的厚度，m；

A——零荷载下，冻土的融化下沉系数；

A_0——冻土相对融沉量，$A_0=\frac{A}{1+e_1}$；

m_v——冻土融化体积压缩系数，MPa^{-1}，$m_v=\frac{a_v}{1+e_1}$；

p——作用在冻土上的总压力，即自重压力和附加应力之和，kPa。

上述公式表明，冻土地基的融沉变形由两部分组成，一部分与压力有关，另一部分与压力无关。

4. 天然土层冻胀量

土体冻胀变形的基本特征是冻胀量，通常采用地面的总冻胀量和土体中某土层的垂直膨胀变形的冻胀量来表示。为了比较各地区、各地段土体冻胀变形强度，以及对冻胀强弱性进行评价，因此常采用冻胀率 η 来表示这个特征。

天然地基土冻胀量 h 可按下式计算：

$$h=\overline{\eta}Z_n \tag{2.23}$$

或

$$h=\sum_{i=1}^{n}\eta_i\Delta Z_{ni} \tag{2.24}$$

式中　$\overline{\eta}$——整个计算冻深的平均冻胀率；

Z_n——计算冻深，m；

η_i——按分层总和法，计算冻深内第 i 层土的冻胀率；

ΔZ_{ni}——按分层总和法，计算冻深内第 i 层土的厚度，m。

工程上，冻土地基的冻胀量 Δh 应限制在建筑物允许变形［S］范围内。

5. 切向、法向和水平冻胀力

地基土冻结时，随着土体的冻胀，作用于桩（柱）基础侧面向上的力，称为切向冻胀力。垂直向上作用于平板式基础底面的冻胀力，称为法向冻胀力。水平作用于挡土墙上的冻胀力，称为水平冻胀力。

6. 冻结力

冻土与基础表面通过冰晶胶结在一起，这种胶结力称为基础表面与冻土间的冻结强度，简称冻结力。在实际使用中通常以这种胶结的强度来衡量冻结力的大小。

7. 冻土的抗压强度

冻土的抗压强度是指冻土承受竖向作用的极限强度。冻土的抗压强度与冰的胶结作用有关，故比未冻大许多倍，且与温度和含水量有关，如图 2.4 所示。冻土的抗压强度随温度的降低而增高。这是因为温度降低时不仅含冰量增加，而且冰的强度也增大的缘故，如图 2.5 所示。在一定负温度下，冻土抗压强度随土的含水量的增加而增加。因为含水量越大，起胶结作用的冰越多；但含水量过大时，其抗压强度反而减少并趋于某个定值，相当于纯冰在该温度下的强度。

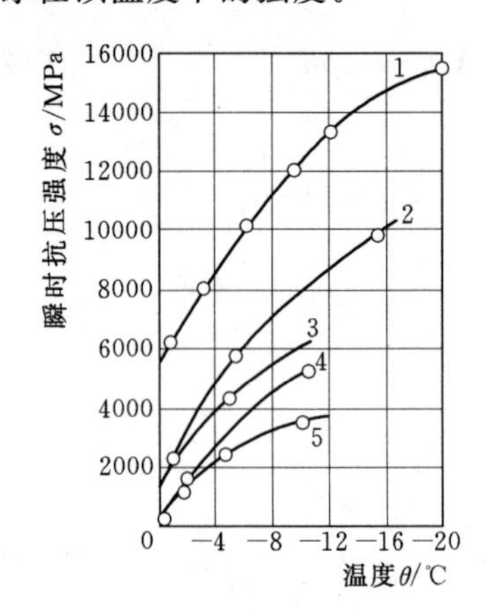

图 2.4　冻土瞬时抗压强度与负温度的关系

1—砂；2、3—粉土；4、5—黏土

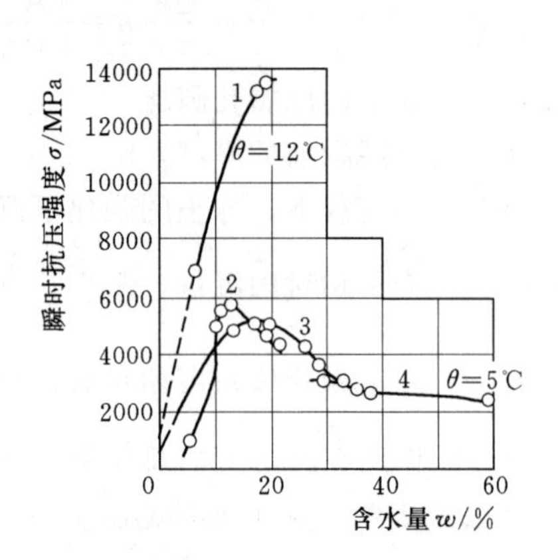

图 2.5　冻土瞬时抗压强度与含水量的关系

1—砂（θ≈—12℃）；2—粉土；3—黏土；

4—粉土（θ≈−5℃）

冻土中因有冰和未冻水的存在，故在长期荷载下有强烈的流变性，如图 2.6 所示。长期荷载作用下的冻土的极限抗压强度比瞬时荷载下的抗压强度要小很多倍，如图 2.7 所示，而且与冻土的含水量及温度有关，在选用地基承载力时必须考虑到这一点。

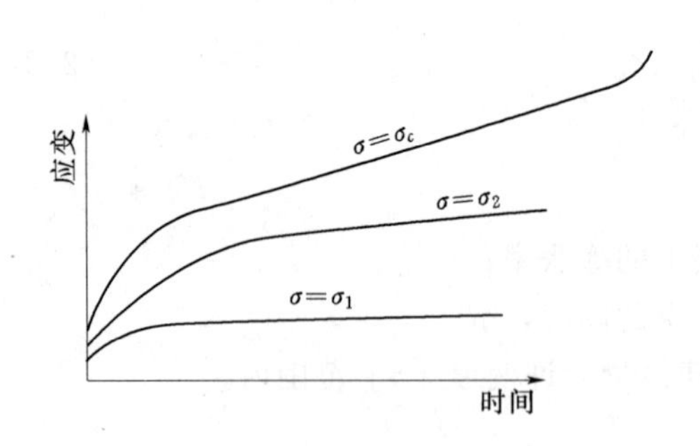

图 2.6　冻土的应力应变与时间的关系

σ—压应力；σ_c—长期抗压强度；

σ_1、σ_2—小于 σ_c 的某个压力值

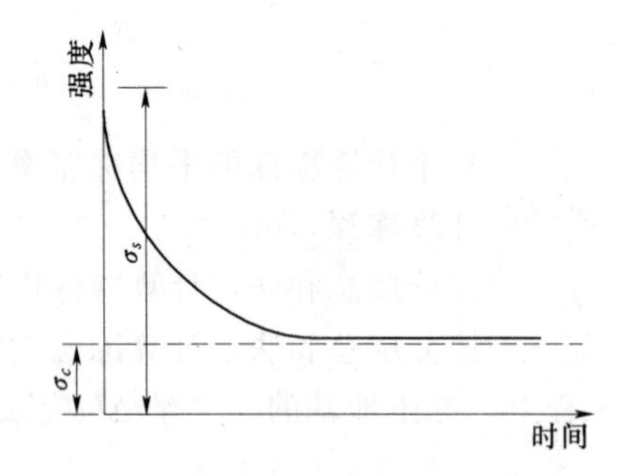

图 2.7　冻土的抗压强度与载荷作用历时的关系

σ_s—瞬时抗压强度；σ_c—长期抗压强度

8. 冻土的抗剪强度

冻土的抗剪强度指冻土在外力作用下，抵抗剪切滑动的极限强度。冻土抗剪强度不仅与外压力有关，而且与土温及荷载作用历时密切相关。

多年冻土在抗剪强度方面的表现与抗压强度类似，如图 2.8 所示，长期荷载作用下的冻土的抗剪强度比瞬时荷载作用下的抗剪强度低了许多，所以一般情况下只考虑其长期抗剪强度。此外由于冻土的内摩擦角不大，近似地把冻土看做理想黏滞体，即 $\varphi=0$，以计算冻土地基的极限承载力和临塑强度，以试验求得的长期内聚力 C_c 代替公式中的 C 值。

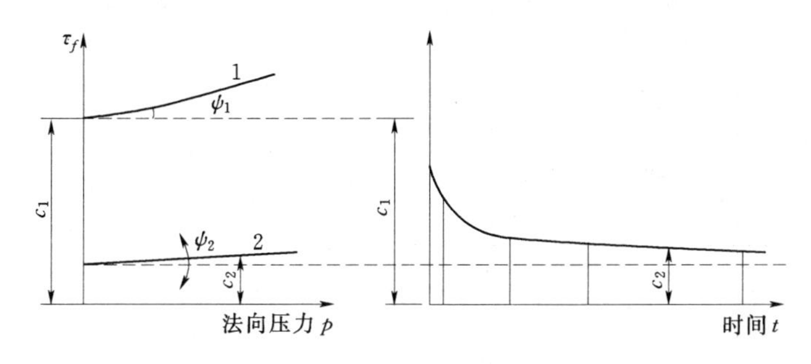

图 2.8　冻土的抗剪切强度 τ_f 与法向应力 p 及荷载作用时间 t 的关系

1—荷载快速增长时；2—荷载慢速增长时

冻土融化后其抗压强度与抗剪强度将显著降低。对于含冰量很大的土，融化后的内聚力约为冻结时的 1/10，建于冻土上的建筑物将会因地基强度的破坏而造成严重事故。

2.3 冻土的热学性质

2.3.1 热容量

热容量是土的蓄热性能的指标，是进行热工计算不可缺少的参数之一。热容量包括质量热容量（亦称比热）和容积热容量。

（1）比热 C_u：单位质量的物体温度升高（或下降）1℃时所需要吸收（或放出）的热量，单位为 kJ/(kg·K) 或 kcal/(kg·℃)。典型冻、融土骨架比热见表 2.9。

表 2.9　　**典型冻、融土骨架比热**　　单位：kcal/(kg·℃)

土的状态	草炭亚黏土	亚黏土	亚砂土和砂	砂砾石	角砾
融化时	0.22～0.25	0.19～0.22	0.18～0.20	0.19～0.20	0.19～0.20
冻结时	0.20～0.21	0.18～0.19	0.17～0.19	0.17～0.19	0.17～0.18

土的比热 C_u 可按下式计算：

$$C_u=\frac{C_{ck}^{+}+\omega C_B}{1+\omega} \tag{2.25}$$

$$C_f=\frac{C_{ck}^{-}+(\omega-\omega_H)C_n+\omega C_B}{1+\omega} \tag{2.26}$$

式中　C_u、C_f——融土和冻土比热；

ω——土的含水率，以小数计；

ω_H——冻土中未冻水量，以小数计；

C_{ck}^{+}、C_{ck}^{-}——土骨架在正负温时的比热；

C_B——水的比热（表2.10）；

C_n——冰的比热（表2.10）。

表2.10 **不同温度下水和冰的比热** 单位：kcal/(kg·℃)

温度/±℃	0℃以下水的比热	0℃以上水的比热	冰的比热	温度/±℃	0℃以下水的比热	0℃以上水的比热	冰的比热
0	1.010	1.010	0.506	15	1.025	1.001	0.478
1	1.011	1.009	0.504	16	1.026	1.001	0.476
2	1.012	1.008	0.502	17	1.027	1.001	0.474
3	1.013	1.008	0.500	18	1.028	1.000	0.472
4	1.014	1.007	0.498	19	1.029	1.000	0.470
5	1.015	1.006	0.496	20	1.030	1.000	0.468
6	1.016	1.005	0.495	21	1.031	1.000	0.467
7	1.017	1.004	0.493	22	1.032	1.000	0.465
8	1.018	1.004	0.491	23	1.033	0.999	0.463
9	1.019	1.004	0.489	24	1.034	0.999	0.461
10	1.020	1.003	0.487	25	1.035	0.999	0.459
11	1.021	1.003	0.485	26	1.036	0.999	0.457
12	1.022	1.002	0.483	27	1.037	0.999	0.455
13	1.023	1.002	0.481	28	1.038	0.999	0.454
14	1.024	1.002	0.480	29	1.039	0.999	0.452

（2）容积热容量 C_V：单位体积的土体温度升高（或下降）1℃时所吸收（或放出）的热量，单位为 kcal/(m³·℃）或 kcal/(m³·K)。

冻土、融土的容积热容量，可分别用下式计算：

$$C_V^+=(C_{ck}^-+\omega C_B)\rho_d \quad (2.27)$$

$$C_V^-=[C_{ck}^-+(\omega-\omega_B)C_n+\omega_H C_B]\rho_d \quad (2.28)$$

式中 C_V^+、C_V^-——融土和冻土的容积热容量，kcal/(m³·K)；

ρ_d——土骨架干密度，g/cm³。

其他符号物理意义同式（2.25）和式（2.26）。

式（2.27）和式（2.28）揭示了土的容积热容量与干密度、总含水率以及未冻水量之间的内在关系。融土的容积热容量随干密度和总含水率的增加量直线增大。冻土的容积热容量随土的干密度增大呈直线增大，而随总含水率的增大呈折线增大，这是由于冻土中有未冻水，当 $\omega\leqslant\omega_H$ 时，土中水处于未冻结状态，容积热容量随含水量增大呈直线关系，当 $\omega>\omega_H$ 时，冻土容积热容量随含水量增大的斜率变缓。

在干密度和含水率相同的情况下，融土的容积比冻土的大，这是因为融土骨架比热大于冻土的骨架比热，同时水的比热大于冰的比热一倍的原因所致。

土的比热主要与矿物成分、有机质含量有关。容积热容量则与干密度、含水量有关。两者间存在如下关系：

$$C_v=C_u\rho_d \quad (2.29)$$

2.3.2 导热系数

导热系数指单位时间、单位梯度下通过单位面积的热量，是表征土体热传导能力的指标，单位为 W/(m·℃) 或 kcal/(m^2·℃)。可按下式计算：

$$\lambda=\frac{Q}{\frac{\Delta t}{\Delta h}\Delta F\tau} \tag{2.30}$$

式中 λ——导热系数，W/(m·℃)；

Q——通过的热量，W；

$\Delta t/\Delta h$——温度梯度；

τ——时间，h；

ΔF——通过热量的面积，m^2。

土的导热系数是土的密度、含水率和温度的函数，并与土的组构有关。土体导热系数随其干密度的增大而增大；干密度相同时，土的导热系数随总含水率的增加而增大（冰的导热系数比水大 4 倍）；干密度和含水率相同时，粗颗粒土的导热系数大于细颗粒土。

导热系数的实质是：其物质的厚度为 1m，上下界面温差为 1℃，在 1h 内通过该物质 1m^2 的热量。常用材料的导热系数见表 2.11。

表 2.11　常用材料的导热系数

材　料	密度 /(kg/m^3)	导热系数 /[W/(m·℃)]	导热系数 /[kcal/(m^2·℃)]
沥青油渣	1460	0.28	0.24
钢筋混凝土	2500	1.63	1.40
钢筋混凝土	2400	1.55	1.33
碎石或卵石混凝土	2200	1.28	1.10
矿渣混凝土	1500	0.70	0.60
矿渣混凝土	1200	0.52	0.45
矿渣混凝土	1000	0.41	0.35
重砂浆的实心砖砌体	1800	0.81	0.7
轻砂浆的实心砖砌体	1700	0.76	0.65
水泥砂浆或水泥砂浆抹灰	1800	0.93	0.8
混合砂浆或混合砂浆抹灰	1700	0.81	0.70
硬泡沫塑料板	42	0.05	0.04
聚苯乙烯泡沫塑料	20～50	0.03～0.04	0.03～0.04
建筑用砖		0.23～0.35	0.2～0.3
干砂（$\omega\leqslant$0.84%）	1700	0.34	0.29
湿砂		1.13	0.97
土壤（潮湿）		1.26～1.65	0.71
土壤（普通）		0.83	0.43～0.54
土壤（干燥）		0.5～0.63	0.43～0.54
空气		0.02	0.02
水		0.47～0.58	0.4～0.5
冰		2.21～2.33	1.9～2.0

2.3.3 导温系数

导温系数表示土中某一个点在其相邻点的温度变化时，改变自身温度能力的指标，是研究热传导过程常用的基本指标，又称热扩散系数。它是反映不稳定热过程中，温度变化速度的基本参数，单位为 cm^2/s 或 m^2/h。在数值上等于导热系数与容积热容量的比值，即

$$\alpha=\frac{\lambda}{C_V} \tag{2.31}$$

式中 α——导温系数，m^2/h；

λ——导热系数，W/(m·℃)；

C_V——容积热容量，$kJ/(m^3 \cdot K)$。

冻土的导温系数取决于冻土的干密度、含水（冰）量、温度状态及物理化学成分。冻融土的导温系数均随干密度增大而几乎呈直线增大。

在含水率处于最大分子容水量和塑限阶段，导温系数随着含水率增大而迅速增大，直到最大值，这时的含水率大致在下述范围，见表 2.12。

表 2.12 导温系数最大值时土中含水率范围

土　类	含水率/%	土　类	含水率/%
草炭亚黏土	110～130	碎石亚黏土	14～17
亚黏土	15～20	砾石土	5～10

含水率在塑限和液限之间，导温系数增长速率减少。当含水率超过液限后，导温系数增长速率虽减小，但比较缓慢，基本趋于稳定，但草炭土不太吻合上述规律。

冻土的导温系数随含水（冰）量增大而持续增大，但速度略有差异。一般开始增长速度与融土接近，之后随含水率增大导温系数迅速增大，当含水率达到一定值后，导温系数增大的速率减缓，这一过程中粗粒土比细粒土更为明显。

由于粗颗粒土的导热系数比细颗粒土的导热系数大。因此，当土的密度和含水率相同时，粗颗粒土的导温系数大于细颗粒土的导温系数。

2.3.4 相变热

相变热指单位体积土中的水相变所放出或吸收的热量，相变热可按下式计算：

$$Q=L\rho_d(\omega-\omega_H) \tag{2.32}$$

式中 Q——相变热，$kcal/m^3$ 或 kJ/m^3；

L——水冰相变潜热，$kcal/m^3$ 或 kJ/m^3；

ρ_d——土的干密度，kg/m^3；

ω——土的含水率，以小数计；

ω_H——未冻水含量，以小数计。

相变热的大小主要受土的干密度、含水率和未冻水量的控制，而干密度、含水率可以通过常规方法测定，未冻水量的确定在冻土物理性质指标计算中已介绍。

通常冻土的热学参数指标需经试验确定，往往十分困难且不经济，冻土研究学者徐学祖以室内土骨架比热和导温系数测定值为基础，通过计算求得容积热容量和导热系数，再结

合部分野外实测资料，编制了根据土的温度状态、总含水量及干密度计算热参数的取值表，见表2.13～表2.16。

表2.13　　草炭亚黏土计算热参数取值表

ρ_d /(kg/m³)	ω /%	C_u /[kJ/(m³·℃)]	C_f /[kJ/(m³·℃)]	λ_u /[W/(m·℃)]	λ_f /[W/(m·℃)]	α_u /(10³m²/h)	α_f /(10³m²/h)
400	30	903.3	710.9	0.13	0.13	0.50	0.62
	50	1237.9	878.2	0.19	0.22	0.52	0.92
	70	1572.4	1045.5	0.23	0.37	0.54	1.26
	90	1907.0	1212.8	0.29	0.53	0.56	1.59
	110	2241.6	1380.1	0.35	0.72	0.57	1.87
	130	2576.1	1547.3	0.41	0.88	0.57	2.06
500	30	1129.1	890.8	0.17	0.17	0.54	0.69
	50	1547.3	1099.9	0.24	0.31	0.56	1.30
	70	1965.5	1308.0	0.32	0.51	0.59	1.40
	90	2383.7	1518.1	0.41	0.74	0.61	1.76
	110	2801.9	1727.2	0.49	1.00	0.522	2.08
	130	3220.1	1936.3	0.56	1.24	0.63	2.31
600	30	1355.0	1066.4	0.22	0.22	0.57	0.76
	50	1856.8	1317.3	0.31	0.42	0.61	1.15
	70	2358.6	1568.3	0.42	0.68	0.64	1.56
	90	2860.5	1819.2	0.53	0.99	0.67	1.95
	110	3362.3	2070.1	0.63	1.32	0.68	2.29
	130	3864.2	2321.0	0.75	1.61	0.68	2.51
700	30	1580.8	1246.2	0.27	0.30	0.61	0.87
	50	2166.3	1539.0	0.39	0.56	0.66	1.30
	70	2375.4	1831.7	0.53	0.88	0.60	1.74
	90	3337.2	2124.5	0.66	1.26	0.71	2.14
	110	3922.7	2417.2	0.79	1.67	0.73	2.50
	130	4508.2	2709.9	0.92	2.01	0.73	2.77
800	30	1806.6	1421.9	0.32	0.37	0.65	0.94
	50	2475.7	1756.4	0.48	0.68	0.70	1.41
	70	3144.9	2091.0	0.64	1.09	0.73	1.67
	90	3814.0	2425.6	0.80	1.55	0.76	2.32
	110	4483.1	2760.1	0.96	2.05	0.77	2.68
	130	5152.2	3094.7	1.10	2.47	0.78	2.88

续表

ρ_d /(kg/m³)	ω /%	C_u /[kJ/(m³·℃)]	C_f /[kJ/(m³·℃)]	λ_u /[W/(m·℃)]	λ_f /[W/(m·℃)]	α_u /(10³m²/h)	α_f /(10³m²/h)
900	30	1171.0	1342.4	0.38	0.46	0.68	1.03
	50	2785.2	1978.1	0.57	0.85	0.73	1.53
	70	3538.0	2354.5	0.75	1.32	0.77	2.03
	90	4290.7	2370.8	0.95	1.63	0.80	2.49
	110	5043.5	3107.2	1.14	2.46	0.82	2.86
	130	5796.3	3483.6	1.32	2.92	0.82	3.02

表 2.14　　亚黏土计算热参数取值表

ρ_d /(kg/m³)	ω /%	C_u /[kJ/(m³·℃)]	C_f /[kJ/(m³·℃)]	λ_u /[W/(m·℃)]	λ_f /[W/(m·℃)]	α_u /(10³m²/h)	α_f /(10³m²/h)
1200	5	1254.6	1179.3	0.26	0.26	0.73	0.76
	10	1505.5	1405.2	0.43	0.41	1.02	1.04
	15	1756.4	1530.6	0.58	0.58	1.19	1.37
	20	2007.4	1656.1	0.67	0.79	1	1.71
	25	2258.3	1787.5	0.72	1.04	21	2.10
	30	2509.2	1907.0	0.79	1.28	1.14	2.40
	35	2760.1	2032.5	0.86	1.45	1.13	2.57
1300	5	1359.2	1279.7	0.30	0.29	0.80	0.80
	10	1631.0	1522.2	0.50	0.48	1.11	1.12
	15	1902.8	1660.3	0.71	0.71	1.33	1.47
	20	2174.6	1794.1	0.79	0.92	1.31	1.85
	25	2446.5	1932.1	0.84	1.21	1.23	2.25
	30	2718.3	2065.9	0.90	1.46	1.19	2.258
	35	2990.1	2203.9	0.97	1.67	1.18	2.74
1400	5	1463.7	1375.9	0.36	0.35	0.87	0.90
	10	1756.4	1639.3	0.59	0.57	1.22	1.22
	15	2049.2	1785.7	0.84	0.79	1.46	1.58
	20	2341.9	1932.1	0.96	1.06	1.44	1.96
	25	2634.7	2496.7	0.97	1.39	1.33	2.41
	30	2927.4	2224.8	1.06	1.68	1.32	2.73
	35	3220.1	2371.2	1.18	1.93	1.32	2.92
1500	5	1568.3	1476.2	0.41	0.41	0.93	0.98
	10	1881.9	1756.4	0.67	0.65	1.28	1.32
	15	2191.4	1907.0	0.95	0.91	1.58	1.71
	20	2509.2	2070.1	1.09	1.22	1.57	2.12
	25	2822.9	2229.0	1.13	1.58	1.44	2.55
	30	3136.5	2383.7	1.24	1.86	1.43	2.85
	35	3450.2	2542.7	1.36	2.12	1.42	3.01

续表

ρ_d /(Kg/m³)	ω /%	C_u /[kJ/(m³·℃)]	C_f /[kJ/(m³·℃)]	λ_u /[W/(m·℃)]	λ_f /[W/(m·℃)]	α_u /(10³m²/h)	α_f /(10³m²/h)
1600	5	1672.8	1572.4	0.46	0.46	1.01	1.05
	10	2425.6	1873.5	0.78	0.74	1.40	1.42
	15	2341.9	2040.8	1.11	1.02	1.72	1.81
	20	2676.5	2208.1	1.24	1.38	1.67	2.25
	25	3011.0	2375.4	1.28	1.80	1.52	2.73
	30	3345.6	2542.7	1.42	2.12	1.52	3.01
	35	3680.2	2709.9	1.54	2.40	1.51	3.20

表 2.15　　碎石亚黏土计算热参数取值表

ρ_d /(kg/m³)	ω /%	C_u /[kJ/(m³·℃)]	C_f /[kJ/(m³·℃)]	λ_u /[W/(m·℃)]	λ_f /[W/(m·℃)]	α_u /(10³m²/h)	α_f /(10³m²/h)
1200	3	1154.2	1053.9	0.23	0.22	0.72	0.77
	7	1355.0	1154.2	0.34	0.37	0.91	1.15
	10	1505.5	1229.5	0.43	0.52	1.03	1.52
	13	1651.1	1304.8	0.53	0.71	1.16	0.96
	15	1756.4	1355.0	0.59	0.85	1.21	2.26
	17	1856.8	1405.2	0.60	0.94	1.16	2.42
1400	3	1346.6	1229.5	0.34	0.32	0.89	0.97
	7	1568.3	1346.6	0.50	0.53	1.15	1.44
	10	1756.4	1434.4	0.65	0.74	1.33	1.86
	13	1932.1	1522.2	0.79	0.97	1.48	2.30
	15	2049.2	1580.8	0.88	1.14	1.55	2.59
	17	2166.3	1639.3	0.92	1.24	1.53	2.73
1600	3	1539.0	1405.2	0.46	0.45	1.07	1.17
	7	1806.6	1539.0	0.68	0.74	1.38	1.73
	10	2007.4	1639.3	0.89	1.00	1.61	2.20
	13	2208.1	1739.7	1010	1.29	1.80	2.66
	15	2341.9	1806.6	1.28	1.45	1.87	2.90
	17	2475.7	1873.5	1.42	1.57	1.86	3.02
1800	3	1731.3	1580.8	0.60	0.60	1.25	2.38
	7	2032.5	1731.3	0.92	0.97	1.62	2.03
	10	2258.3	1844.3	1.17	1.31	1.87	2.56
	13	2295.9	1957.2	1.45	1.65	2.10	3.03
	15	2634.7	2032.5	1.60	1.82	2.19	3.23
	17	2785.2	2107.7	1.71	1.93	2.21	3.28

表 2.16 砂砾计算热参数取值表

ρ_d /(kg/m³)	ω /%	C_u /[kJ/(m³·℃)]	C_f /[kJ/(m³·℃)]	λ_u /[W/(m·℃)]	λ_f /[W/(m·℃)]	α_u /(10³m²/h)	α_f /(10³m²/h)
1400	2	1229.5	1083.1	0.42	0.49	1.23	1.62
	6	1463.7	1200.2	0.96	1.14	2.36	3.42
	10	1697.9	1317.3	1.17	1.43	2.40	3.91
	14	1932.1	1434.4	1.29	1.67	2.40	4.20
	18	2166.3	1551.5	1.39	1.86	2.27	4.31
1500	2	1317.3	1162.6	0.50	0.59	1.36	1.84
	6	1568.3	1288.1	1.09	1.32	2.51	3.70
	10	1819.2	1413.5	1.30	1.60	2.58	4.08
	14	2070.1	1593.0	1.44	1.87	2.51	4.38
	18	2321.0	1664.4	1.52	2.08	2.37	4.50
1600	2	1405.2	1237.9	0.61	0.73	1.56	2.13
	6	1672.8	1371.7	1.28	1.60	1.74	4.21
	10	1940.4	1505.5	1.48	1.86	2.75	4.44
	14	2208.1	1639.3	1.64	2.15	2.67	4.72
	18	4173.6	1773.2	1.69	2.35	2.47	4.79
1700	2	1493.0	1317.3	0.77	0.94	1.85	2.52
	6	1777.4	1459.5	1.47	1.91	2.99	4.73
	10	2061.7	1601.7	1.68	2.20	2.94	4.96
	14	2346.1	1743.9	1.84	2.48	2.84	5.13
	18	2630.5	1886.1	1.95	2.69	2.66	5.14
1800	2	1580.8	1392.6	0.95	1.19	2.17	3.09
	6	1881.9	1543.2	1.71	2027	3.27	5.31
	10	2183.0	1693.7	1.91	2.61	3.17	5.56
	14	2484.1	1844.3	2.09	2.85	3.02	5.58
	18	2785.2	1994.8	2.18	3.05	2.82	5.51

思 考 题

1. 什么是冻土？什么是季节性冻土？什么是多年冻土？
2. 冻土能进行哪些方面的分类？各自的分类名称是什么？
3. 什么是冻土的融化下沉？平均融化下沉系数是怎样定义的？
4. 冻土主要的物理性质指标有哪些？什么是未冻含水量？
5. 冻土的主要热学性质指标有哪些？冻土比热和容积热容量之间的关系是什么？冻土的导热系数和导温系数有什么不同？

6. 冻土主要力学性质有哪些？什么是冻土融化压缩系数？
7. 什么是土体起始冻结温度？不同土体冻结温度分别是多少？
8. 冻土的力学性质指什么？冻土抗压强度与负温、含水量之间的关系分别是什么？
9. 冻土的构造是什么？不同构造冻土力学特性有什么不同？

第3章 土的冻胀及冻胀力

3.1 土 的 冻 胀

土的冻胀是指土体冻结时，有足够的水变成冰，其体积增大到足以引起土颗粒产生相对位移，所造成地表隆起的现象。土体冻胀引起的物理-力学变化如下：

(1)水变成冰要放出潜热，延迟了土体冻结锋面向下推移的速度。

(2)冻结前矿物颗粒之间由水联结变成部分被冰晶所胶结，提高了土体抗压强。

(3)水变成冰体积增大约9%，这将引起土颗粒产生相对位移，造成地表隆起现象，即所谓土体发生了冻胀。

3.1.1 与土层冻结厚度有关的指标与概念

1. 冻结深度 H_f

冻结深度：简称冻深，指冬季地层中0℃等温面与冻结前原地表面的垂直距离，如图3.1所示。

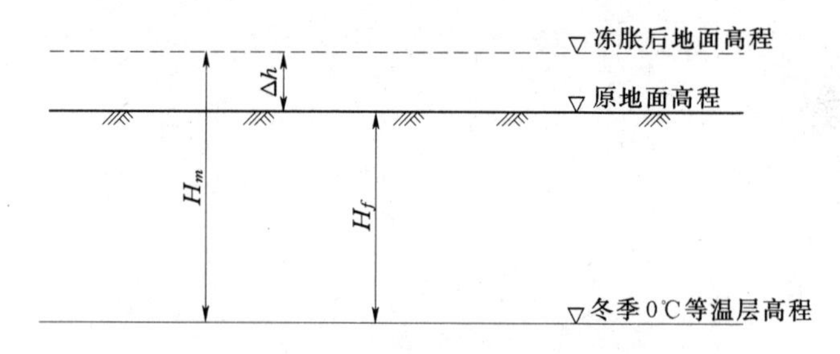

图3.1 冻土层厚度与冻深的区别示意图

2. 冻土层厚度 H_m

冻土层厚度是指冻结后的地面高程与地层0℃等温面的高程差。如图3.1所示的 H_m，实际上冻土层厚度包含冻结深度与冻胀量，即

$$H_m = H_f + \Delta h \tag{3.1}$$

3. 工程地点天然设计冻深 Z_d

工程设计冻深是指天然地表或设计地面高程算起的冻结深度，是工程抗冻技术的重要计算指标之一，可按式（3.2）～式（3.4）计算。

$$Z_d = \psi_d \psi_w H_m \tag{3.2}$$

式中 Z_d——工程设计深度，m；

H_m——历年最大水深，m；

ψ_w——地下水修正系数；

ψ_d——日照及遮阴程度的影响系数。

地下水对冻深的影响系数 ψ_w 可按下式计算：

$$\psi_w=\frac{1+\beta e^{-Z_{w0}}}{1+\beta e^{-Z_{wi}}} \tag{3.3}$$

式中 $Z_{\omega 0}$——当地或邻近气象台（站）的冻前地下水位深度，m。当黏土 $Z_{\omega 0}>3.0$m、粉土 $Z_{\omega 0}>2.5$m、砂（细粒含量不大于15%）$Z_{\omega 0}>2.0$m时，可取黏土 $Z_{\omega 0}=3.0$m、粉土 $Z_{\omega 0}=2.5$m、砂 $Z_{\omega 0}=2.0$m；

$Z_{\omega i}$——计算点的地下水位深度，m，可取计算点地面（开挖面）至当地冻结前地下水位距离；

β——系数，可按表3.1取值。

考虑日照及遮阳程度的冻深修正系数 ψ_d，可根据工程地点所在的纬度及建筑物轴线走向，按下式计算：

$$\psi_d=\alpha+(1-\alpha)\psi_i \tag{3.4}$$

式中 ψ_i——典型断面（建筑物或渠道走向N－S，底宽与深度之比 $B/H=1.0$，坡比 $m=1.0$）某部位的日照及遮阴程度修正系数，阴（或阳）面中部的 ψ_i 值的地理位置可由《渠系工程抗冻胀设计规范》（SL 23—2006）图3.1.4－1查得，底面中部的 ψ_i 值可由图3.1.4－2查得；

α——系数，根据建筑物所在的气候区［由《渠系工程抗冻胀设计规范》（SL 23—2006）图3.1.1－3查得］、建筑物计算断面的轴线走向、断面形状及计算点位置可分别由《渠系工程抗冻胀设计规范》（SL 23—2006）表3.1.4查取。若渠坡较高或建筑物上部有遮阴作用，应考虑额外的遮阴影响。

表3.1　β 值

土类	黏土、粉土	细粒土质砂	含细粒土砂
β	0.79	0.63	0.42

4. 基础设计冻深 Z_f

基础设计冻深系指计算点自底板底面算起的冻深。可按式（3.5）～式（3.7）计算：

$$Z_f=\left(1-\frac{R_i}{R_0}\right)Z_d-1.6\delta_\omega \quad (Z_f\geqslant 0) \tag{3.5}$$

$$R_i=\frac{\delta_c}{\lambda_c} \tag{3.6}$$

$$R_0=0.06I_0^{0.5}\psi_d \tag{3.7}$$

式中 R_i——底板热阻，$m^2\cdot$℃/W；

R_0——设计热阻，$m^2\cdot$℃/W；

I_0——工程地点的冻结指数，℃·d；

Z_d——工程地点天然设计冻深；

δ_c——基础板厚度，m；

δ_ω——底板之上冰层厚度，m；

λ_c——底板（墙）的热导率，W/(m·℃)。

当 $\delta_c \leqslant 0.5$m时，可按式（3.8）计算：

$$Z_f = Z_d - 0.35\delta_c - 1.6\delta_\omega \quad (Z_f \geqslant 0) \tag{3.8}$$

3.1.2　与土体冻胀有关的指标与概念

1. 冻胀量 Δh

冻胀量系指冻结前土体表面与冻结期内土体表面的最大高度差，如图3.1所示。基础结构下冻土层产生的冻胀量可按式（3.9）计算：

$$\Delta h = hZ_f / Z_d \tag{3.9}$$

式中　Δh——基础结构下冻土层产生的冻胀量，cm；

h——工程地点天然冻土层产生的冻胀量，cm，根据第2章2.2节式（2.23）或式（2.24）计算。

根据《渠系工程抗冻设计规范》（SL 23—2006），按冻胀量的大小，可将地基土冻胀性分为5级，见表3.2。

表3.2　地基土的冻胀性工程分类

冻胀性级别	Ⅰ	Ⅱ	Ⅲ	Ⅳ	Ⅴ
冻胀量/cm	$\Delta h \leqslant 2$	$2 < \Delta h \leqslant 5$	$2 < \Delta h \leqslant 12$	$12 < \Delta h \leqslant 22$	$\Delta h > 22$

2. 冻胀率 η

冻胀率系指单位冻结深度的冻胀量，是描述地基土冻胀性大小的指标，可用式（3.10）表示。

$$\eta = \frac{\Delta h}{H_f} \times 100\% \tag{3.10}$$

式中　η——冻胀率，%；

Δh——冻胀量，cm；

H_f——冻结深度，cm。

土体物理化学特性对冻胀影响研究，从粒径大小和含量开始，逐渐深入到比表面积、孔隙大小和含量及孔隙中水溶液的成分和浓度。试验表明：粗颗粒土中粉黏粒含量对冻胀率有明显的影响。根据《冻土物理学》资料显示：当粉黏粒含量小于12%时，即使在充分饱水条件下，冻胀率不大于2%。当粉黏粒含量大于12%后，冻胀率明显增大。

根据细砂在不同分散度时的室内冻胀试验资料，给出冻胀率与比表面积（S）间的经验表达式：

$$\eta = 0.59\exp(1.7aS) \tag{3.11}$$

式中　a——比例系数，等于 10^{-3}。

非饱和土中存在起始冻胀含水量，即当土体初始含水量小于起始冻胀含水量时，冻胀率为0。黏性土的起始冻胀含水量 ω_0 与塑限含水量 ω_p 间有如下关系：

$$\omega_0 = 0.48\omega_p \tag{3.12}$$

土的冻胀率与含水量的关系可用下式表达：

$$\eta = a(\omega - \omega_0)^b \tag{3.13}$$

粗颗粒土及含水量小于 $\omega_p + 35\%$ 的黏性土的冻胀率与含水量的关系可表达为

$$\eta \approx k(\omega - \omega_0) \tag{3.14}$$

式中 a、b、k——与土质有关的常数。

外界条件中，土的热状况对冻胀的影响主要用冷却速度、冻结速度、温度梯度等指标来衡量。

黏性土中冻胀率随冻结速度 V_f 及优势阳离子在土中的原始量 C_0 增大而减小：

$$\eta = a\exp(-bV_f - cC_0) \tag{3.15}$$

式中 a、b、c——与土质及溶液成分有关的常数。

超载 P 对土冻胀起抑制作用：

$$\eta = \eta_0 e^{-aP} \tag{3.16}$$

式中 η_0——无载条件下土的冻胀率；

a——与土质有关的常数。

3. 不均匀冻胀系数 K

不均匀冻胀系数系指地基土相邻 A、B 两点的冻胀量的差值与 A、B 两点间的距离的比值，是评价地基土各点冻胀性均匀程度的指标。可用式（3.17）表示：

$$K = \frac{\Delta h_A - \Delta h_B}{L_{AB}} \times 100\% \tag{3.17}$$

式中 Δh_A、Δh_B——A、B 两点的冻胀量；

L_{AB}——A、B 两点间的距离。

4. 平均冻胀强度 f

平均冻胀强度系指最大冻深时，总冻胀量与冻土层厚度之比，即

$$f = \frac{\Delta h}{H_m} \times 100\% = \frac{\Delta h}{\Delta h + H_f} \times 100\% \tag{3.18}$$

式中 Δh——最大冻胀量，cm；

H_m——冻土层厚度，cm；

H_f——冻结深度，cm。

3.2 土体冻结过程中的水分迁移机理及温度特征

3.2.1 与土体冻结过程中水分迁移有关的几个概念

1. 原驻水和迁移水

原驻水系指土体冻结前的含水量。

迁移水系指冻结前土体中（冻深范围内）并没有这些水分，而是在冻结过程中在各种冻胀机理或水土势的作用下，从未冻层移动过来的水。天然条件下的迁移水，一是来自卧槽土层的水，二是来自地下水。迁移水造成的土体冻胀要比原驻水冻胀严重得多。

2. 开敞型冻结和封闭性冻结

开敞型冻结系指在外水源补给条件下的冻结，其形成的冻胀称为开敞型冻胀。

封闭型冻结系指在无外水源补给条件下的冻结，其形成的冻胀称为封闭型冻胀。

在封闭型冻结时，土体的冻胀性大小主要取决于土中原驻水量。但在开敞型冻结时，

冻胀性的强弱主要取决于外来水补给情况，特别是地下水位的高低，尤其关键。一般是以地下水位以上的毛细管高度决定外来水补给的可能性。若在冻结期内，土体的冻结锋面与地下水位的距离小于该种土质的毛细管上升高度，则认为是开敞型冻结，如果外界冻结强度适宜，则会引起极强冻胀。如果土体的冻结锋面与地下水位的距离大于该种土质的毛细管上升高度，则认为是封闭型冻结，土体的冻胀取决于原驻水含量。

3. 水分迁移和水分重分布

在外界温度梯度作用下，土中水分由一处移到另一处的现象，称为水分迁移。水分迁移的结果，使土层中各点的含水率发生了变化，这种现象称为水分重分布。

3.2.2　土体冻结过程中的水分迁移机理

土体中的水是冻结过程中成冰的源泉，成冰量的多少不仅取决于土的起始含水量，而且取决于冻结过程中水分的运动状况。一般来说，水分运动状况是土体冻结强弱的重要的影响因素。

假设把土体与其所在的环境作为一个体系来看，则土中水处于不断的运动状态，参与大气及下伏水层的大循环。土中水的运动取决于控制水分的各种力的变化，包括土粒对水分的吸引力、水的表面张力、重力、渗透压和水汽压等。土中水的运动形式主要有渗入、毛管水上升、蒸发和汽化、水汽扩散、薄膜水迁移、毛管水迁移和地下水流动等。《冻土物理学》（徐学祖，2001）列举了土中水分分布的物理模型，如图3.2所示。由图3.2可见土颗粒外围主要有三层水膜：吸湿水、薄膜水和毛管水。土中孔隙完全被水充满，即土处于饱和状态时（模型1），土中只有液态水；土中孔隙未完全被水充满，即土处于非饱和状态时，土中存在汽和液两种状态的水，而且毛管水可分为管状毛管水（模型2）和闭塞毛管水（模型3）两种情况。

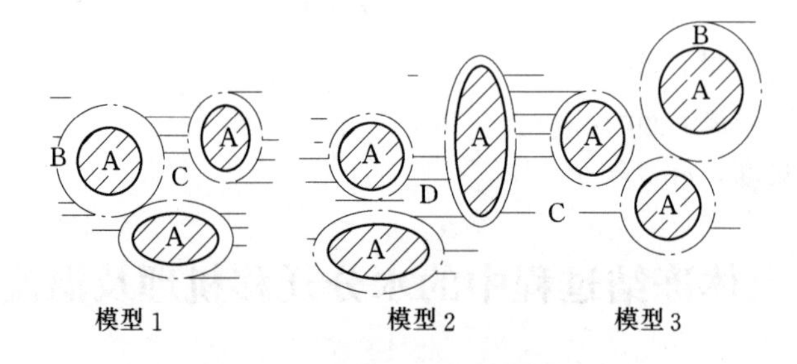

图3.2　土中水分分布的物理模型

A—土骨架；B—吸湿水；C—薄膜水；D—毛管水

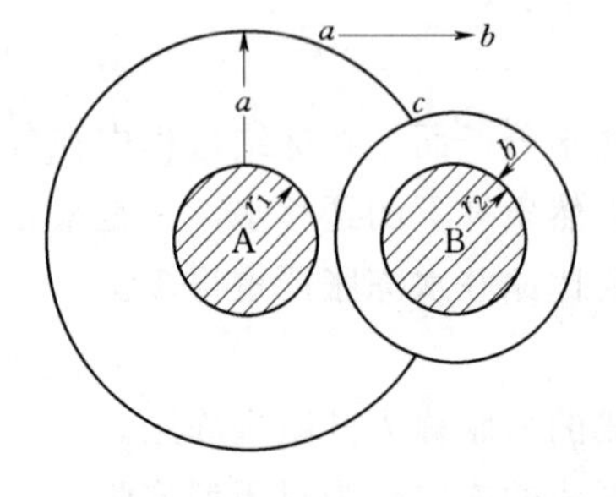

图3.3　土中薄膜水迁移原理示意图

土体冻结后，由于温度高处未冻结含水量高、土颗粒外围水膜厚度大、土水势绝对值小，温度低处未冻含水量低、土颗粒外围水膜厚度小、土水势绝对值大，造成薄膜水从温度高处向温度低处迁移。图3.3列举了薄膜水迁移原理示意图。

由图3.3可见，若两土颗粒半径相等（$r_a=r_b$）且颗粒外围的水膜厚度不等（$a>b$），则在c处的水分子受到土粒A的吸力小于土粒B的吸力，于是水

分将从 a 膜移向 b 膜，直至水膜厚度相等为止。

毛管悬着水的迁移是由于凹形弯月面引起土水势的差异造成。毛细势值可用拉普拉斯（Laplace）公式计算：

$$P=\frac{-2\gamma\cos\theta}{r} \tag{3.19}$$

式中　P——土水势；

r——毛管半径；

γ——水溶液的表面张力；

θ——水溶液与毛细管壁间的接触角。

由式（3.19）可见，毛管半径大则土水势绝对值小，反之亦然。因此，毛管悬着水将从粗毛管向细毛管迁移。但在模型3中，闭塞毛管水是不能迁移的，只能原位冻结。随着土中含水量的减少，毛管中气态水含量增大，土中的水分可以气态和液态两种方式迁移。由于不同温度下饱和蒸汽压数值不等，温度高处饱和蒸汽压大，温度低处饱和蒸汽压小，所以气态水从高温处迁向低温处，并在低温处冻结成冰。

土中水分迁移量的大小与土质、水分性状及外界温度和压力等有关。

由上述可推论，水膜厚则迁移快，水膜过薄而失去连续性时，液态水停止迁移。黏性土中因土颗粒细小，比表面积大，孔隙小，水分迁移所受摩擦力大，且胶体易阻塞孔隙，但毛细势大，所以水分迁移速度慢但迁移距离远。温度高表面张力和黏滞性小，温度低表面张力和黏滞性大，水分向温度低处迁移但在低温处迁移速度将减缓。

土中易溶盐含量高，表面张力大，虽有利于水分迁移，但水中摩擦力大又使迁移速度减小，同时冰点降低，不利于冻结过程中的水分迁移。

3.2.3　土体冻结过程中的温度特征

纯净的水在0℃时冻结，而蒸馏水冷却到零下许多度仍然处于液态，这种液态水称为过冷水。在室内试验发现最低过冷水的温度为－5℃，可是将这种负温下的水稍微施加震动，立刻会出现冰晶。水的这种超过相变温度而未发生相变的现象称为水的过冷现象。

水的过冷现象和冷却强度有关，见表3.3。当水处于温度接近0℃的介质中，观测表明：水长期保持过冷状态而不结晶，当冷却强度较大时，则观测不到水的长期过冷；水在土体介质中过冷状态与水在容器中的过冷状态相比较，由于在土中存在较多的结晶核，水的过冷状态的稳定性较小。

表3.3　水过冷与冷却强度的关系

冷却剂温度/℃	水的过冷温度/℃		水过冷状态持续时间	
	在沙孔内	在容器中	在沙孔内	在容器内
－2.9	－2.9	－2.9	>7～8h	
－3.9	－3.6	－3.9	2h左右	>5d
－6.5	－3.2	－6.5	10～15min	>6d
－11.1	－0.2～－1.9	－3.8	5～10min	

水过冷与水的体积有关。水体积越小，结晶核形成的几率减小，过冷持续时间和程度

增大。如薄膜水、小直径毛管水和岩石小裂隙中的水，过冷状态的稳定性提高。有人做过试验，把一滴水冷却到－72℃仍未结晶。

土中水的过冷温度取决于土的含水量。随着土的含水量减小，矿物颗粒表面对水分子的引力将阻碍水形成冰晶核，所以当土的含水量减少到接近大分子吸水量时，土内水的过冷温度可降低约1～2℃。天然条件下，土体表层冻结后，冰晶体已经深入土层下部，下部土层不会出现水的过冷现象。因此，土中水的过冷现象只限于表层土。

根据苏联А・П・Ъоженова的室内试验，各种土的冻结和融化过程，其温度特征可以分成如下5个阶段。黏土和砂土冷却-冻结曲线，如图3.4和图3.5所示。

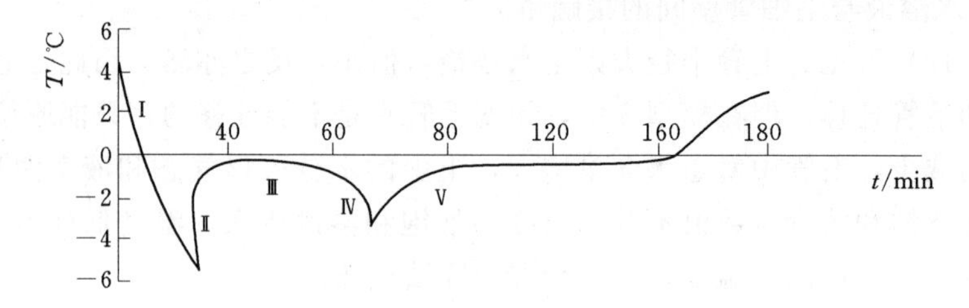

图3.4 黏土冷却-冻结曲线

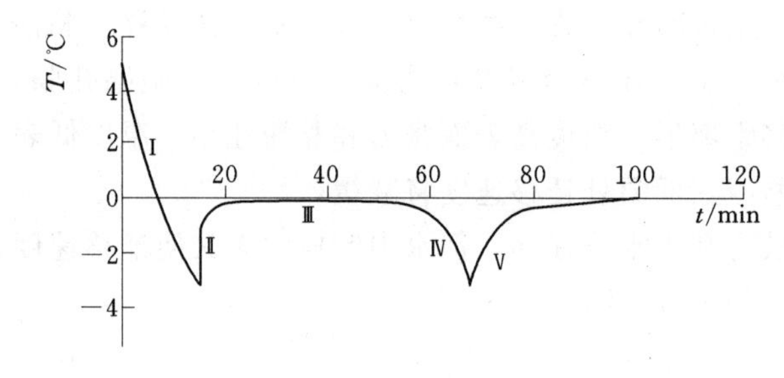

图3.5 砂土冷却-冻结曲线

(1) 冷却阶段。土体在外界负温环境里逐渐冷却，且处于过冷状态。

(2) 温度突变阶段。土体中有冰晶形成，水发生相变，放出潜热，土温跳跃式上升到土中水冻结温度。

(3) 温度突变阶段。此阶段土体温度相对稳定并等于土中水的冻结温度。

(4) 进一步冷却阶段。土中自由水已经冻结，薄膜水的结晶需要更低的温度，随着薄膜水厚度不断减薄，土颗粒表面能其对吸附力增大，所以土体冻结温度必须越低。冻结过程由温度突变阶段过渡进一步冷却阶段。

(5) 融化阶段。随着外界温度升高，土中冰融化成水，这时需要吸收相变时潜热，所以土温保持相对稳定，当土中冰全部融化时，土温开始明显上升。

相关试验表明，土中水在过冷以后，只要一开始结晶，由于释放潜热，土温开始上升，达到某一温度开始稳定下来，这时发生土孔隙中水的冻结过程，该稳定温度称为土的起始冻结温度。

土的起始冻结温度与土的颗粒大小、含水量、矿物成分以及水溶液浓度有关。含水量越小，特别是当土的含水量接近于最大分子含水量时，由于土颗粒表面能作用，起始冻结温度越低。土颗粒分散度越大，起始冻结温度越低。土中水含盐量增加时，起始冻结温度降低。

3.3 影响土体冻胀的因素

土体冻胀可分为原位冻胀和分凝冻胀。孔隙水原位冻结，造成体积增大9%，但由外界水分补给并在土中迁移到某个位置的冻结，则体积将增大1.09倍。所以开放系统饱水土中的分凝冻胀是构成土体冻胀的主要分量。分凝冻胀的机理包括两个物理过程：土中水分迁移和成冰作用。决定土体冻胀的主导因素是土中的热流和水流状况，而土质、土中溶质成分、含水量及补给条件、冻结强度、负温及外界压力在不同程度上改变冻胀的强度和速度。

3.3.1 土质对冻胀的影响

1. 土的粒度组成对冻胀的影响

土的粒度组成是指土固体颗粒的形状、大小以及它们之间的相互组合关系。这些组合关系决定着土的结构特征。土颗粒同水相互作用的关系，决定着土具有不同的冻胀变形能力。实际上，自然界除岩石外，所有分散性土都具有冻胀性，饱和的砂砾石层，假若冻结深度为1m，其冻结量可达40cm左右，粗颗粒土变成与黏土、粉土一样有冻胀危险。

从研究是否能够引起水分迁移的角度，土颗粒的直径显得极为重要。颗粒直径大于0.1mm的土，在冻结过程中不存在水分迁移问题。但有些学者则认为不引起水分迁移的颗粒直径尺寸可降到0.074mm。一些资料表明，颗粒直径为0.05～0.1mm的纯净细砂，在饱水情况下冻结，其冻胀率小于1.4%。

从土的骨架粒径上看，粒径尺寸d与土体冻胀有如下关系：

(1) $d \geqslant 0.01$mm时，冻结过程中不发生水分迁移，在冻结锋面没有水分聚集的冰夹层。

(2) $0.05\text{mm} \leqslant d < 0.1$mm时，冻结过程产生轻微的水分迁移，在冻结锋面有水分聚集现象，尤其在开敞型冻结时，会出现弱冻胀。

(3) $0.002 \sim 0.005\text{mm} \leqslant d < 0.05$mm时，在冻结期间水分迁移非常剧烈，在冻结锋面可形成很厚的冰夹层或冰透镜体，表现出极强冰胀性。

(4) $d < 0.002 \sim 0.005$mm时，在冻结期间水分向冻结锋面迁移极少或不发生。

2. 矿物成分对冻胀的影响

土的矿物成分包括原生矿物、次生矿物和腐殖质。对于粗颗粒土来讲，不存在矿物成分对冻胀的影响。只有在粉质土、黏性土之类的细颗粒土中，矿物成分与冻胀的关系才能明显地表现出来。

黏性土的矿物成分是次生矿物，主要有蒙脱土、伊利石和高岭土。它们对黏性土冻胀的影响，主要取决于矿物颗粒表面的吸附水的能力。蒙脱土具有较高的离子交换能力，它能够牢固地吸附着较多的水分，降低了毛细管的导水性，从而这类土的冻胀性减弱。高岭土的离子交换能力较弱（不超过蒙脱土的10%）、颗粒表面吸附的水膜有较大的移动性，因而这类土的冻胀性较大。水云母的矿物颗粒表面活性介于上述两种矿物之间。

根据黏性土矿物的类型，其冻胀性大小如下：高岭土>伊利石>蒙脱土。

3. 土的密度对冻胀的影响

土的密度对冻胀的影响，首先要看未冻土时土中含水量是否达到饱和，即土体是处于三相还是两相介质的状态。

在土体总含水量一定时，对于三相状态的土体来讲，土体密度增大，孔隙率减少，相应的饱和度随之增大，土体的冻胀性增大。并且在某一“临界密度”时，冻胀量达到最大。这个"临界密度"恰好形成土颗粒间紧密适中，水分迁移的条件最佳。对于黏性土来讲，根据《土的冻胀及其对建筑物作用》相关学者的研究，该"临界密度"可用下式表示：

$$\gamma_{dc}=(0.8\sim0.9)\gamma_{dH} \tag{3.20}$$

式中 γ_{dc}——临界密度，kg/m^3；

γ_{dH}——土的最佳密度，即标准压实时的最大密度，kg/m^3。

当土的密度继续增加，土体处于两相介质的状态时，随着土的密度增大，水分迁移量逐渐减少，从而冻胀量也在减少。当土的密度 $\gamma_{dc}>1600kg/m^3$ 时，土的冻胀量很小或不发生冻胀。

3.3.2 土中水分条件对冻胀的影响

土中水分含量与条件是引起土体冻胀的关键因素。土体是否发生冻胀，含水率都有一个界限，只有超过这个界限后，土中水相变成冰体积膨胀才能产生土体冻胀，这个界限含水率称为起始冻胀含水率。土中含水率小于起始冻胀含水率时，土中的原驻水是"冻而不胀"，其原因是在这种含水率的情况下，水相变成冰体积膨胀填充了土的孔隙，地表层并不显示隆起。根据中国科学院冰川冻土所吴紫汪研究员的试验，几种典型土的起始冻胀及安全含水率见表3.4。

表3.4 几种典型土的起始冻胀及安全冻胀含水率

土名	黏土	黏土	亚黏土	亚砂土	亚砂土
塑限含水率 ω_p/%	19.1	15.7	21.0	10.5	10.2
起始冻胀含水率 ω_b/%	13.0	12.0	18.0	10.0	8.0
安全冻胀含水率 ω_s/%	20.0	17.0	22.0	13.0	12.0

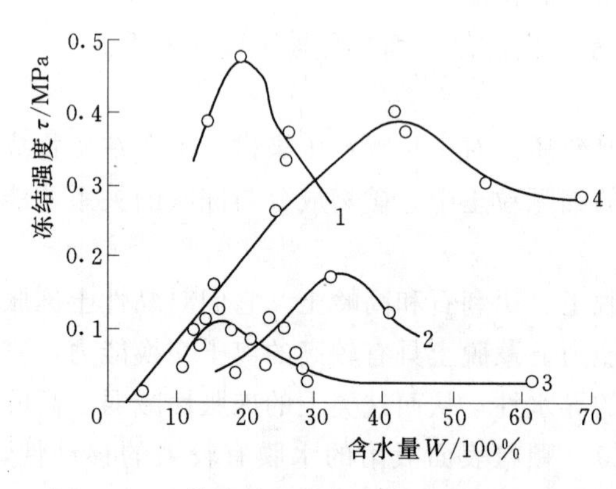

图3.6 土体冻结强度与含水量间的关系图

1—砂土；2—粉质黏土；3—含黏性充填的砾石土；4—粉质黏土

不同土体冻结强度与含水量之间的关系曲线如图3.6所示。

3.3.3 外界负温对冻胀的影响

负气温是引起土体冻胀的外界条件，土体的冻结过程伴随着土中温度的变化过程。外界的负气温通过与土体的各相介质的热交换，使得土体温度下降。每一种土质都有各自的起始冻结温度，土体的冻结温度与土颗粒分散度、矿物成分、含水量以及水溶液浓度有关。土体开始冻结并不意味着冻胀，而引起冻胀的温度要比起始温度低些。一般塑性黏土的平均冻结温度为－1.2～－0.1℃，而起始冻胀温度比冻结温度低0.2～0.8℃。土体冻结温度随含水率的增大而提高，含水率越小，冻结温度越低。

黏土、亚黏土、中粗砂等虽土质不同，但其在封闭型冻结时，土体冻胀随土体负温度变化所显现的规律相似，都有土体冻胀率随土温降低而激烈地增长阶段、增长缓慢阶段和停止增长阶段，如图 3.7 所示。

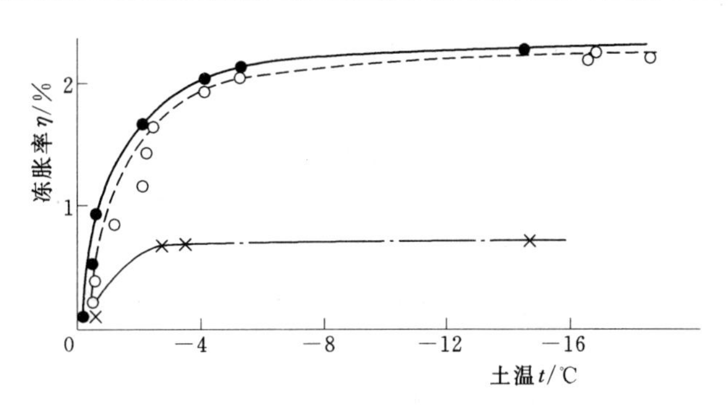

图 3.7 土体冻胀率与土温的关系

○—黏土，$\omega=44.6\%$；●—亚黏土，$\omega=37\%$；

×—中粗砂，$\omega=20.7\%$

由图 3.7 可知，对于黏性土来讲，土中温度从起始冻结温度到−3℃左右时，是冻胀激烈增长阶段，这个阶段所产生的冻胀量约占最大冻胀量的 70%～80%；在土温−7～−3℃范围，冻胀增长缓慢阶段，这段冻胀量增长占最大冻胀值的 15%～20%；当土中温度低于−10～−7℃以下时，基本上不再发生冻胀，在这区段的土体冻胀量最多占最大冻胀值的 5%以下。

对于中粗砂，上述三个区段的土温大约为−1～0℃、−2～−1℃、−3～−2℃。土温在第三温度区段时，砂土的冻胀为 0，亚黏土为 2%，有的黏土可达 11%。

根据苏联试验资料记载，各类黏性土的冻胀结束温度 t_s 见表 3.5。

表 3.5　各类黏性土的冻胀结束温度 t_s

土　名	塑性指数 I_p	冻胀停止温度/℃	土　名	塑性指数 I_p	冻胀停止温度/℃
砂壤土	$2<I_p\leqslant 7$	−1.5	亚黏土	$13<I_p\leqslant 17$	−2.5
粉质砂壤土	$2<I_p\leqslant 7$	−2.0	粉质亚黏土	$13<I_p\leqslant 17$	−3.0
亚黏土	$7<I_p\leqslant 13$	−2.0	黏土	$I_p>17$	−4.0
粉质亚黏土	$7<I_p\leqslant 13$	−2.5			

冻结速度对土体冻胀的影响更为明显，如果土体冻结速度过快，土中水分来不及迁移，导致冻胀率下降；如果冻结速率缓慢，水分向冻结锋面迁移时间长，迁移量大，导致冻胀率大，如图 3.8 所示。

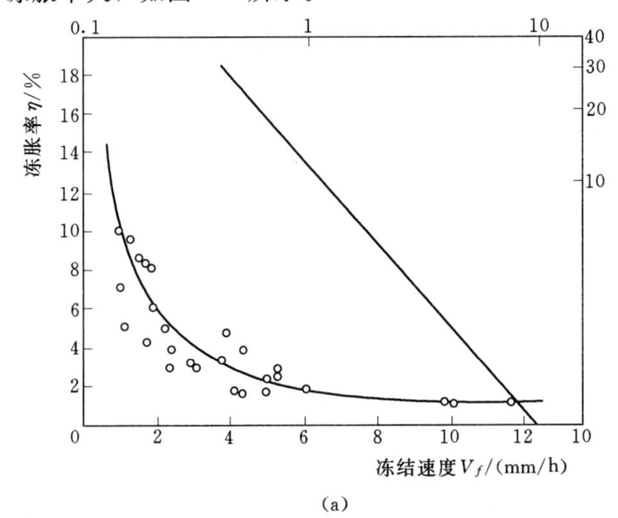

(a)

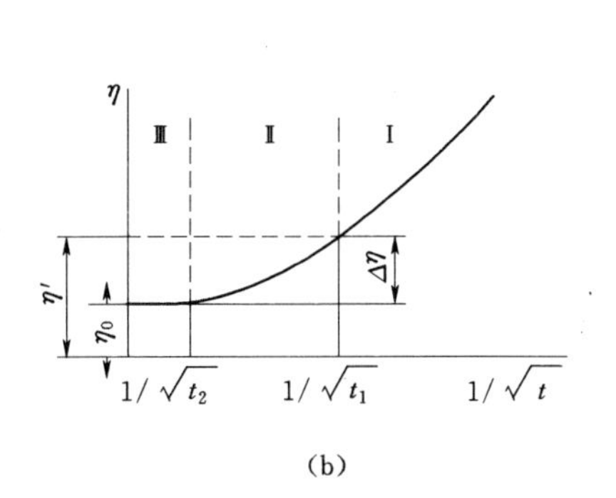

(b)

图 3.8 土体冻结速率与冻胀率的关系

3.3.4　外界压力对土体冻胀的影响

对于正冻土或已冻土来讲，外界压力将破坏冻土中冰与未冻水的平衡，从而使得土体冻胀量减少。具体表现在以下几个方面：

(1) 外界压力作用，致使土颗粒间的接触压力增大，已冻冰晶在压应力的作用下部分融化，只有在更低的温度下才会重新结冰，降低了土中的水冻结的冰点。

(2) 在外界压力作用下，颗粒间巨大的接触应力，致使未冻水含量增加，且使未冻水由高应力向地应力区转移，而重新结晶。

(3) 外界压力作用影响了土中水分迁移的“抽吸力”，致使未冻土层中水分向冻锋面迁移量减小。

综上所述：外界压力对地基土冻胀有一定的抑制作用，故而土体产生冻胀量减小。

土体的冰胀与外界压力之间的关系，如图3.9和图3.10所示。

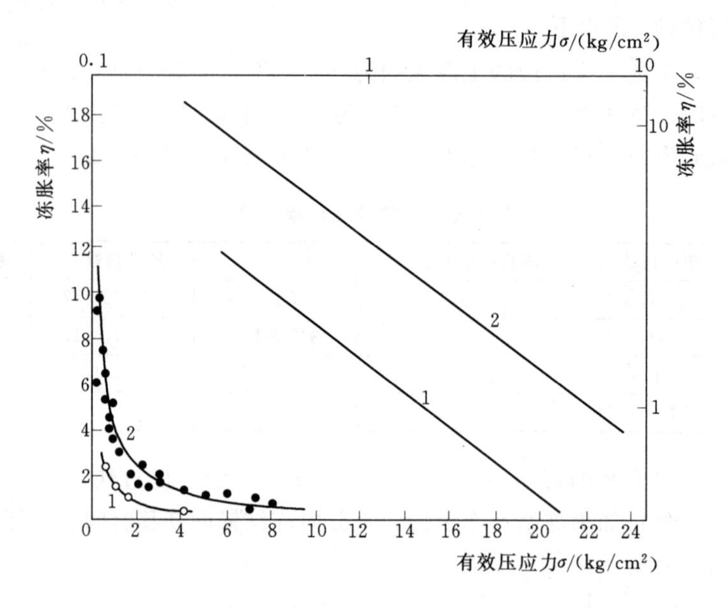

图3.9　外部压力对土体冻胀的影响

1—砂土；2—亚黏土

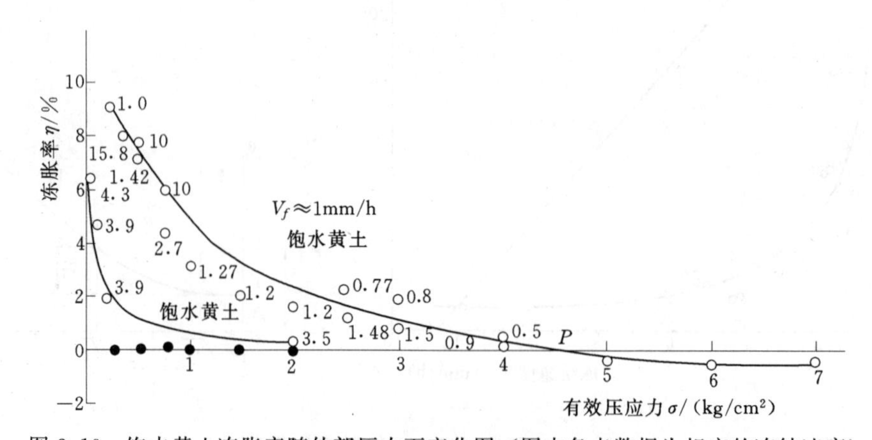

图3.10　饱水黄土冻胀率随外部压力而变化图（图中各点数据为相应的冻结速率）

3.4 土的切向冻胀力

土体冻胀力的产生，是由于地基土是冻胀土，土体中所含水分相变成冰时，体积膨胀受到约束时所产生的体积力。冻胀力具有大小和作用方向。如果冻胀土体不受约束，它就是自由体，就不会产生冻胀力。

冻胀力的力源是土体的冻胀，大小取决于约束的强弱，方向与热流的方向相同，与约束力的方向相反。

土的冻胀力按作用方向分为三类：沿着基侧周边表面上作用的冻胀力称为切向冻胀力；作用在基础底面且垂直于底面的冻胀力称为法向冻胀力；作用在基侧表面且垂直基侧表面的冻胀力称为水平冻胀力。

3.4.1 切向冻胀力的产生

切向冻胀力的产生是由于建筑物基础表面和地基土冻结在一起所造成的，即所谓基础表面与地基土（冻土）之间的冻结力的存在，没有冻结力就没有切向冻胀力。切向冻胀力的最大值，一般小于冻结力。

冻结力的产生和力值的大小，取决于土体的含水率、颗粒组成、密度、基础材料的孔隙率、水饱和度、表面糙度、冻结指数和冻结速率等因素。目前还很难对所有这些因素的影响作出精确的定量分析。

地基土与基础表面冻结在一起所能承受的最大剪应力，称为冻结强度。它是由冰的抗剪强度、地基冻土与基础材料之间的摩擦力两者组成的，但两者难于区别开来，所以在实践中就只确定冻结力的总值。

3.4.2 切向冻胀力的发展

切向冻胀力的发展随时间可分为三个阶段：冻胀力形成阶段、跳跃增长阶段和衰减阶段。

1. 切向冻胀力开始形成阶段

此阶段产生时间为初冬，气温不稳定，冻深小，故切向冻胀力的总值不大，但应力值较大，且随气温变化。

2. 切向冻胀力跳跃增长阶段

当土与桩、墩等结构冻结在一起之后，随着气温和土温的持续下降，冻深增加，冻胀力随之增大，当它超过了土与结构面间的冻结力时，则结构面与冻结土层间的胶结界面被剪断，原被约束的土沿界面向上滑移，冻胀力瞬时下跌到某一值，地面弯曲变缓，如图3.11中的曲线①变成曲线②；形成一次跳跃（滑移）。随着气温的下降，滑移了的冻土层与结构界面重新冻结，形成新的冻结力。与此同时，冻深增加，冻土层加厚，冻结力增加，冻胀力也增加，冻结力有限，冻胀力再度破坏冻结力。气温下降，再冻结，再破坏……这样，切向冻胀力一直呈跳跃式增长而达到最大值，如图3.11所示。

3. 切向冻胀力的衰减阶段

当切向冻胀力达到最大值后，由于冻胀停止或者增加十分缓慢，这时应力松弛将起主要作用，使切应力衰减，总冻切力值开始下降，再随着地表的解冻，冻切力急剧下跌直至

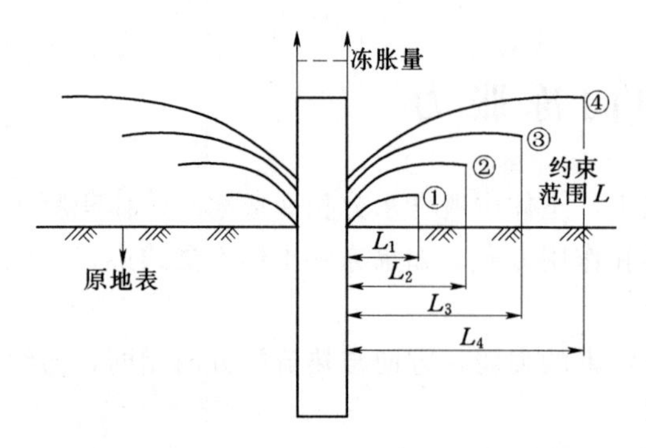

图 3.11 不同冻深桩周地表变形示意图

消失。

3.4.3 切向冻胀力的分布

冻切力沿冻深的分布是随时间而变化的，总的分布趋势与冻胀量沿深度分布规律基本相似，即冻胀量大的区间冻切力也大，冻胀量小的区间冻切力也小。了解切向冻胀力沿冻深的分布，对采取工程措施、保证基础的稳定具有一定的意义。

3.4.4 影响切向冻胀力的因素

切向冻胀力的大小主要取决于土的冻胀程度和约束的强弱。约束的强弱程度是指基础构件无位移的条件下，土与基础构件侧面间的冻结强度（力）。因此研究影响冻切力的影响因素也就是研究土的冻胀性和土的冻结力影响因素。

1. 土的冻胀性影响

国内外研究结果表明，在同一约束条件下，冻胀量越大，冻胀力也越大，反之亦然。如黑龙江低温研究所测定，弱冻胀土单位切向冻胀力为 40kPa，强冻胀的为 80kPa。

2. 含水量的影响

土与基础侧面之所以能被冻结在一起，是通过冰晶体来实现的。故土中含水量的增加，能提高基础侧面与土之间的冻结，当达到饱和含水量时，冻结力最大。但当超过饱和含水量后，冻结力反而有所降低。

3. 土的负温的影响

土的负温一方面影响着冻胀，另一方面也影响着冻结力的大小。研究表明，当土温降至冻结温度时，开始冻胀，冻结力和切向冻胀力随之产生。随着土温的下降，冻结力也随之增长，冻切力增加，但当土温达到－18℃，冻切力不再增加。

4. 材质影响

桩、墩等基础的材料不同，它与土之间的冻结力也不同，产生的切向冻胀力也不同。

中科院兰州冻土研究所资料表明：不同材质的基础，在相同条件下测得冻切力的比值如下。

混凝土		铜管		硬塑料管		圆木
1	：	1.19	：	0.75	：	1.03

此外，表面粗糙度对冻切力也有影响，在相同条件下，表面越粗糙，冻切力越大。

3.4.5 切向冻胀力值的确定

地基土冻结时对基础产生的切向冻胀力的测定是相当困难的。从工程安全出发，应该按冻结期冻胀力最大值作为基础稳定性验算取值。地基土的冻胀性强弱影响切向冻胀力的大小。

1. 单位切向冻胀力 $\sigma_{\tau 0}$ 标准值的确定

（1）根据《渠系工程抗冻胀设计规范》（SL 23—2006），确定地基土单位切向冻胀力 $\sigma_{\tau 0}$ 标准值，见表 3.6。

表 3.6 单位切向冻胀力 $\sigma_{\tau0}$ 标准值

冻胀级别	Ⅰ	Ⅱ	Ⅲ	Ⅳ	Ⅴ
$\sigma_{\tau0}$/kPa	0～20	20～40	40～80	80～110	110～150

注 1. 表中数值适用于混凝土桩。
2. 计算冻层内基础侧表面粗糙的桩、墩的单位切向冻胀力时，应乘以 1.2 的系数。
3. 同一冻胀级别土，表中数值可内插取值。

(2) 苏联达马尔托夫曾提出，在土温约－15℃以内，冻结力和负温之间可认为是直线关系，单位切向冻胀力 $\sigma_{\tau0}$ 标准值可用下式计算。

$$\sigma_{\tau0}=c+b|t| \tag{3.21}$$

式中 $|t|$——土的负温绝对值，℃；

c、b——与土质有关的系数。壤土，$c=5$，$b=1.2$；粉质壤土，$c=4$，$b=1$；含砂重粉质壤土，$c=4$，$b=6$。

2. 总切向冻胀力 F_τ 确定

根据《水工建筑物抗冰冻设计规范》(SL 211—2006) 桩式、墩式基础所受总切向冻胀力可按下式计算。

$$F_\tau=\psi_e\psi_r\sigma_{\tau0}uZ_d \tag{3.22}$$

式中 F_τ——总切向冻胀力，kN；

ψ_e——有效冻深系数，可按表 3.7 取值；

ψ_r——冻层内桩壁粗糙度系数，表面平整的混凝土基础取 1.0，当不使用模板或套管浇筑，桩壁粗糙但无凹凸面时，取 1.1～1.2；

$\sigma_{\tau0}$——单位切向冻胀力标准值，kPa；

u——冻土层内基础横截面周边长，m；

Z_d——基侧土设计冻深。

表 3.7 有效冻深系数 ψ_e

土　类	黏土、粉土			细粒土质砂			含细粒土砂		
冻前地下水位至地面的距离/m	＞2.0	1.0～2.0	＜1.0	＞1.5	0.8～1.5	＜0.8	＞1.0	0.5～1.0	＜0.5
ψ_e	0.6	0.8	1.0	0.6	0.8	1.0	0.6	0.8	1.0

3.5 土的法向冻胀力

法向冻胀力，是由于地基土冻胀时受到建筑物荷载，通过板式基础约束了地基土自由冻胀而产生的一种垂直基础底面上的上抬力。法向冻胀力是造成涵洞、跌水等板形基础建筑物冻胀破坏的原因。

3.5.1 法向冻胀力对基础作用分析

法向冻胀力对基础的作用分为无限大的不动基础和有限大的不动基础两种基本形式。

1. 无限大的不动基础（全约束）

对无限大的不动基础，在均质地基上和平面上各点冻胀条件一样的情况下，地基土发生冻胀时，法向冻胀力在平面上呈均匀分布的，以 σ_n 表示，如图 3.12 所示。

2. 有限大的不动（全约束）基础

在均质地基和平面上各点冻胀条件一致的条件下，地基发生冻胀时，基底法向冻胀力由两部分组成：一部分是与基础投影面积相同的下卧土体产生的冻胀力，称为"纯法向冻胀力"，用 σ_0 表示；另一部分则是在基础周边一定范围内的土体（图 3.13 中 L 范围内），由于冻土内部的冻结力限制旁侧土体的自由冻胀（图 3.13 中 B 范围的土体，由于 A、B 界面土体的冻结）所产生的冻胀力，称为"附加法向冻胀力"，用 σ' 表示。那么作用在基础底面的总法向冻胀力 σ_n 可用下式表示：

$$\sigma_n=\sigma_0+\sigma' \tag{3.23}$$

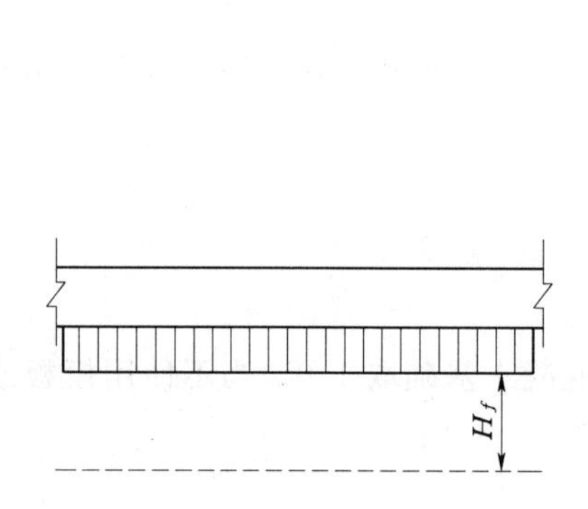

图 3.12　法向冻胀力 σ_n 在平面上分布图

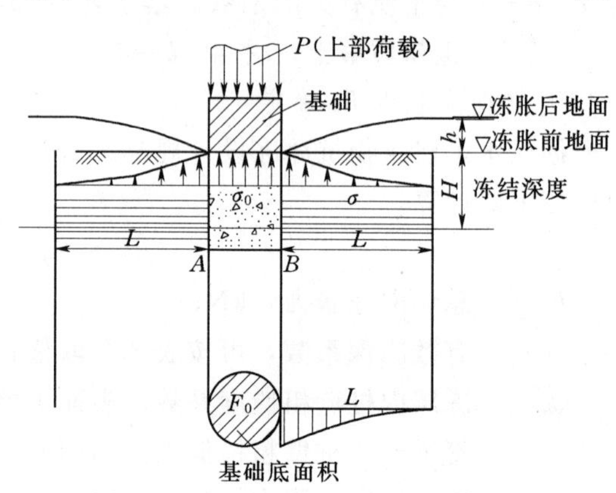

图 3.13　基底法向冻胀力构成示意图

3.5.2　影响法向冻胀力的因素

影响法向冻胀力的因素包括两大类：一是影响地基土冻胀性强弱的因素，包括土质（密度、颗粒组成、前期固结状态等）、水分（土的含水量与地下水距离等）、温度（冻结指数、冻结速率等）；二是工程因素，包括建筑物荷载、基础面积、砌置深度、建筑物刚度等。在 3.3 节影响土体冻胀性的因素中，已经予以阐述，不再赘述。在此重点讲述一下工程因素对法向冻胀力的影响。

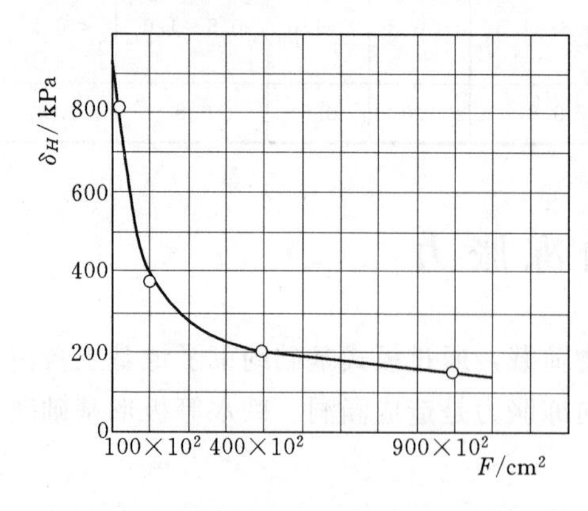

图 3.14　基础面积与法向冻胀力的关系

1. 基础面积的影响

底板面积影响地基中附加应力的分布，影响地基土的冻胀性，但更为重要的是底板面积直接影响纯法向冻胀力和附加法向冻胀力在总法向冻胀力中的比值，从而影响法向冻胀力的大小，在全约束状态下，室内和野外实测资料表明：基础板面积与法向冻胀力之间呈指数关系，如图 3.14 所示。

从图 3.14 可以看出：基础板面积越小，法向冻胀力越大，在基础面积大到一定程度时，法向冻胀力值趋于某个既定条件时的稳定值。基础板面积为 1m^2 左右区段是法向冻胀力值的急剧变化区域。

2. 基础埋置深度的影响

基础的埋置深度影响地基土冻结界面的形状和基础下地基土冻土层厚度，从而影响法向冻胀力的大小。野外实测资料表明：在不改变基础下地基土冻结界面形状的条件下，基础的埋置深度越小，基础下面冻土层厚度越大，基础法向冻胀力越大。随着基础的下埋，冻土层厚度在逐渐减少，基础底面置于最大冻深时，此时基底法向冻胀力接近于 0。埋置深度与法向冻胀力之间的关系如图 3.15 中的曲线所示。

3. 约束条件的影响

建筑物荷载作用在冻胀性地基上，影响着土的冻胀性，从而土体的冻胀变形要受到约束，冻胀土体必须克服外荷载而做功，这就是法向冻胀作用的外观表现。如果不允许土体冻胀变形，就必须增大基础板的约束力，与此相适应，法向冻胀力也必然增大；相反，如果基础板能够随着土体冻胀变形而位移时，冻胀土体所产生的冻胀力必然减小。若冻胀土不受约束，属于自由冻胀变形，冻胀力为零。国内外的实验证明，基础板下法向冻胀力值的大小与对冻胀低级的约束成都呈指数函数关系。允许建筑物变形（位移）与法向冻胀力的关系如图 3.16 所示。

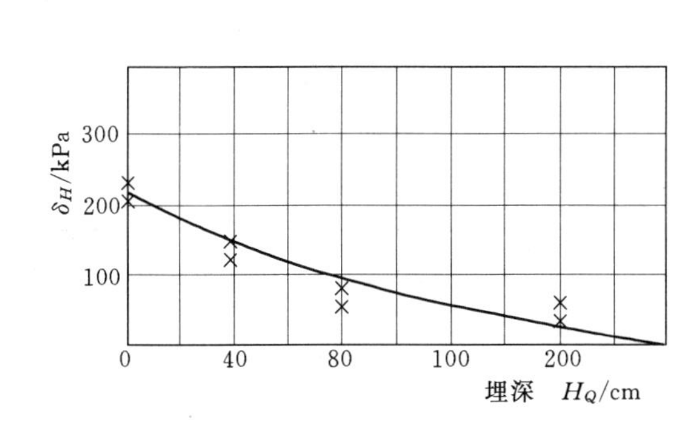

图 3.15 基础埋深与法向冻胀力的关系

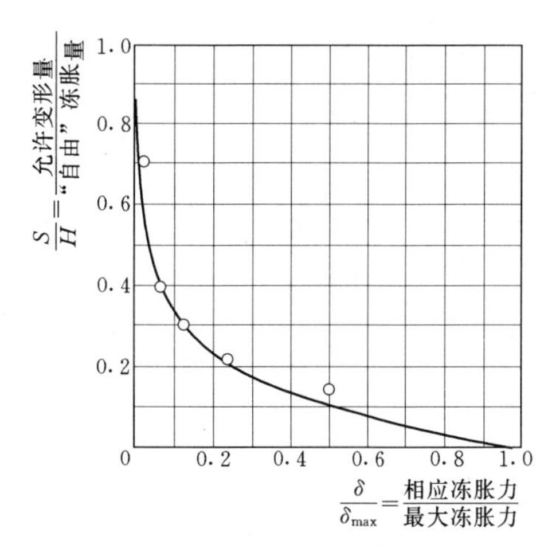

图 3.16 相应冻胀变形与相对冻胀力关系曲线

3.5.3 法向冻胀力值的确定

法向冻胀力的大小主要取决于土体冻胀性和工程条件。当地基发生冻胀，约束条件仅为基础传递的荷载时，单位法向冻胀力的最大值即等于建筑物基础所传递的荷载强度。当基础板不允许向上冻胀变位时，单位法向冻胀力的大小与基础板面积、地基土的冻胀性和压缩性有关。

1. 单位法向冻胀力标准值 σ_{n0} 确定

（1）根据《渠系工程抗冻胀设计规范》（SL 23—2006），当限定基础板尺寸时，地基土单位法向冻胀力标准值 σ_{n0} 按表 3.8 取值。

表 3.8　　单位法向冻胀力标准值 σ_{n0} 值　　单位：kPa

分类 \ 面积/cm²	5	10	50	100及以上
Ⅰ（$h \leqslant 2$）	50～100	30～60	20～50	10～30
Ⅱ（$2 < h \leqslant 5$）	100～150	60～100	50～80	30～60
Ⅲ（$5 < h \leqslant 12$）	150～210	100～150	80～130	60～100
Ⅳ（$12 < h \leqslant 22$）	210～290	150～220	130～190	100～150
Ⅴ（$h > 22$）	290～390	220～300	190～260	150～210

注　1. 同一冻胀级别中，表中数值应先按冻胀量内插，再按基础板面积内插。
2. 本表适用于短边尺寸不小于 2.0m 的板型基础，如基础板面积小于 $5m^2$，按 $5m^2$ 取值。

（2）根据《水工建筑物荷载设计规范》（DL 5077—1997），在标准冻深大于 0.5m 地区的水闸涵洞和其他具有板型基础的建筑物当基础埋深小于设计冻深时，作用在单块基础板底面上的单位法向冻胀力设计值可按下式计算。

$$\sigma_n = m_\sigma \alpha \sigma_{n0} \tag{3.24}$$

式中　m_σ——冻胀力衰减系数，按式（3.25）计算，当不允许基础板有向上的位移时 $m=1$；

α——冻胀层厚度影响系数按式（3.26）计算；

σ_{n0}——单位法向冻胀力值标准值，kPa，由表 3.7 查取。

当基础在冻胀力作用下发生位移（或变形）时冻胀力随之衰减，衰减系数可用下式计算：

$$m_\sigma = 1 - \left(\frac{[s]}{h}\right)^{1/2} \tag{3.25}$$

式中　h——基础所处地点地基土的冻胀量，cm，可据实测数值或计算确定；

$[s]$——沿冻胀力方向基础允许位移值，cm，可由表 3.9 查取。

表 3.9　　板型基础允许垂直位移值

建筑物类型及结构部位	$[s]$/cm
涵闸进出口板型基础	2.0
闸室段钢筋混凝土基础板	2.5
陡坡段底板护坦板（钢筋混凝土）	2.5
钢筋混凝土整体 U 形槽	3.0

当基础版有一定埋置深度时，相当于有一定厚度的冻土层不会被产生冻胀的基础板"置换"。能产生冻胀的土层厚度由原来的工程设计冻深 Z_d 减为 $Z_d - d_t$，但因基础的材料比冻土层的导热系数大，视冻土层厚度折减系数为：

$$\alpha = \left(1 - \frac{d_t + d_i}{Z_d}\right)^{3/2} \tag{3.26}$$

式中　d_t——基础板厚度，cm；

d_i——基础表面的冰层厚度，当表面无冰层时为 0；

Z_d——工程设计冻深，cm。

2. 法向冻胀力合力 F_n 的确定

根据《水工建筑物抗冰冻设计规范》（SL 211—2006）作用在单块基础板底面上的法向冻胀力合力为：

$$F_n=\sigma_n A \tag{3.27}$$

式中 σ_n——单位法向冻胀力设计值；

A——单块基础板底面积，m^2。

3.6 土的水平冻胀力

水平冻胀力是挡土墙限制土体冻胀时，冻胀土体对挡土墙垂直作用的水平方向冻胀力。水平冻胀力是使挡土墙失稳和强度破坏的主要外荷载。因此，在挡土墙抗冻胀设计中，需要了解水平冻胀力产生及发展过程，影响水平冻胀力大小的因素及其设计取值。

3.6.1 水平冻胀力的产生及发展过程

水平冻胀力的产生是在挡土墙后填土冻胀受到约束的条件下产生的。故它的大小取决于墙后填土的土质、含水量、地下水位、温度状况和挡土墙适应变形的能力等条件。挡土墙水平冻胀力的产生和发展过程按冻融期分为如下三个阶段。

1. 水平冻胀力形成阶段

随着外界气温下降，墙后填土温度也随之下降，土体发生冷收缩，体积减小。在墙的顶部和靠墙面的一定范围内，有可能在土温降低和冻结初期出现墙体与土体脱离的现象，从而导致土压力降低。因此有些工程此时可观测到墙身后倾的变形。随着土温的进一步降低，土体冻结、冻胀，冻胀力随之产生，并使墙体恢复原位并向前变形。

2. 水平冻胀力增长阶段

该阶段土层进入稳定冻结状态。随着土温降低，水分迁移，冻深增加，水平冻胀力也相应增大，直达某一最大值。

3. 水平冻胀力逐渐减小直至完全消失阶段

该阶段，由于气温与地温的回升，墙后填土融化，水平冻胀逐渐减小，直到完全消失——恢复到正常的压力。

3.6.2 水平冻胀力的类型

冻胀力都是土体在冻结过程产生冻胀时的内力。在无约束条件时土体的内力所做的功仅表现为冻胀。当土体冻胀受到约束时对约束体的作用称为冻胀力。冻胀力是一种矢量。冻胀力大小受土的冻胀性、物体的约束程度和冻结状态影响而不同。冻胀力的方向与土的热交换方向一致。由此可知，人为地将冻胀力按对约束物体作用方向分为不同方向的冻胀力，并不能完全表达冻胀力的物理本质。因此区分冻胀力从工程应用角度来看，还是具有实用价值的。

水平方向的冻胀力可能是冻胀力在水平方向上的分力，也可能是土体在冻胀过程对水平方向上的挤压应力或二者之和。这主要取决于土的冻结状态。下面对水平方向的不同冻胀力按其冻结条件予以分类和定义。

1. 单向冻结状态下的水平冻胀力

单向冻结状态是指土体在一维热交换条件下的冻结。在此条件下土的冻结线应垂直于热流方向，即土的冻结线平行地表的单方向冻结。对水平方向的冻胀力可分为如下两类：

（1）基侧水平冻胀力（基侧法向冻胀力）。单向冻结条件下，水平地表面下的建筑物基础，在土体向上的冻胀过程对基础侧面作用的水平方向的挤压应力（不计基础的导热影响）。

该力值小于切向及法向冻胀力。在均匀土质中，此力对称作用于基础四周，一般在工程中不予考虑，如图 3.17 所示。

（2）基侧水平冻胀分力。单向冻结条件下，斜坡地表的建筑物基础，在土的冻胀过程对基侧垂直作用的水平方向冻胀力分。

该力是土体冻胀对基础作用冻胀力的水平方向分力，力值大小与总冻胀力及斜坡角度有关。此力在基础上方对基侧有作用力，而在基础下侧无作用力。因此，非对称的水平方向冻胀力是造成基础向下游倾斜的主要原因，如图 3.18 所示。

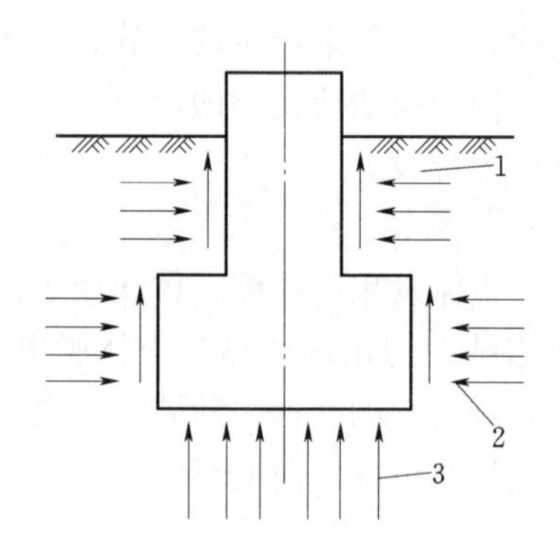

图 3.17　水平地面基侧水平冻胀力
1—切向冻胀力；2—基侧水平冻胀力；
3—法向冻胀力

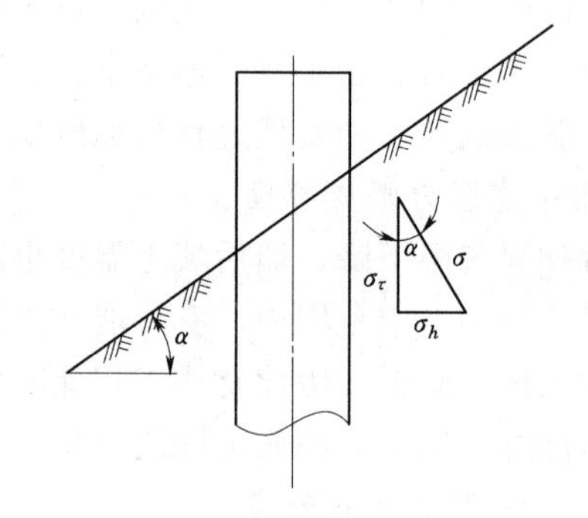

图 3.18　斜坡地面基侧水平冻胀力分力
σ_τ—切向冻胀力；σ_h—基侧水平冻胀分力；
σ—总冻胀力

2. 挡土墙双向冻结状态下水平冻胀力

挡土墙后的土体，在负气温作用下，不仅从墙顶地表平行向下冻结，而且在垂直挡土墙体的侧面，也同时存在土体与大气进行热交换的过程。负气温同时在两个方向对挡土墙后的土体进行热交换而形成的土体冻结形状，称为双向冻结状态。

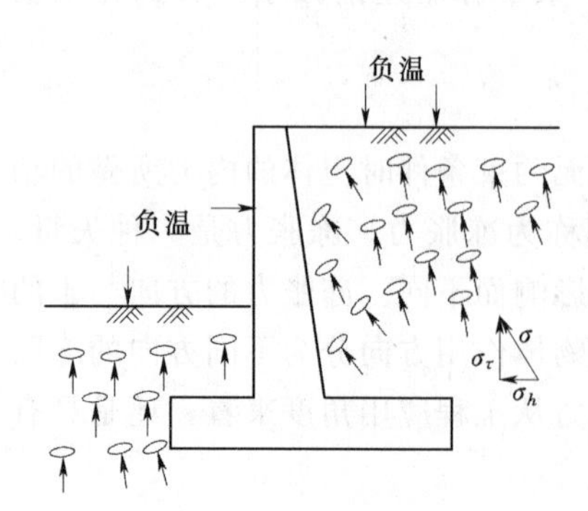

图 3.19　挡土墙双向冻结状态下
水平冻胀力图

为区分单向冻结状态下的两种水平冻胀力，对挡土墙水平冻胀力可定义为：在双向冻结条件下，墙后土体冻胀过程对墙体垂直作用的水平方向冻胀力，如图 3.19 所示。

墙后土体的双向冻结状态，受到墙顶表面、墙侧方向和墙基地表三个方向热交换的影响。不同的双向冻结状态，对水平冻胀力的大小及沿墙高的分布规律是不相同的。理想条件下，挡土墙水平冻胀力的最大力值应等于法向冻胀力值；最小力值应等于基侧水平冻胀力值。挡土墙水平冻胀力是非对称的，在挡土墙设计中应作为外荷载进行设计。

3.6.3　影响水平冻胀力的因素

影响挡土墙水平冻胀力的因素可归纳为三个方面：挡土墙后回填土的冻胀性、墙后土体双向冻胀状态的形成条件、挡土墙对土体的约束程度。

1. 墙后填土冻胀性大小的影响

挡土墙的水平冻胀力是土体冻胀受到墙体约束的作用力。因此，土体冻胀的强弱直接关系到挡土墙水平冻胀力值的大小。土的冻胀强弱与土质、温度、水分关系极为密切。单一因素影响土体冻胀的强弱程度已在3.3节讲述，此处不再赘述。

2. 双向冻结状态的影响

挡土墙后土体受垂直墙顶地表、墙体侧向和墙基地表方向负温度影响，墙后土体逐渐冻结。土体冻结线的形状必然是自平行墙顶地表，从单向冻结的直线过渡到趋于与墙体高度方向平行的双向冻结曲线，然后过渡到与墙基地表相平行的直线。图3.20是1986—1987年试验挡土墙温度场零度等温线及冻胀力示意图。从图3.20中可以看出，各月的零度等温线进程反映了墙后土体渐冻的趋势。

由于冻胀力是土体冻胀时产生的内应力，其作用方向垂直于等温线。所以，作用于挡土墙上的水平冻胀力是冻胀力的水平方向分力，即$\sigma_h=\sigma\cos\alpha$。因此，挡土墙水平冻胀力值的大小随墙后土体等温线的形状而改变。

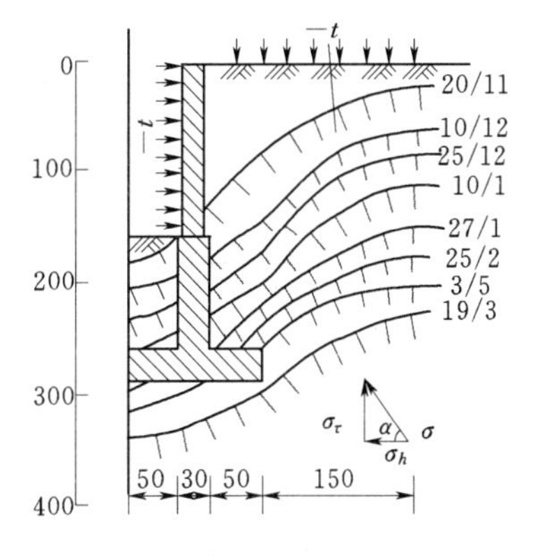

图3.20　挡土墙温度场零度等温线及冻胀力示意图

挡土墙后土体的双向冻结状态与墙高的关系极为密切。经验证，给出的最大挡土墙水平胀力值与设计取值方法仅限定在外露墙高小于5m的范围内。

3. 墙体约束程度（变形量）的影响

土体冻胀过程中只有受到物体约束，冻胀土体对约束体才作用有冻胀力；当土体冻胀不受到物体约束时则没有冻胀力，而宏观上只表现为土体的冻胀。因此，可以认为在土体冻胀过程中，冻胀土体对约束物体作用的冻胀力与物体的约束程度成反比。当冻胀土体全部受到约束（约束体无变形），对约束物体的冻胀力应为最大值；无约束（约束物体的变形量等于土体的自然冻胀量）的冻胀土体对约束物体的冻胀力应等于零；对于冻胀土体有约束（约束物体有变形）的物体所承受的冻胀力随约束程度而改变。

3.6.4　水平冻胀力值的确定

1. 单位水平冻胀力标准值σ_{h0}的确定

根据《渠系工程抗冻胀设计规范》(SL 23—2006)，经综合分析按地基土冻胀性分类给出全约束状态挡土墙单位水平冻胀力标准值σ_{h0}，可按表3.10取值。

表 3.10　　单位水平冻胀力标准值 σ_{h0}

土的冻胀级别	Ⅰ	Ⅱ	Ⅲ	Ⅳ	Ⅴ
挡土结构（墙）后计算点土冻胀量 Δh/cm	$\Delta h \leqslant 2$	$2<\Delta h \leqslant 5$	$5<\Delta h \leqslant 12$	$12<\Delta h \leqslant 22$	$\Delta h>22$
σ_{h0}/kPa	0～30	30～50	50～90	90～120	120～170

注　1. 表中 Δh 为距墙前地面 $0.25H_1$ 高度处墙后土的冻胀量（H_1 为墙前地面至墙后填土面的高度）。
2. σ_{h0} 值可按表列冻胀量内插。

2. 单位水平冻胀力设计值 σ_h 的确定

根据《水工建筑物荷载设计规范》（DL 5077—1997），对于标准冻深大于 0.5m 地区的薄壁混凝土挡土墙，当墙前地面至墙后填土顶部的高差小于或等于 5m、在无水平位移的条件下，作用于挡土墙的单位水平冻胀力设计值可按下式计算：

$$\sigma_h = c_f m'_\sigma \sigma_{h0} \tag{3.28}$$

$$m'_\sigma = 1 - \left(\frac{[S_H]}{\Delta h}\right)^{0.5} \tag{3.29}$$

式中　σ_{h0}——单位水平冻胀力标准值，kPa，查表 3.10；

c_f——挡土墙迎土面边坡修正系数，按表 3.11 选取；

m'_σ——墙体变形影响系数；

$[S_H]$——墙体允许水平位移值，cm，按表 3.12 选取；

Δh——挡土墙后填土的冻胀量，cm。

表 3.11　　挡土墙迎土面边坡修正系数 c_f 值

迎土面边坡比	0	0.1	0.2
c_f	1.0	0.90	0.85

表 3.12　　挡土墙允许位移值 $[S']$　　单位：cm

挡土墙结构类型	$[S']$	
	垂直方向	水平方向
浆砌石重力式	2.0	0
混凝土重力式	2.0	(0.001～0.002) 墙高
钢筋混凝土悬臂式、整体 U 形槽侧墙	2.0	(0.004～0.005) 墙高
其他型式钢筋混凝土独立式挡土墙	3.0	(0.004～0.005) 墙高

3. 水平冻胀力合力 F_n 的确定

根据《水工建筑物抗冰冻设计规范》（SL 211—2006）作用于挡土墙上的水平冻胀力合力可用下式计算：

$$F_n = \frac{\sigma_h}{2}\left[H_t(1-\beta') + \frac{Z_d \beta H_t}{Z_d + \beta H_t}\right] \tag{3.30}$$

式中　σ_h——单位水平冻胀力设计值，kPa；

Z_d——工程地点的天然设计冻深，m；

H_t——自墙前地面算起的墙后填土高度，m；

β——最大单位水平冻胀力高度系数，按表3.13选取；

β'——非冻胀区深度系数，按表3.13选取。

表3.13　　β、β'　值

墙后地基土冻胀性类别	Ⅰ、Ⅱ	Ⅲ	Ⅳ	Ⅴ
β	0.15	0.30	0.45	0.5
β'	0.21	0.21～0.17	0.17～0.1	0.1

3.6.5　挡土墙水平冻胀力与融土土压力设计值的不同特征

融土地区作用于挡土墙上的土压力根据墙体相对墙后填土位移方向不同，作用于墙体的土压力有主动土压力、静止土压力及被动土压力。当墙体背向墙后填土移动，作用于墙体上的土压力为主动土压力荷载。当墙体相对墙后填土位移量为零时，作用于墙体的土压力为静止土压力。当墙体向着墙后填土移动，作用与墙体上的土压力为被动土压力荷载。土压力的大小主要取决于土颗粒的物理、力学性质，土体的承受情况以及土和挡土墙间的物理作用，所以融土地区挡土墙要将土压力作为主要荷载进行墙体稳定及强度设计。

季节冻土区挡土墙后的土体随气温的变化而改变融土或冻土的物理、力学性质。在负气温作用下，挡土墙后土体冻胀的同时可能产生冻胀。当墙体约束土体冻胀时，冻胀土对墙体就会作用有水平方向的冻胀分力。由于冻土比融土增加了冰的成分，所以作用于挡土墙上融土主动土压力与冻土的水平冻胀力设计值存在以下的不同特征。

1. 设计荷载的力值大小不同

在同一挡土墙后回填土土质相同的条件下，挡土墙水平冻胀力的大小主要随着土的冻胀强弱、墙体变形、冻结条件而变化。而融土压力则可以认为是一恒定值。由于冻土中冰的作用，对于细颗粒土挡土墙水平冻胀力的最大压强可达250kPa。而5m高挡土墙基底部的融土压强仅为50kPa，对于2m高的挡土墙底部的融土压强仅为16kPa。由此可见，挡土墙水平冻胀力比主动土压力要大几倍至几十倍。

2. 压强分布的形式不同

对于挡土墙后融土的主动土压力沿墙高分布形式一般为三角形式。而挡土墙水平冻胀力沿墙高的分布形式因受双向冻结温度场的影响，其压强为沿墙高方向两端小、外露墙高、中下部大的梯形分布形式，如图3.21所示。

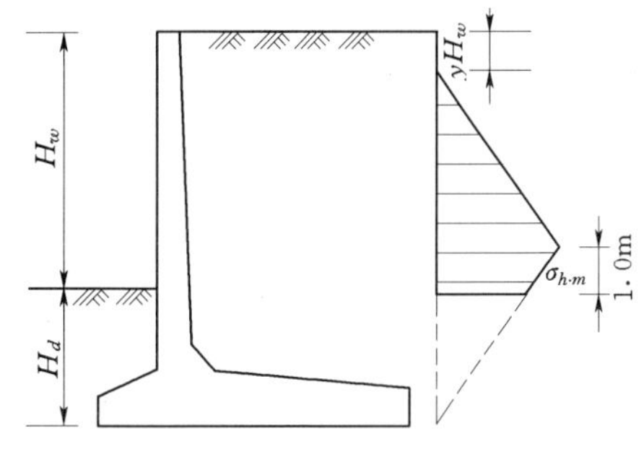

图3.21　单位水平冻胀力沿墙高压强分布图

3. 力值与墙体变形的相互作用不同

挡土墙的不同结构形式决定了墙体产生变形或变位的形式。对于融土土压力，墙体的变形或变位是区别土体对墙体作用的是主动、静止或被动土压力的条件。而冻胀土体对挡土墙作用的水平冻胀力则随墙体变形的大小呈指数衰减关系。即产生融土土压力的变形条件建立后其值可以认为不变，而水平冻胀力值的大小则随墙体允许变形而改变。

思 考 题

1. 什么是土的冻胀力？其力源来自什么？大小取决于什么？
2. 土的冻胀力分哪三种？各自产生机理是什么？
3. 切向冻胀力是怎样产生的？为什么会跳跃增长？
4. 影响冻胀力的因素有哪些？
5. 切向冻胀力的最大值和稳定冻结强度间有何关系？
6. 法向冻胀力是怎样产生的？它可造成何种类型建筑物的破坏？
7. 法向冻胀力和基础埋深有何关系？
8. 法向冻胀力和基础位移有何关系？
9. 什么是水平冻胀力？它对建筑物的作用分哪几种情况？
10. 挡土墙水平冻胀力在冻融期的产生和发展分哪三个阶段？
11. 简述影响水平冻胀力的因素？
12. 挡土墙水平冻胀力沿墙高的分布如何？σ_{max}如何取值？
13. 简述切向冻胀力、法向冻胀力、水平冻胀力的力值取值方法。

第4章　刚性护面渠道冻胀破坏分析与防治技术

4.1 概　　述

在农业灌溉、电站及其他工业用水工程中，常采用明渠引水。为防止渠道冲刷、减少渗漏损失和增加渠道过水能力、少占土地和改善用水条件等目的，世界各国越来越多的修建各种形式的衬砌渠道。在我国西北地区，近几十年来衬砌渠道有很大的发展。据甘肃省1979年统计，已修衬砌渠道8900多km。新疆维吾尔自治区到1983年为止已修衬砌渠道20000km。陕西省到1977年为止已修衬砌渠道3000km。西北地区干旱少雨，有了水就有绿洲，就有粮食和牧草。采用衬砌渠道，减少引水的渗漏损失，提高水田利用系数，对农业和牧业发展有着特别重要的意义。

然而，在我国东北、西北和华北这些寒冷地区，渠道衬砌工程普遍存在严重的冻害问题。据青海省统计，全省万亩以上灌区近500km干支渠（有防渗设施的渠道）中，约50%～60%的衬砌遭受冻害破坏。冻害严重地阻碍着衬砌渠道的建设，同时为维修被冻害破坏的衬砌渠道每年要花费大量的投资。所以，在季节冻土地区如何进行渠道衬砌的设计和防治冻胀破坏的发生，是迫切需要解决的课题。

目前，我国采用的渠道衬砌形式多达几十种。从渠道断面形式上来看，多为梯形断面、弧形底梯形断面、弧形坡脚梯度断面和U形断面。从使用的衬砌材料上来看，有混凝土、块石、卵石、片石、沥青油毡、沥青玻璃丝布、沥青砂浆、沥青席、塑料薄膜、防水布、三合土等。从结构设计和施工方法上看，有现场浇筑混凝土、预制混凝土板、砂浆块石、干砌块石，也有在碾压的渠床上直接铺设防水卷材的。从适应冻胀变形角度上来看，可分为刚性的（适应冻胀变形量很小）和柔性的（如上述沥青卷材、有较强的适应冻胀变形性能）。

在同一地区、同一条渠道，由于渠道衬砌材料、结构设计、断面形式等不同，其遭受冻胀破坏的部位、程度和形式也会有很大区别。

渠道是从原地面开挖或挖填并举的方式建成的输水工程。由于渠道的出现，改变了原来位置基土的温度场、湿度场和应力场。土的冻结深度与日照条件和遮阴程度关系极大，其中尤以朝向、表面倾角、工程所在纬度最为重要。对渠道来讲，影响最大的是其走向，渠道轴线越接近东西方向，其阳坡、阴坡的冻深相差就越大。调查资料显示，一条东西走向的渠道，其阴坡的冻深是阳坡的1.3～2.2倍，是渠底的1.3～1.36倍。北西15°左右走向的渠道，阴坡的冻深为阳坡的1.3～1.5倍，为渠底的1.1～1.3倍。

衬砌渠道的冻害，主要是河床基土的冻胀造成衬砌物的鼓起、错位和滑移，施工缝和伸缩缝开裂，充填物失效，渠道的防渗功能部分丧失，而一旦冻胀破坏发生，往往是不可逆转和复原的，冻胀引起的残留变形将逐年加剧，直到完全丧失使用价值。

一般来讲，渠道的衬砌物重量轻，靠自重无法抵御河床基土的冻胀力的作用，所以如何使其适应适度的冻胀变形又不至于影响正常运行，或者如何设法减小或消除河床基土的冻胀性，则是设计者需要解决的课题。

4.2　刚性护面渠道冻害破坏分析

4.2.1　冻害破坏特征

在同一地质及水文地质条件下，渠道衬砌的材料和断面形式不同，其冻害的程度和破坏形式也不相同，本节主要讲述目前我国广泛采用的梯形断面渠道，预制混凝土板村砌、现场浇筑混凝土板衬砌（为刚性衬砌），浆砌石衬砌、沥青混凝土衬砌和混凝土板下铺塑料薄膜衬砌（刚柔结合衬砌）的冻害破坏特征。

刚性衬砌渠道的衬砌材料主要是混凝土和砌石，其特点是抗压强度高，抗拉强度低，衬砌层薄，适应变形的能力差。

根据渠道冬季的过水条件可将其冻胀破坏分两种情况。

4.2.1.1　冬季不输水——全断面冻结

1. 预制混凝土板衬砌渠道冻害破坏特征

预制混凝土板衬砌渠道，是我国目前采用最多的一种衬砌形式。这种衬砌便于施工，可在工厂预制，构件质量容易保证。混凝土预制板边长一般为 50～100cm，厚度 5～8cm，板下多铺设一定厚度的砂和砾石层。预制混凝土板衬砌渠道冻害破坏特征，如图 4.1 所示。

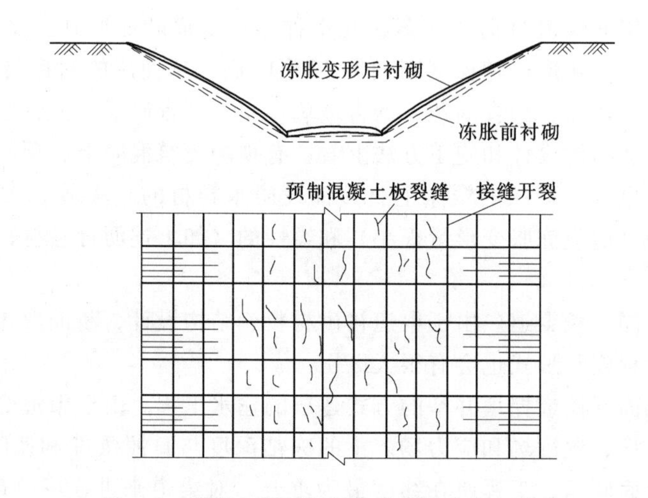

图 4.1　混凝土预制板衬砌的冻胀变形与裂缝

工程运用实践表明，预制混凝土板衬砌渠道抗冻害能力差。由于渠床的不均匀冻胀，常使预制混凝土板在接缝处开裂或预制板本身产生裂缝。在严重冻胀条件下，出现预制混凝土板块隆起、错位、下滑等现象。随着渠床土质和水文地质条件不同，其接缝裂开或预制板本身裂缝部位有所差异。预制混凝土板衬砌的冻害破坏一般表现为以下几个特征。

（1）渠坡和渠底裂缝：渠坡的裂缝多集中在沿斜长的中下部，一般分布在从坡底算起

1/3～3/4 的斜长范围之内，渠底的裂缝多分布在中心线附近。

（2）阴坡和阳坡的裂缝：东西走向的混凝土预制板衬砌渠道，阴坡（南坡）裂缝多于阳坡（北坡），渠底裂缝一般也多于阳坡。根据甘肃省景泰地区景太川试验渠道预制混凝土衬砌裂缝的统计，阴坡每平方米裂缝长度为 0.56m，阳坡每平方米裂缝长度 0.10m，渠底每平方米裂缝长度 1.33m。

（3）不同冻害程度衬砌的破坏症状：混凝土预制板衬砌，以其遭受冻害的程度不同可分为轻微冻胀、中等冻胀和严重冻胀三类，各类冻害症状如下。

轻微冻胀：入冬后衬砌开始鼓胀，接缝开裂，预制板本身也产生裂缝。上述裂缝通常在翌年 2 月末达最大值。冻胀量一般为 1～2cm，或更小。冻胀裂缝多为不连续分布，到春季冻土消融后开始变小，但不能完全愈合，仍留下小于 1mm 的细缝。细缝在逐年冻融循环作用下会渐渐增大。

中等冻胀：表现为衬砌随冬季气温下降而急剧冻胀，在较大范围内由于不均匀冻胀呈现出高低起伏状，或呈鼓包形状。混凝土预制板间及预制板本身均出现较大裂缝。冻胀量一般为 5～10cm。冻土融化后，往往不能恢复原位而留下较大裂缝，通水期造成渠道渗漏。由于渗水使渠床土体含水量增大，来年将进一步加剧渠床的冻胀，进而导致衬砌更严重的破坏。

严重冻胀：当渠床基土为强冻胀土，又因衬砌渗水或地表渗水等使渠床含水量增大。在地下水位较高，水源补给充分的条件下，渠道衬砌会出现严重的冻胀破坏。在严重冻胀的情况下，临近坡脚处的混凝土板首先向外鼓起，鼓起高度可达 10～20cm，然后衬砌的冻胀变形逐渐向上发展。有时，在较长的范围内顺水渠方向形成数个台阶，如图 4.2（a）所示，同时各块混凝土板间产生搭架、错位等现象。当错位超过板厚时，上块板往往沿斜坡下滑，落入渠底或插入下块板底部，如图 4.2（b）、（c）所示，靠近渠底的第一块板，多数只绕坡脚转动，有时也发生错位，向前翘起，滑到渠底护板之上或与底板脱离而近于直立，如图 4.2（d）、（e）所示。

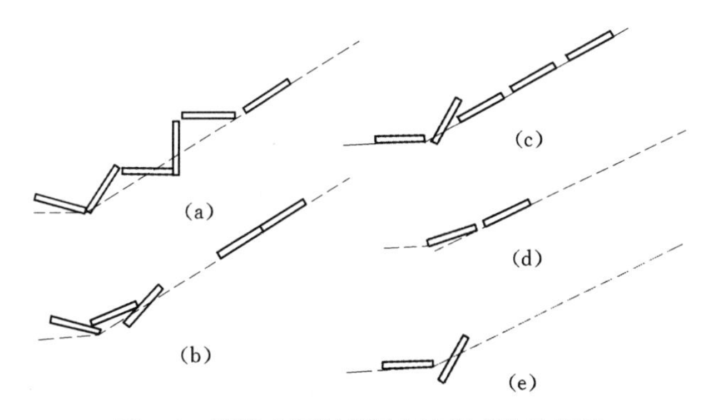

图 4.2 混凝土预制板衬砌冻胀变位示意图

在严重冻胀情况下，混凝土板衬砌将失去防冲和防渗的作用。由于渠道渗水，渠床土体的含水量增加，使渠道衬砌的冻胀破坏逐年愈演愈烈。加之通水期水流淘刷，使混凝土板下形成孔洞、塌坑，随之使混凝板成片的塌陷、滑落，最后导致全部衬砌毁坏。图 4.3 为新疆东排子西干渠衬砌板的冻胀破坏情况。

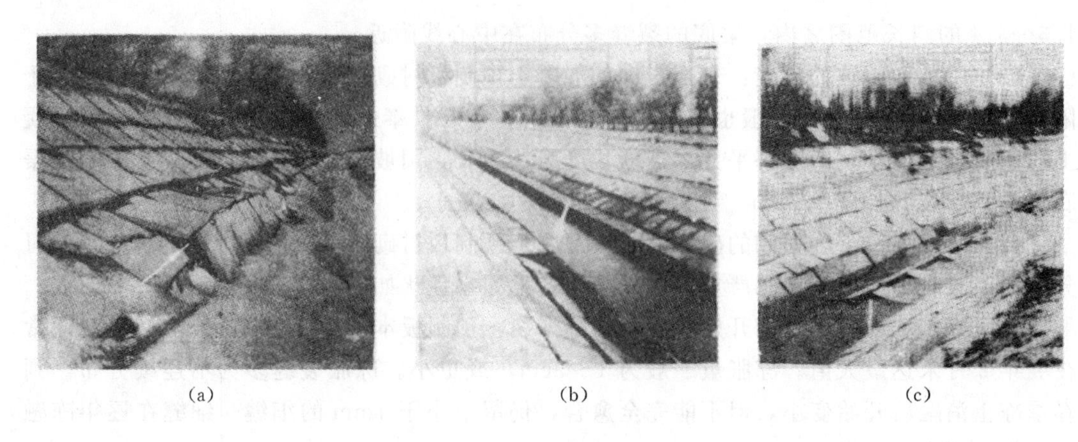
(a)　　(b)　　(c)

图 4.3　新疆东排子西干渠混凝土衬砌板冻胀破坏

(a) 混凝土预制衬砌的隆起搭架；(b) 混凝土预制衬砌融化期塌陷；(c) 混凝土预制板衬砌渠底隆起和搭架

2. 现浇混凝土衬砌渠道冻害破坏特征

现浇混凝土衬砌分块较大，厚度较薄，接缝少，渗水损失也少。抗冲流速大于混凝土预制板衬砌的抗冲流速。这种衬砌对渠床的不均匀冻胀较敏感，在渠床地基土的不均匀冻胀作用下，易产生隆起或出现不规则的裂缝。裂缝纵横向都有，但多为纵向裂缝，如图 4.4 所示。东西走向的渠道阴坡裂缝数量多于阳坡，阴坡裂缝多呈连续性，有的长达数十米，甚至上百米，裂缝宽度大小不等，小则几毫米，大则可达 5～10cm。阳坡裂缝一般较细，长度不大。根据陕西省对几个灌区混凝土衬砌渠道的统计，阴坡平均裂缝率为 75.3%，而阳坡仅为 27%。衬砌渠道底部的裂缝多沿纵向发生，且多集中在渠底中心线附近。

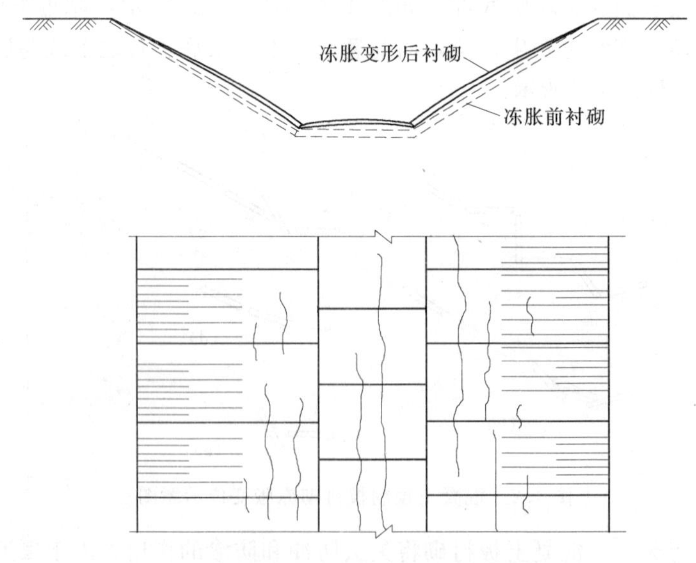

图 4.4　现浇混凝土衬砌渠道冻胀裂缝示意图

3. 浆砌石衬砌渠道冻害破坏特征

在石料较丰富的地区，浆砌石衬砌成为渠道主要的衬砌形式。在新疆的戈壁和甘肃河西走廊上游洪积扇地区，广泛采用浆砌卵石衬砌。浆砌石衬砌一般比混凝衬砌厚度大，整体性好，适应不均匀冻胀的变形能力较现浇的混凝土板或预制混凝土板衬砌都好。在轻微和中等冻胀条件下，浆砌石衬砌常表现为局部冻胀隆起，并伴随产生不规则的冻胀裂缝。在强冻胀条件下，冻胀裂缝往往连片发生，并伴随出现局部鼓起、松动、错开、滑塌等现象。坡面裂缝多分布在靠坡面下部，阳坡裂缝少于阴坡和渠底。

4. 沥青混凝土衬砌渠道冻害破坏特征

沥青混凝土衬砌按施工方法可分现场浇注和预制两种。这种衬砌适应冻胀变形能力较强。新疆生产建设兵团在1964年和1965年相继修建几条沥青混凝板衬砌渠道，运用多年来，抗冻效果较好。当用于冻深较大的强冻胀土渠道衬砌时，也会因渠床的不均冻胀变形过大而产生裂缝，许多裂缝大致平行于渠道的纵向。通常多出现在渠坡的中下部和渠底。阳坡的裂缝也少于阴坡和渠底。当裂缝为泥土填塞后，夏季也不能愈合。沥青混凝土衬砌在阳光中紫外线的长期照射下会产生老化现象，老化后的沥青混凝土衬砌适应不均匀冻胀的能力会显著降低。

5. 混凝土板下铺塑料薄膜衬砌渠道冻害破坏特征

当渠床的地下水位较低时，由于这种衬砌具有隔渗水作用，使渠床土体含水量降低，从而可起到减轻或防止不均匀冻胀作用。但当渠床的地下水位较高，外界水源补给造成较大的不均匀冻胀时，这种衬砌形式则不能起到防止冻胀破坏的作用。目前我国采用的混凝土板下铺塑料薄膜衬砌有以下三种形式：

（1）在塑料薄膜上铺一薄垫层，然后在其上铺预制混凝土板。

（2）先铺塑料薄膜，然后将预制混凝土板直接铺在上面。

（3）先铺塑料薄膜，然后将混凝土直接浇在上面。

在有外水补给的条件下，现浇混凝土板或预制混凝土板下铺塑料薄膜衬砌的冻害破坏特征基本与不铺塑料薄膜混凝土衬砌相同。如新疆地区的新柳干渠，采用在塑料薄膜上直接浇混凝土，但由于地下水位高，排水沟未能有效的降低地下水位，结果由于渠床的不均匀冻胀，仍使在塑料薄膜上现浇的混凝土衬砌产生裂缝。当冬季地下水位高于渠底，春季融化时由于塑料薄膜隔水作用使水排不出去，造成渠床体含水量增加，在融化时其抗剪强度降低，极易产生冻融滑坡，使塑料薄膜和预制块沿渠坡滑塌下来。

4.2.1.2 冬季输水——非全断面冻结

寒区衬砌渠道在冬季输水过程中不仅存在着水面结冰的问题，而且在一些渠段上还存在着严重的衬砌层冻胀破坏的问题。每年春季都要花大量的人力物力停水维修。由于破坏严重，工期短，维修费用往往很高。如何从根本上防治这类渠道的冻胀破坏，是本部分要解决的主要问题。这类渠道冻胀破坏的特点和冻胀破坏的机理如下。

1. 冬季输水渠道边坡衬砌板冻胀破坏的特征

冬季输水渠道的冻胀破坏往往是发生在边坡衬砌板的中部。与冬季不输水的渠道相比，它冻胀的部位高，冻胀量很大，鼓胀高，维修后复发率高，很难根治。渠道横断面的冻胀破坏情况如图4.5所示。

（1）冻胀破坏的部位高，冬季不输水衬砌渠道冻胀破坏都发生在边坡板下1/3范围内，而冬季输水渠道冻胀破坏基本上都发生在边坡板的中1/3范围内，这是因为冬季大河

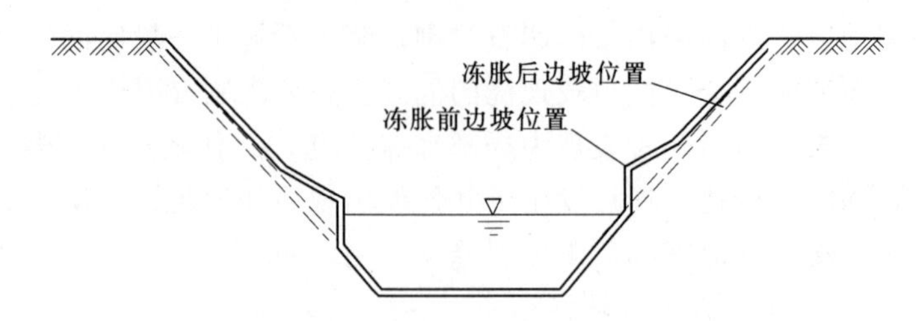

图 4.5　冬季输水渠道边坡冻胀破坏图

来水量小，渠道冬季能引输的流量往往只有渠道设计流量的 20%左右，此流量的水面线均在边坡板中 1/3 的下部位置上波动，在此水位线以上，形成强烈的冻胀区。

（2）冻胀量大、鼓得高，与冬季不输水的衬砌渠道相比，冬季输水的衬砌渠道的冻胀量要大得多，鼓得很高，往往在边坡板的中部形成一个二台，鼓起的衬砌板下，冬季输水过程是冰和泥的夹层，春季消融后是稀泥和空洞。

（3）维修后复发率高、难根治，对发生了冻胀破坏的边坡，每年春季都要停水维修。不然，夏季就不能过中水和大水，维修好的渠道经过一年的使用，输完冬水后，又都冻胀破坏了，就这样每年春季都要花去大量的人力物力进行维修，年复一年，很难根治。

2. 冬季输水渠道冻胀破坏机理

（1）边坡板一部分产生冻胀变位，一部分不产生冻胀变位：渠道在冬季输水阶段流量小、水位低，渠中水位线以下的衬砌板和土体因在受渠道中温度 0℃以上的水层保护，温度维持在 0℃以上，土体无冻胀，衬砌板无变位。在水位线以上的部分则暴露在大气中，在大气负温的作用下，边坡板下的含水土层冻结膨胀，推动其上的边坡板变位，使边坡板受拉和受折，这种在水位线以下的无冻胀无变位和水位线以上的冻胀变位，再加上静水压力，衬砌板的自重及水流的振动作用，因而边坡板在水位线附近未冻结的部位被拉断或被折断形成裂缝，就有大量的水经裂缝渗入其下土层，并不断地向冻结锋面迁移，生成大量的冰夹层和冰凸镜体，使冻胀量猛增，把衬砌板高高顶起形成二台，如图 4.6 所示。

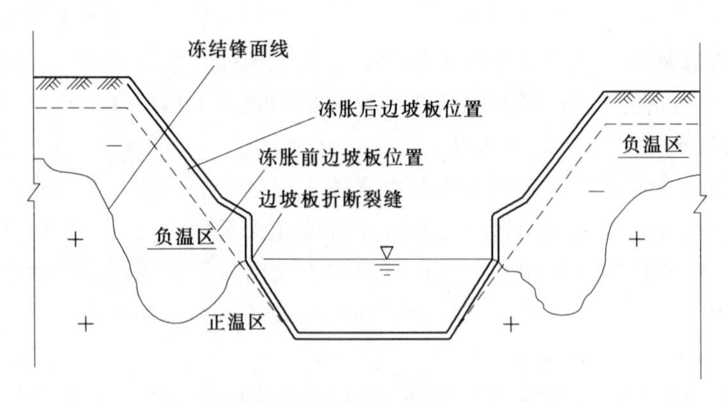

图 4.6　冬季输水渠道冻胀与变位横断面图

（2）融沉中边坡衬砌板很难复位：在冻胀阶段，靠近水位线那部分被高高顶起的衬砌板产生了两个位移。一个是平行于边坡板的位移，另一个是角位移，而没有被高高顶起的那部分衬砌板仅产生了一个平行位移。在融沉过程中，仅有平行位移的那部分衬砌板靠自重可恢复到原来的位置，而有角位移的那部分衬砌板靠自重是不能复位的，需要靠外加力矩作用才能复位。这样，高高鼓起衬砌板下的冰夹层和冰凸镜体消融了，沉降了，而其上的衬砌板则相互支撑着落不下来，于是就留下了大大小小相互串通的空穴，如图 4.7 所示。

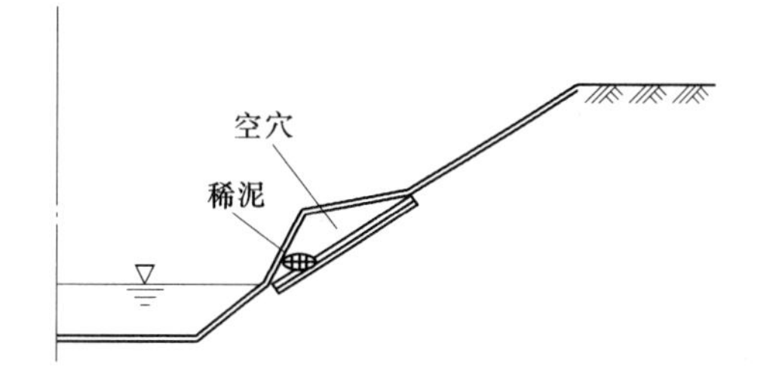

图 4.7　边坡冻土融沉后留下的稀泥和空穴图

4.2.2　冻害破坏成因

刚性护面衬砌渠道的冻害及其所表现的破坏特征，主要取决渠床的土质、水分、温度和衬砌结构等条件。

1. 渠床的土质条件

当渠床为粗砂、砾石等粗颗粒土时，一般冻胀量很小。当衬砌适应不均匀冻胀变形能力稍好时，则表现不出冻害。如新疆地区有大量引水干渠要通过戈壁滩上的第四纪砂砾层。为防冲、防渗的目的，结合当地材料，从 1960 年以后修建了大量浆砌卵石衬砌，这些浆砌卵石衬砌经 20 多年运用，一般无冻害问题。建在砂质渠床的衬砌也有受冻害破坏的事例。如辽宁省碧流河灌区和刘大灌区的引水干渠混凝土衬砌试验段，均产生冻害破坏。两处地下水位均较高。这说明当地下水较高时，砂也有一定的冻胀性，同时也说明现场浇注的刚性混凝土衬砌对冻胀的敏感性和抗冻胀变形能力较低。

当渠床为细粒土，特别是粉质土时，在渠床土含水量较大，且有地下水补给时，便会产生很大的冻胀量，如在渠床上采用混凝土或浆砌石等适应变形能力小的刚性衬砌时，往往会产生冻害破坏。根据原水电部东北勘测设计院科学实验所在吉林省愉树县松前灌区向阳泄洪渠和东干渠现场观测，在有地下水补给条件下，渠床的最大冻胀量分别达 43cm 和 41cm，在这样的强冻胀土地区，如不采用消除或削减冻因措施，既使采用适应冻胀变形能力强的柔性砌衬也难免受冻害破坏。

2. 渠床的水分条件

从第 2 章冻胀规律可知，渠床土冻胀性的大小，冻胀率沿冻深的分布及渠床各点冻胀的不均匀性等，主要取决于水分条件。从一定意义上讲，渠床的水分条件是渠道衬砌冻害破坏的决定性因素。

渠道衬砌的冻害破坏，按渠床的水分条件可分为两类：一类是地面或衬砌渗水使渠床土体含水量增大，因而产生冻胀使衬砌破坏；另一类是有地下水补给条件下渠床产生冻胀，使衬砌破坏。前者冻胀量小，衬砌冻害破坏较轻，后者冻胀量大，衬砌冻害破坏严重。不同水分条件下，冻胀率沿冻深的分布也不相同。当无外水源补给时，渠床各点冻胀率大值出现在上部，在接近冻结线处，存在冻而不胀区，如图 4.8 所示；当有外水源补给时，渠床各点冻胀率大值往往出现在下部，不存在冻而不胀区，如图 4.9 所示。

从渠床含水量等值线图 4.10 中可以看出，一般渠坡下部和渠底土体含水量大，且接近地下水位，而渠坡上部土体含水量小，且距地下水位远。上述渠床土体水分状况，决定了一般渠底和靠近渠坡下部的冻胀量大，向渠坡上部冻胀量则逐渐变小。在渠底和坡脚相接处由于相互约束，其冻胀量小于渠底中心和坡脚的偏上部。渠底和边坡由原来的直线变

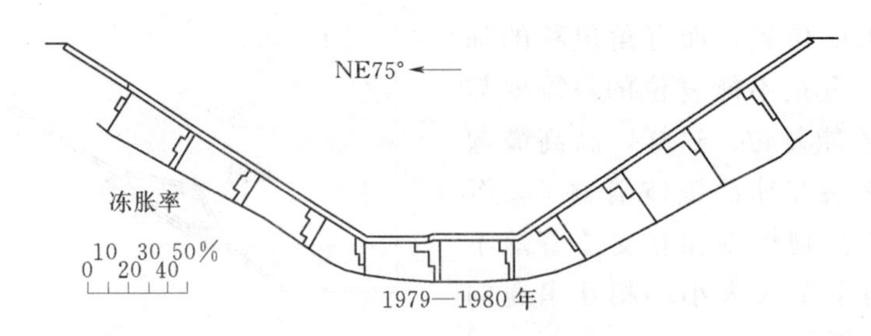

图 4.8　靖会总干渠分层冻胀率

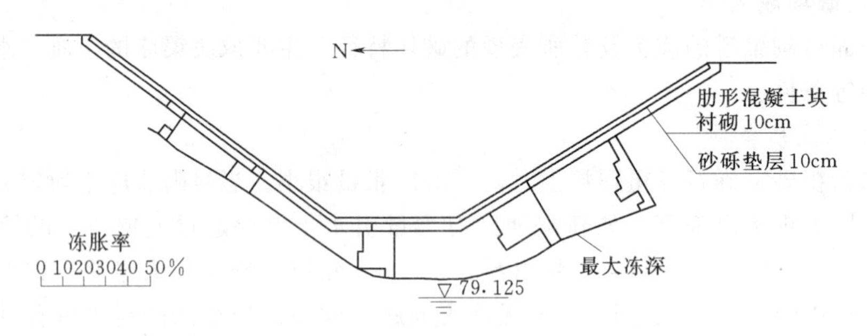

图 4.9　景泰试验渠Ⅱ号断面分层冻胀率

成了鼓起的曲线，这实际相当渠底缩窄、坡顶和坡脚两点间距离缩短。从图 4.1 和图 4.4 中可以看出。在渠床土体冻结过程中，土中水结冰，且将渠床与较薄的衬砌体牢固地胶结成一体，一同产生冻胀变形，使衬砌体承受弯矩和剪力作用。对于现场浇注的大块混凝土衬砌则会在弯曲应力大的地方或衬砌的薄弱环节处首先产生裂缝。对于预制混凝土板，则多在抗弯强度低的接缝处出现裂缝。

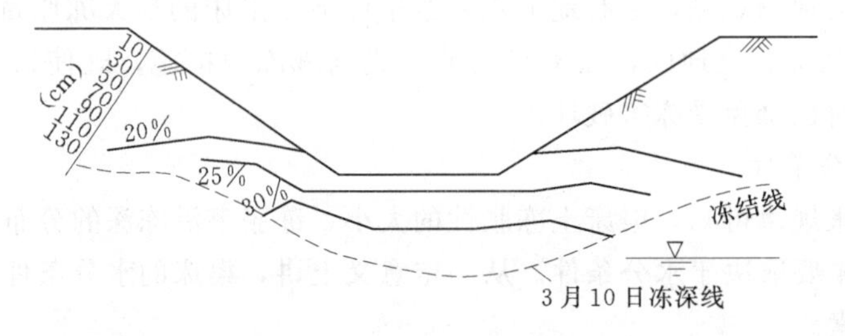

图 4.10　渠床含水量等值线

综上可知，混凝土预制板衬砌（或现浇混凝土板衬砌）裂缝多发生在靠近坡脚和渠底，主要是由于渠床土体水分状态所决定的。

3. 渠床的温度条件

从渠床等温线的分布图 4.11 中可以看出：

(1) 渠坡顶部的冻结深度大于渠坡底部和渠底的冻结深度，这主要是由于渠坡顶部为双向冻结及土体含水量低于渠坡底部和渠底这两个原因造成的。

(2) 东西走向的渠道，其阴坡（南坡）的冻深大于向阳坡（北坡）的冻深。这主要是由于阳坡日照时间长和强度大所造成。在东北地区，冬季多西北风，这也是背阴坡冻深大的一个原因。

渠道的阳坡和阴坡除上述冻深不同外，冻结和融化的时间也不相同。一般阴坡先冻结后融化，而阳坡后冻结先融化。尽管渠床顶部冻深大，但因土体含水量低，冻胀量则很小，甚至没有冻胀量。而含水量较大的渠坡中下部和底部，随着冻深的加大则冻胀量也加大。这就是渠坡中、下部及底部，以及阴坡渠道衬砌冻害较渠道上部及向阳坡冻害严重的根本原因。

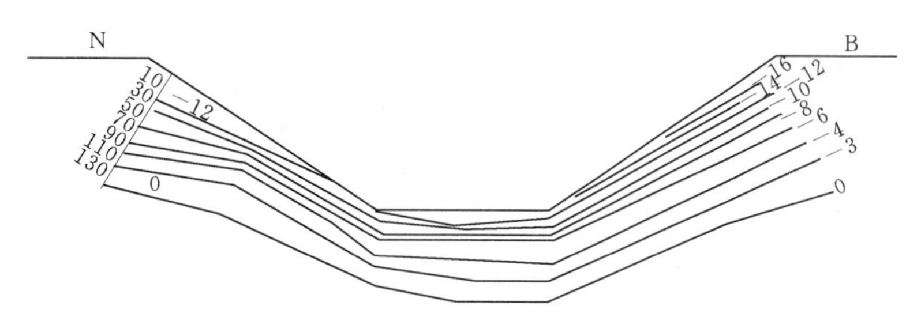

图 4.11　渠床等温线图

4. 渠道衬砌的结构特点

目前我国采用较多的是混凝土和浆砌石等刚性衬砌，这些衬砌多较薄，对冻胀敏感，适应不均匀冻胀变形能力差。当渠床产生不均匀冻胀变形时，极易引起衬砌产生强度破坏，出现各种裂缝。渠道衬砌上述结构特点也是使其易受冻害的原因之一。

4.3　刚性护面渠道抗冻胀计算

渠道衬砌主要是为了减少渗漏，节约水量，提高渠系水利用系数，保证输水安全，充分发挥水利工程效益的一项重要措施。然而，在季节性冻土区，刚性护面渠道冻胀问题十分严重，导致衬砌防漏量达不到目的。本节对刚性护面渠道的抗冻胀计算进行介绍和探讨。

4.3.1　刚性护面渠道抗冻胀计算的规定

在进行渠道防渗工程设计时，对标准冻深大于 30cm 的地区，应进行渠道抗冻胀计算，衬砌渠道的抗冻胀计算，一般应包括如下内容：

（1）渠道的衬砌或板式护面结构的冻胀位移量。

（2）校核设计渠道衬砌结构的河床上可能发生的冻胀力作用下的稳定性、强度。

（3）经抗冻计算若不能满足抗冻胀要求和结构设计不经济合理时，应采用相应的抗冻结措施。

除重要工程外，目前一般渠道衬砌是以允许衬砌或板式护面冻胀变形或变位，即以渠道横断面上最大冻胀变形值作为控制指标。

根据《渠系工程抗冻胀设计规范》（SL 23—2006），渠道衬砌结构允许法向位移量见表 4.1。

4.3.2　刚性护面渠道抗冻胀计算

4.3.2.1　抗冻胀计算所需基本资料

（1）设计渠道的走向。

表 4.1　**渠道衬砌结构允许法向位移值**　单位：cm

断面形式＼衬砌材料	混凝土	浆砌石	沥青混凝土
梯形断面	5～10	10～30	30～50
弧形断面	10～20	20～40	40～60
弧形底梯形	10～30	20～50	40～60
弧形坡脚梯形	10～30	20～50	40～60
整体式 U 形槽或矩形槽	20～50	30～60	—
分离挡墙式矩形断面的底板	40～50	50～60	70～80

注　1. 断面深度大于 3.0m 的渠道，衬砌板单块尺寸大于 5.0m 或边坡陡于 1∶1.5 时，取表中小值。
2. 断面深度小于 1.5m 的渠道，衬砌板单块尺寸小于 2.5m 或边坡缓于 1∶1.5 时，取表中大值。
3. Ⅰ、Ⅱ、Ⅲ级工程取小值。

（2）拟采用的渠道断面形式。

（3）确定典型断面上的计算控制点。

（4）工程地点所在的纬度。

（5）工程设计等级。

（6）渠床地基上的颗粒分析与定名（土质分类）。

（7）渠道地基土的干密度。

（8）工程地点多年平均的冻结指数及历年最大冻深。

（9）工程地点多年稳定冻结起始日期。

（10）工程地点渠道横断面地下水深度（应取工程地点日平均气温定降至 0℃时前后 5d 内地下水位的多年平均值）。

4.3.2.2　计算控制点的确定

如果渠道断面各处土质、地下水位条件相同时，其冻胀量也大致相同。但是，往往渠道的阳坡、阴坡、渠底由于渠道的走向不同、日照不同、各地地下水位深浅不同、冻结深度不同，从而各地冻胀量会有很大差别。为此，应将渠道断面冻胀量相近范围划分成若干区段，以便进行分区段的抗冻胀计算。

在渠道各分段选择 1～2 个具有代表性的横断面，然后确定一些计算点，如渠底、坡脚、坡中、坡底等，这些计算点即称为渠道断面计算控制点。如图 4.12 所示的渠道典型梯形断面，其中 A、B、C、D、…、J 均为计算控制点。

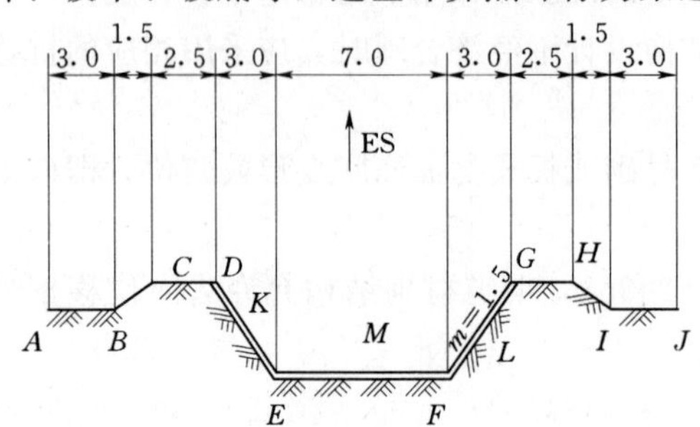

图 4.12　渠道典型梯形断面示意图

4.3.2.3　刚性护面渠道抗冻胀计算

本部分是对已设计渠道进行抗冻胀验算。其计算过程中应当掌握的资料、数据、计算方法与步骤，分述如下。

1. 基本资料

（1）渠道的典型断面：如图 4.12 所示。

（2）渠道的轴向走向：东南（ES）。

（3）工程地点的纬度：北纬 $D=40.5°$。

（4）渠床基土定名：高液限黏质土。

（5）工程等级：Ⅳ级。

（6）渠床基土干密度：$\rho_d=1380\text{kg/m}^3$。

（7）工程地点多年平均的冻结指数：$I_0=998℃ \cdot \text{d}$。

（8）工程地点多年稳定冻结起始日期：11月27日。

（9）渠道断面各控制点的地下水位：如表4.2所示。

表4.2　各控制点地下水位 Z

控制点	A	B	C	D	E	F	G	H	I	J
地下水位 Z/cm	130	130	230	230	30	30	230	230	130	130

2. 计算内容

（1）确定控制点的原则和位置。

（2）计算工程设计冻深 Z_d。

（3）计算各控制点的冻胀量。

（4）确定个控制点下渠床基土的冻胀性分类。

（5）确定个控制点及部位是否采取抗冻措施。

3. 计算步骤

（1）确定计算点（控制点）。确定控制点一般以断面转折点和坡面的中点为控制点，如图4.12中的 A、B、C、D、…、I、J 均为控制点。对于坡面 DE、FG 应至少在坡面中间设一个控制点，如图4.12中 K、L 点。渠底 EF 应在中间设一控制点 M。渠道走向为东南，为此 DE、HI 为阳坡，FG、BC（图4.12）为阴坡，AB、CD、EF、GH、IJ 为平面。

（2）控制点的工程设计冻深。从图4.12可以看出，该渠道断面共设控制点13个，即 A、B、C、D、E、F、G、H、I、J、K、L、M。每个控制点工程设计冻深 Z_d 按照第2章2.1节内容计算，此处不再赘述。

（3）控制点冻胀量的计算。对黏质土、粉质土和砂类土的冻胀量计算，可根据《水工建筑物抗冰冻设计规范》（SL 211—2006）推荐的式（4.1）～式（4.3）计算。

$$h=1.25Z_d^{0.71}e^{-0.013Z_\omega} \tag{4.1}$$

$$h=1.95Z_d^{0.56}e^{-0.013Z_\omega} \tag{4.2}$$

$$h=0.13Z_d e^{-0.02Z_\omega} \tag{4.3}$$

式中　h——地表冻胀量，cm；

Z_d——工程设计冻深，cm，当用于计算地基土冻胀量 h_f 时，采用地基土设计冻深 Z_f；

Z_ω——冻前（冻结初期）天然地表或设计地面高程算起的地下水位深度，cm。当用于计算地基土冻胀量 h_f 时，采用自底板底面高程算起的地下水位深度。现将计算结果列于表4.3。

表 4.3　各控制点冻胀量计算结果

计算内容 \ 控制点	A	B	C	D	E	F	G	H	I	J	K	L
地下水位 Z/m	1.30	1.30	2.30	2.30	0.30	0.30	2.30	2.30	1.30	1.30	1.30	1.30
工程计算冻深 Z_d/cm	118	142	162	112	80	117	162	112	98	118	98	142
各控制点冻胀量 h/cm	8	9	4	3	18	25	4	3	7	8	7	9
冻胀性分类	Ⅲ	Ⅲ	Ⅱ	Ⅱ	Ⅳ	Ⅴ	Ⅱ	Ⅱ	Ⅲ	Ⅲ	Ⅲ	Ⅲ

（4）对衬砌渠道是否采取抗冻措施的判断。根据《渠系工程抗冻胀设计规范》（SL 23—2006）的有关规定，用常用材料衬砌的梯形断面渠道，其允许冻胀位移量，可按表4.1选用。

通过计算结果可以看出，该渠道断面的渠床地基土是强冻胀土和极强冻胀土，其冻胀量远远大于表 4.1 中规定的数值，必须采用抗冻措施，否则衬砌物必将遭受冻胀破坏。

4.4　刚性护面渠道冻胀时衬砌板受力分析

4.4.1　刚性护面渠道冻胀时衬砌板的约束

刚性护面渠道受冻胀时，冻胀力作用于衬砌板上，衬砌板会产生变形，当变形受到约束时，就会引起应力，当应力超过混凝土的强度时，衬砌板就会产生冻胀破坏。因此，衬砌板的冻胀破坏与约束的强弱有关。结构产生变形时，不同结构之间和结构内部各质点之间都会产生约束。结构之间的约束为“外约束”，结构内部各质点的约束为“内约束”。外约束又分为“自由体”“全约束”和“弹性约束”。

1. 自由体

自由体，即变形不受其他结构任何约束的结构（或构件），结构的变形等于结构的自由变形，无约束变形，不产生应力。即变形最大，应力为零。

2. 全约束

全约束，即结构的变形全部受到其他结构的约束，使变形结构无任何变形的可能，即应力最大，变形为零。

3. 弹性约束

弹性约束是介于上述两种约束状态之间的一种约束。结构的变形受到部分约束，产生部分变形，变形结构和约束结构皆为弹性体，二者之间的相互约束称为“弹性约束”。既有变形，又有应力。

4.4.2　全断面冻结时混凝土衬砌板的变位与冻胀量之间的定性关系

刚性护面渠道全断面冻结时，混凝土板和其下冻结土层牢牢冻结在一起。二者之间的约束属于外部约束，按以下两种情况讨论。

第一种情况是把一块不大的混凝土板水平地搁置在含水土层上，当土层发生冻胀时，混凝土板和土层先相互冻结，含水土层在冻结过程中，自然要产生向上的冻结变形，此变形量称为冻胀量，设其冻胀量为 h，那么，水平搁置在其上的混凝土板也随之产生向上的

变位 h。由于板的这一变位不受约束，是自由变位，因此板内应力为零。此板可视为法向自由体。

第二种情况是实际梯形混凝土渠道的衬砌板，当渠道发生冻胀时，衬砌板和其下的土层冻结在一起，在渠床土冻胀过程中由于含水土层的冻胀变形，将把整个渠道抬高一个高度，如图 4.13 所示。由于渠底土的含水量大于渠顶的含水量，所以，渠底的冻胀量大于渠顶的冻胀量，设二者冻胀量之间的差值为 Δh，那么，对于边坡板而言，其坡脚处的冻胀量等于渠底的冻胀量，其坡顶处的冻胀量等于渠顶处的冻胀量，坡脚、坡顶处则也有冻胀量差值 Δh 存在。若边坡板是弹性的，由几何关系，可根据冻胀量差值 Δh 计算出边坡板 AB 在经过冻胀变形后其长度缩短值 ΔL，如图 4.14 所示，ΔL 可用式（4.4）计算。

$$\Delta L = AB - \sqrt{(AB)^2 + \Delta h^2 - 2(AB)\Delta h \sin\alpha} \tag{4.4}$$

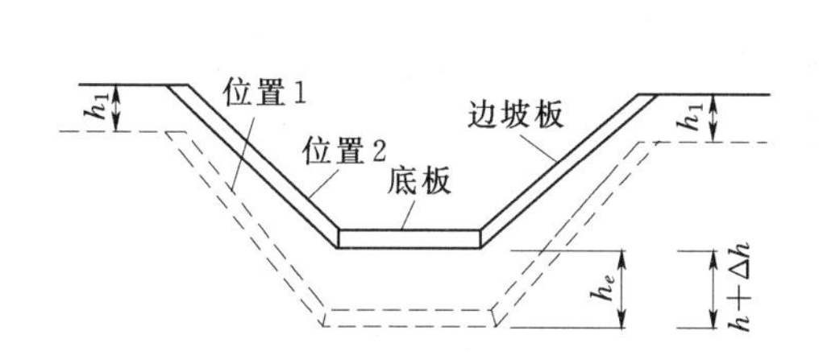

图 4.13　渠道横断面冻胀变形图

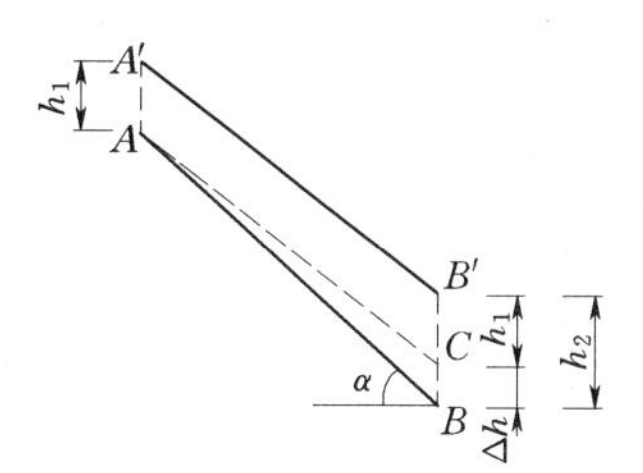

图 4.14　边坡板冻胀变位图

边坡板在冻胀过程中产生了轴向压缩变形 ΔL，说明作用在该板上的冻胀力必定是轴向压力，边坡板和冻土层之间的约束力为切向冻胀力。由于混凝土边坡板属于刚性体，在切向约束力的作用下基本不产生变形，故梯形混凝土板衬砌渠道在发生冻胀时，边坡板和其下冻土层之间的切向约束应属于全约束，其变形量 $\Delta L \approx 0$，板内的压应力却很大。

4.4.3　边坡板和底板的受力分析

1. 边坡板的受力分析

当边坡板和其下土体冻结在一起时，由于坡脚、坡顶处冻胀量差值 Δh 的存在和边坡板变形量 $\Delta L = 0$ 的原因，故边坡板只能作整体顺坡向上滑移，而由于板与冻土层之间的冻结作用成为一个整体，冻土层将阻止边坡板的滑移，在二者接触的界面上就产生了阻力阻碍边坡板向上滑移，这个阻力是由于冻胀所引起的，又是作用在板的切向，故称为切向冻胀力，如图 4.15 所示，设混凝土边坡板单位面积的向冻胀力为 τ，纵向单位渠长边坡板下表面的剪应力合力为 F，则边坡板的切向冻胀力 T 可用下式表示。

$$T = \int_0^L \tau(x)\mathrm{d}x \tag{4.5}$$

式中　$\tau(x)$——混凝土边坡板单位面积的向冻胀力；

L——边坡板沿斜坡的长度。

把切向冻胀力 T 作平移处理，再考虑板的自重，那么作用在边坡板轴线上的力就是一个轴向压力 N 和一个力矩 M，由计算简图 4.16 可知，混凝土边坡板是一细长偏心受压构件。

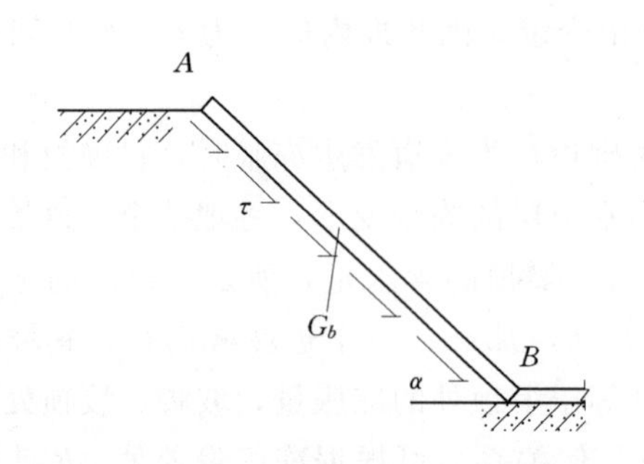

图 4.15　边坡板与冻胀土层之间的剪应力

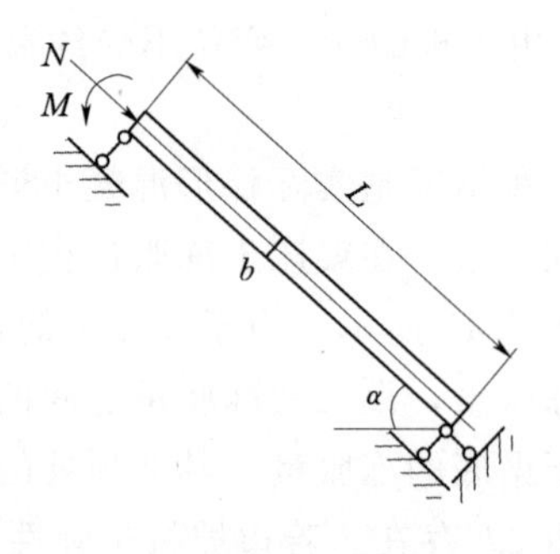

图 4.16　边坡板的受力简图

当负温来临，板与土体冻结在一起，由于基土的切向冻胀力使板被压缩，则板对基土的作用力为拉应力。当渠底与渠顶冻胀量差值增大到某一值时，板下剪力达到最大值。此时板对基土的拉力等于其下的冻土层所能承受的最大拉力，板下冻土被拉断，此时板所受的冻胀力被解除，板并没有被破坏，仅仅是沿斜坡向上产生了滑移。所以尽管不易知道板下剪力 $\tau(x)$ 的实际分布情况，但可知道：板下剪应力合力的最大值等于冻土层所能承受的最大拉力。板下冻结土体是受拉构件，它的抗拉能力（即它所能承受的最大拉力）为其冻结强度 σ_τ 与横断面的面积的乘积。取沿渠道长度方向为 1m 的冻土来计算，则有：

$$T=\sigma_{\tau 0}H \tag{4.6}$$

式中　H——冻土深度，m；

$\sigma_{\tau 0}$——基土的冻结强度。

冻结强度 $\sigma_{\tau 0}$ 与冻土的温度有关，当温度在－15℃以上，可用式（4.7）来计算。

$$\sigma_{\tau 0}=c+at \tag{4.7}$$

式中　t——负温绝对值；

c、a——与土质有关的系数，当基土为壤土时，c、a 分别为 5 和 1.2；当基土为粉质壤土时，c、a 分别为 4 和 1；当基土为重粉质壤土时，c、a 分别为 4 和 6。

则有

$$T=(c+at)H \tag{4.8}$$

将 T 平移到板轴线上，计算简图如图 4.16 所示，边坡板计算内力计算公式如下：

$$N=(c+at)H+G_b\sin\alpha \tag{4.9}$$

$$M=\frac{Th}{2}=\frac{h(c+at)H}{2} \tag{4.10}$$

式中　G_b——边坡板的自重，kN；

α——边坡板的坡角，(°)；

H——边坡板的厚度，m；

其他符号同前。

边坡板是一细长偏心受压构件。因板的长厚比较大，所以通常渠道上所见的隆起破坏是细长构件偏心受压的失稳破坏。以往一直认为渠道的边坡板所受的冻胀力是垂直于板的法向冻胀力，这一观点是错误的。此外，经室内模型试验证明：边坡板所受的冻胀力是平行于板的切向冻胀力。

2. 底板受力分析

由于边坡板与底板间为铰接，建立边坡板受力简图以后，也不难确定底板的计算简图。作用在底板上的外力有从两侧边坡板传来的力 N [式（4.9）]，N 可分解为 N_x 和 N_y，x、y 为水平方向和铅垂方向 [式（4.11）]，底板的自重 G_d 和地基反力 q，底板受力如图 4.17 所示。

$$\left.\begin{aligned} N_x &= N\cos\alpha \\ N_y &= N\sin\alpha \end{aligned}\right\} \tag{4.11}$$

$$q=\frac{2N_y+G_d}{b} \tag{4.12}$$

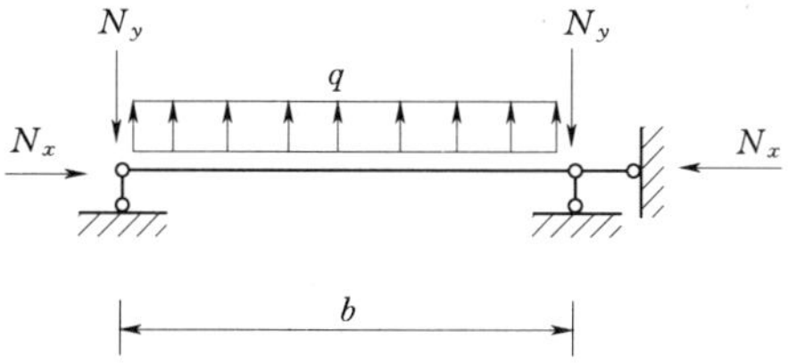

图 4.17 渠底板受力简图

式中 α——边坡板与底板间的夹角，(°)；

b——底板的的宽度，m。

由图 4.17 可知，底板属于压弯构件，正截面受弯，截面的上部受拉、下部受压，弯矩最大处在跨中，故此处常被拉坏而产生裂缝。

设扣除板自重后的净约束力为：

$$q_n=\frac{2N_y}{b} \tag{4.13}$$

底板的最大弯矩 $M_{\max}$ 按简支梁考虑，按下式计算：

$$M_{\max}=\frac{q_n b^2}{8} \tag{4.14}$$

底板属于压弯构件，既有压杆失稳破坏问题，又有受弯破坏问题，由于底板承受横向均布荷载 q，其中部弯矩最大，正截面上部受拉，底板中部有被拉裂的可能而发生弯曲破坏。在计算出边坡板内力之后，底板的内力可由上述公式计算得出。

4.5 刚性护面渠道抗冻胀破坏设计

4.5.1 混凝土护面渠道抗冻胀设计应遵守的原则

混凝土护面渠道又称渠道护坡，是保护土堤渠水、防止雨水冲刷、提高流速、减少断面、少占土地的一种通用的方法。但有些冻土地区的混凝土护面渠道，往往由于设计不当、施工质量欠佳和管理不到位，混凝土护面的冻胀破坏十分严重和普遍，因此，研究混凝土护面渠道的破坏原因、规律，采取正确的处理措施是每位设计工作者义不容辞的责任和义务。混凝土护面渠道的破坏原因往往是一种或多种原因共同作用的结果，应进行周密的调查、分析，找出原因，及时处理，从而防止破坏的加剧和进一步恶化。

一般来讲，对于混凝土护面渠道的抗冻设计，应遵循如下原则：

（1）因地制宜地确定设计方案。按各地水文、地质、气象、建筑材料的选取等差异性很大，应根据当地具体情况和条件进行混凝土护面渠道的抗冻胀设计。

（2）不是靠增加衬砌物的厚度、自重等办法力图增加荷重，以抵御渠床基土的冻胀，而应设法使衬砌物如何适应渠床基土的冻胀，允许混凝土护面产生一定的位移和变形而不影响工程的正常运行。

（3）混凝土护面要有足够的强度、柔度，混凝土护面在允许变形、变位范围内的上抬、错位、拱起时，自身不得破裂。

（4）采取切实可行的防治冻胀的措施（基土换填、隔热保温、设置排水通路等），以减小或消除渠床基土的冻胀性。

（5）沿渠道纵向（即渠道长度方向）应划分若干区段，即使同一断面，也应划分不同部位（阴坡、阳坡、渠底等），按其工程设计冻深和冻胀量的不同，采取的防冻措施也应有所差异，以减少投资。

（6）必须认真考虑衬砌材料的防渗能力的可靠性。一般混凝土材料不仅具有抗冲性，而且也有一定的防渗能力，板块间缝隙采用了填充材料，但经过一定时间的运行后，在经过几个冻融循环后，其防渗能力大为降低甚至丧失。所以即使采用混凝土材料作为衬砌物，也应在护坡材料下面敷设防渗材料。

（7）混凝土护面板块之间的缝隙不宜使用刚性材料（水泥砂浆或细石混凝土等）充填，而应采用具有一定柔性韧性、黏结力强、耐低温的防水材料充填（如聚氯乙烯胶泥北京产建筑油膏等）。

（8）尽可能采取一些措施减少渠外来水对渠体的浸透。

（9）尽量采用填方渠道，其次为半挖渠道，尽量减少挖方渠道。

4.5.2　刚性护面渠道抗冻胀破坏设计

4.5.2.1　边坡板结构设计

由上一节沿渠纵向单位长度边坡的受力分析得知，渠道边坡板属于混凝土或无筋砌体的细长偏心受压构件，应按此类构件的设计方法进行结构设计，即进行构件的稳定与强度验算。

1. 边坡板厚度的确定

对细长受压构件进行高厚比控制是一个综合性的技术措施，根据《砌体结构设计规范》（GB 50003—2001）确定允许高厚比 $[\beta]$，见表 4.4。设计满足 $\beta\leqslant[\beta]$ 来确保构件的稳定。允许高厚比 $[\beta]$ 的具体数值是根据我国以往的设计经验和现阶段的材料质量及施工技术水平而确定的。由于边坡板属于细长偏心受压构件，因此，它的结构尺寸一定要满足 $[\beta]$ 的要求。否则，就会隆起失稳而破坏。

表 4.4　墙、柱的允许高厚比 $[\beta]$

砂浆强度等级	砖墙	空斗砖墙、中型砌块墙	毛石墙	砖柱	中型砌块柱	毛石柱
M0.4	16	14.4	12.8	12	10.8	9.6
M1	20	18	16	14	12.6	11.2
M2.5	22	19.8	17.6	15	13.5	12
M5	24	21.6	19.2	16	14.4	12.8
M7.5	26	23.4	20.8	17	15.3	13.6

注　验算砂浆尚未硬化的新砌砌体高厚比时，可按表中 M0.4 项数值降低 10%。

墙、板等细长受压构件高厚比的意义为

$$\beta=H_0/h \tag{4.15}$$

式中　H_0——受压构件的计算高度，m；

　　h——墙或板的厚度，m。

受压构件的计算高度与构件两端的支承条件有关，实际上支承条件的不同就反映了对构件嵌固作用的大小，此处对于渠道边坡板而言，基土对边坡板的法向约束属于弹性嵌固，为简化计算且偏于安全，边坡板的计算高度取边坡板的长度 L，即：$H_0=L$。

根据材料的种类可从表 4.4 查得 $[\beta]$，由 $\beta\leqslant[\beta]$，则可按下式设计板的厚度 h。

$$h\geqslant\frac{L}{[\beta]} \tag{4.16}$$

说明：

（1）《砌体结构设计规范》（GB 50003—2001）中高厚比的验算式为 $\beta=\frac{H_0}{h}\leqslant\mu_1\mu_2[\beta]$，此处对于边坡板 μ_1、μ_2 均取值为 1，偏于安全。

（2）衬砌渠道边坡板及底板在查 $[\beta]$ 时，考虑偏于安全设计，材料可以套用“中型砌块墙”。

2. 强度验算

由边坡板的计算简图 4.16，得知边坡板为偏心受压构件，边坡板的强度验算，应按无筋混凝土或无筋砌体细长受压构件的强度验算方法进行验算，其计算表达式为

$$N\leqslant\varphi Af \tag{4.17}$$

其中

$$e=\frac{M}{N}=\frac{T\frac{h}{2}}{N}=\frac{Th}{2N}$$

式中　N——作用在边坡板上的轴向压力，N，按式（4.9）计算；

　　A——构件的截面面积，mm^2；

　　f——砌体的轴心抗压强度，N/mm^2，见表 4.5；

　　φ——高厚比 β 和纵向力的偏心距 e 对受压构件强度的影响系数，见表 4.6 或表 4.7；

　　T——切向冻胀力。

表 4.5　混凝土砌块砌体的抗压强度设计值　　单位：MPa

砌块强度等级	砂浆强度等级				砂浆强度
	M10	M7.5	M5	M2.5	0
MU15	4.29	3.85	3.41	2.97	2.02
MU10	2.98	2.67	2.37	2.06	1.40
MU7.5	2.30	0.08	1.83	1.59	1.08
MU5	—	1.43	1.27	1.10	0.75
MU2.5	—	—	0.92	0.80	0.54

注　本表采用了规范 GBJ 3—88 表 2.2.1-2“混凝土小型空心砌块砌体的抗压强度设计值”。对于渠道的混凝土边坡板结构设计而言，是偏于安全的。

表 4.6　　高厚比和纵向力的偏心距对受压构件强度的影响系数 φ（砂浆强度等级≥M5）

β	e/h 或 e/h_T								
	0	0.025	0.05	0.075	0.1	0.125	0.15	0.175	0.2
≤3	1	0.99	0.97	0.94	0.89	0.84	0.79	0.73	0.68
4	0.98	0.95	0.91	0.86	0.80	0.75	0.69	0.64	0.58
6	0.95	0.91	0.86	0.81	0.76	0.70	0.64	0.59	0.54
8	0.91	0.87	0.82	0.77	0.71	0.66	0.60	0.55	0.50
10	0.87	0.82	0.77	0.72	0.66	0.61	0.56	0.51	0.46
12	0.82	0.77	0.72	0.67	0.62	0.57	0.52	0.47	0.43
14	0.77	0.72	0.68	0.63	0.58	0.53	0.48	0.44	0.40
16	0.72	0.68	0.63	0.58	0.54	0.49	0.45	0.40	0.37
18	0.67	0.63	0.59	0.54	0.50	0.46	0.42	0.38	0.34
20	0.62	0.58	0.54	0.50	0.46	0.42	0.39	0.35	0.32
22	0.58	0.54	0.51	0.47	0.43	0.40	0.36	0.33	0.30
24	0.54	0.50	0.47	0.44	0.40	0.37	0.34	0.30	0.28
26	0.50	0.47	0.44	0.40	0.37	0.34	0.31	0.28	0.26
28	0.46	0.43	0.41	0.38	0.35	0.32	0.29	0.26	0.24
30	0.42	0.40	0.38	0.35	0.32	0.30	0.27	0.25	0.22

β	e/h 或 e/h_T								
	0.225	0.25	0.275	0.3	0.325	0.35	0.4	0.45	0.5
≤3	0.62	0.57	0.52	0.48	0.44	0.40	0.34	0.29	0.25
4	0.53	0.48	0.44	0.40	0.36	0.33	0.28	0.23	0.20
6	0.49	0.44	0.40	0.37	0.33	0.30	0.25	0.21	0.17
8	0.45	0.41	0.37	0.34	0.30	0.28	0.23	0.19	0.16
10	0.42	0.38	0.34	0.31	0.28	0.25	0.21	0.17	0.14
12	0.39	0.35	0.31	0.28	0.26	0.23	0.19	0.15	0.13
14	0.36	0.32	0.29	0.26	0.24	0.21	0.17	0.14	0.12
16	0.33	0.30	0.27	0.24	0.22	0.20	0.16	0.13	0.10
18	0.31	0.28	0.25	0.22	0.20	0.18	0.15	0.12	0.10
20	0.28	0.26	0.23	0.21	0.19	0.17	0.13	0.11	0.09
22	0.27	0.24	0.22	0.19	0.17	0.16	0.12	0.10	0.08
24	0.25	0.22	0.20	0.18	0.16	0.14	0.12	0.09	0.08
26	0.23	0.21	0.19	0.17	0.15	0.13	0.11	0.09	0.07
28	0.22	0.20	0.17	0.16	0.14	0.12	0.10	0.08	0.06
30	0.20	0.18	0.16	0.15	0.13	0.12	0.09	0.08	0.06

表 4.7　高厚比和纵向力的偏心距对受压构件强度的影响系数 φ

（砂浆强度等级≥M2.5）

β	e/h 或 e/h_T								
	0	0.025	0.05	0.075	0.1	0.125	0.15	0.175	0.2
≤3	1	0.99	0.97	0.94	0.89	0.84	0.79	0.73	0.68
4	0.97	0.94	0.89	0.84	0.79	0.73	0.68	0.62	0.57
6	0.93	0.89	0.84	0.79	0.74	0.68	0.62	0.57	0.52
8	0.89	0.84	0.79	0.74	0.68	0.63	0.57	0.52	0.48
10	0.83	0.78	0.74	0.68	0.63	0.58	0.53	0.48	0.43
12	0.78	0.73	0.68	0.63	0.58	0.53	0.48	0.44	0.40
14	0.72	0.67	0.63	0.58	0.53	0.49	0.44	0.40	0.36
16	0.66	0.62	0.58	0.53	0.49	0.45	0.41	0.37	0.34
18	0.61	0.57	0.53	0.49	0.45	0.41	0.38	0.34	0.31
20	0.56	0.52	0.49	0.45	0.42	0.38	0.35	0.31	0.28
22	0.51	0.48	0.45	0.41	0.38	0.35	0.32	0.29	0.26
24	0.46	0.44	0.41	0.38	0.35	0.32	0.30	0.27	0.24
26	0.42	0.40	0.38	0.35	0.32	0.30	0.27	0.25	0.22
28	0.40	0.37	0.35	0.32	0.30	0.28	0.25	0.23	0.21
30	0.36	0.34	0.32	0.30	0.28	0.26	0.24	0.21	0.19

β	e/h 或 e/h_T								
	0.225	0.25	0.275	0.3	0.325	0.35	0.4	0.45	0.5
≤3	0.62	0.57	0.52	0.48	0.44	0.40	0.34	0.29	0.25
4	0.52	0.47	0.43	0.39	0.35	0.32	0.27	0.22	0.19
6	0.47	0.43	0.39	0.35	0.32	0.29	0.24	0.20	0.16
8	0.43	0.39	0.35	0.32	0.29	0.26	0.21	0.18	0.15
10	0.39	0.36	0.32	0.29	0.26	0.24	0.19	0.16	0.13
12	0.36	0.32	0.29	0.26	0.24	0.21	0.17	0.14	0.12
14	0.33	0.30	0.27	0.24	0.22	0.19	0.16	0.13	0.10
16	0.30	0.27	0.24	0.22	0.20	0.18	0.14	0.12	0.09
18	0.28	0.25	0.22	0.20	0.18	0.16	0.13	0.10	0.08
20	0.26	0.23	0.21	0.18	0.17	0.15	0.12	0.10	0.08
22	0.24	0.21	0.19	0.17	0.15	0.14	0.11	0.09	0.07
24	0.22	0.20	0.18	0.16	0.14	0.13	0.10	0.08	0.06
26	0.20	0.18	0.16	0.15	0.13	0.12	0.09	0.08	0.06
28	0.19	0.17	0.15	0.14	0.12	0.11	0.09	0.07	0.06
30	0.18	0.16	0.14	0.13	0.11	0.10	0.08	0.06	0.05

4.5.2.2　底板结构设计

底板可按混凝土压弯构件进行设计。

1. 底板厚度设计

底板厚度设计与边坡板厚度设计一样，可先根据允许高厚比 $[\beta]$ 来设计板厚 h'，设计公式如下：

$$h' \geqslant \frac{b}{[\beta]} \tag{4.18}$$

式中　b——底板宽度，m。

在已知边坡板厚度的前提下，底板厚度也可按构造要求确定。

2. 强度验算

（1）验算构件在轴向受压和横向受弯两种受力组合情况下的抗拉强度，其验算公式为

$$f_t \geqslant \frac{M_{max}}{W} - \frac{N_x}{A} \tag{4.19}$$

（2）验算构件在轴向受压和横向受弯两种受力组合情况下的抗压强度，其验算公式为

$$\varphi f_c \geqslant \frac{M_{max}}{W} + \frac{N_x}{A} \tag{4.20}$$

式中　f_t——混凝土底板的抗拉强度设计值，N/mm^2；

f_c——混凝土抗压强度设计值，N/mm^2；

M_{max}——构件所承受的最大弯矩，N·m；

W——构件截面的抵抗矩，mm^3；

N_x——构件所承受的轴向压力，N；

A——构件的横截面面积，mm^2，取沿渠纵向单位长度（一般为 1m）的底板为计算单元，则 A=底板厚×1m；

φ——影响系数，现取用钢筋混凝土轴心受压构件的稳定系数替代，见表 4.8。

表 4.8　渠道底板偏心受压的影响系数 φ 值

b/h	≤8	10	12	14	16	18	20	22	25	26	28	30
φ	1.0	0.98	0.95	0.92	0.87	0.81	0.75	0.70	0.65	0.60	0.56	0.52

表 4.9　混凝土强度设计值　　单位：N/mm^2

强度种类	符号	混凝土强度等级						
		C7.5	C10	C15	C20	C25	C30	C35
轴心抗压	f_c	3.7	5	7.5	10	12.5	15	17.5
弯曲抗压	f_{cm}	4.1	5.5	8.5	11	13.5	16.5	19
抗拉	f_t	0.55	0.65	0.9	1.1	1.3	1.5	1.65

当不满足强度要求时，加大底板厚度按上述计算过程重新验算。

4.5.3　刚性护面渠道抗冻胀破坏设计例题

某混凝土渠道横断面尺寸由水力计算已确定：正常水深 $h_水$ 为 2.24m，渠底宽 1.5m，边坡系数 m=1.5，渠道超高取 Δh 为 0.3m，渠床土为重粉质壤土，当地最大冻深 1.4m，

渠道总深 $H=h_{水}+\Delta h=2.54$m。试对该渠道的衬砌进行横断面结构设计。

解： 1. 边坡板设计

（1）按允许高厚比初步确定边坡板的厚度 h。

由边坡系数 $m=1.5$，边坡斜长 $L=1.803\times2.54=4.58$(m)，为使边坡板偏于安全，按中型砌体墙 M5 砂浆砌筑考虑，查表 4.4，$[\beta]=21.6$，按式（4.16）得

$$h\geqslant\frac{L}{[\beta]}=\frac{4.58}{21.6}=0.212(\mathrm{m})=21.2(\mathrm{cm})\text{取 }22.0\mathrm{cm}$$

（2）边坡板的受力分析。

基土为重粉质壤土；$c=4$，$a=6$。因最大冻深 1.4m 小于边坡板斜长 $L=4.58$m，冻土负温取最大值－15°，所以切向冻胀力为

$$T=(c+at)H=(4+6\times15)\times1.4=131.6(\mathrm{kN})$$

边坡混凝土板自重 $G_b=Lh\gamma_h=4.58\times0.22\times2.4\times9.8=23.70$(kN)

由边坡系数 $m=1.5$，得边坡板的坡角：$\alpha=\arctan(1/1.5)=33.69°$。

轴力：$N=T+G_b\sin\alpha=131.6+23.70\sin33.69°=144.75$(kN)

（3）构件的强度验算。

偏心距：
$$e=\frac{M}{N}=\frac{T\dfrac{h}{2}}{N}=\frac{131.6\times0.22}{2\times26.31}=0.055$$

$\dfrac{e}{h}=\dfrac{0.055}{0.22}=0.250$，$\beta=4.58/0.22=20.8$，查表 4.6，$\varphi=0.252$。

$$A=220\times1000=220000(\mathrm{mm^2})$$

边坡板混凝土强度等级为 C15（相当于砌块 MU15），按 M5 砂浆砌筑，查表 4.5，$f=3.41\mathrm{N/mm^2}$。

$$\varphi Af=0.252\times220000\times3.41\approx189.1(\mathrm{kN})\gg N=26.31(\mathrm{kN})$$

满足强度要求，安全。

2. 底板设计

根据构造要求，底板的厚度为

$h'=\dfrac{h_1}{\cos\alpha}=\dfrac{22}{\cos33.69°}=26.44$(cm)，取 0.26m。

作用在底板上的轴向力为

$$N_x=N\cos33.69°=114.75\cos33.69°=120.44(\mathrm{kN})$$

$$N_y=N\sin33.69°=114.75\sin33.69°=80.29(\mathrm{kN})$$

取沿渠长计算单元为 1000mm，按式（4.19）和式（4.20）进行强度验算：

$$A=h'\times1000=260\times1000=260000(\mathrm{mm^2})$$

设底板混凝土强度等级为 C15，查表 4.9，$f_t=0.90\mathrm{N/mm^2}$，$f=8.5\mathrm{N/mm^2}$。

$$\frac{M_{\max}}{W}-\frac{N_x}{A}=\frac{5.4832\times10^6}{1.1267\times10^7}-\frac{120.44\times10^3}{2.6\times10^5}=0.023(\mathrm{N/mm^2})<0.9(\mathrm{N/mm^2})$$

满足抗拉强度要求。

底板两端为铰接，$L_0=b=1.5$m。

$b/h'=1500/260=5.77$，查表 4.8，$\varphi=1$。

$$\frac{M_{\max}}{W}+\frac{N_x}{A}=\frac{5.4832\times10^6}{1.1267\times10^7}+\frac{120.44\times10^3}{2.6\times10^5}=0.95(\mathrm{N/mm^2})<8.5(\mathrm{N/mm^2})$$

满足抗压强度要求。

综上计算，可知该渠道选取边坡板厚为 22cm，底板厚为 26cm 是安全的，满足设计要求。

4.6　刚性护面渠道抗冻胀措施

渠道冻胀是我国北方地区渠道防渗体系遭到破坏的重要原因之一。影响渠道冻胀破坏的因素有土壤、水分条件、气温等。因此应根据当地当地气温、地下水位、土质、多年平均冻深（10 年以上）等情况，选择合理的防冻胀措施。刚性护面渠道防治冻胀措施是以适应、削减渠基土冻胀措施为主，辅以经济实用的加强结构等抵抗冻胀的措施。

衬砌渠道从应用角度上看可以分成两种：一种是冬季仍有行水要求的或上冻后渠床中仍可能有一定水深的；另一种是冬季不运行的放空渠道。对于冬季过水的渠道且整个冬季能保证有水，同时渠水不会被冻透的衬砌渠道，渠底可不采取任何抗冻措施。但对于渠道边坡水面上下波动的范围，尤其是冬季水（冰）面停留的位置要切实的予以重视，在水（冰）面以上 30～50cm 范围内的阴坡是冻胀破坏最关键部位，必须重点进行抗冻胀措施处理。对于冬季不输水的衬砌渠道防冻胀措施处理的重点部位应是阴坡的下部（渠坡下约 1/3 范围）和渠底。

对于那些有冬灌任务的渠道，上冻前后即停水且放空渠道里水的衬砌渠道，应按冬季不输水的衬砌渠道进行防冻措施处理。

4.6.1　渠基土冻胀性类别属于Ⅱ级以下，冻胀量小于 2 倍允许冻胀位移量（表 4.1）时的抗冻胀措施

（1）对于中小型梯形混凝土衬砌渠道，可以用架空梁板式或预制空心板式结构。为了增强梁板结构的抗冻害能力，宜采用钢筋混凝土梁，从而提高梁的抗弯、抗剪强度。预制空心板结构的厚度大于同方量实体混凝土板的厚度，起到了保温隔热作用以减少冻结深度。

（2）对于设计流量小于 $2\mathrm{m^3/s}$ 左右的小型渠道，可以采用整体式 U 形槽衬砌，圆弧直径应小于 2.0m，圆弧上部采用小于 1∶0.2 的斜度。U 形断面较梯形断面具有一定的反拱作用，渠基土冻胀时，其冻胀变形分布均匀，抵抗力较强，可以明显减轻冻害，而且在基土溶化后，基本上能够复位，残余变形较小。但必须注意纵向伸缩的设置间距一般不应超过 8m。

（3）对于设计流量小于 $9\mathrm{m^3/s}$ 左右的渠道，可以采用弧形底或弧形坡脚的梯形坡面渠道。在渠道轴线方向每隔 3m 左右应设变形缝（伸缩缝），并在缝间充填低温柔性好、炎夏不流淌、与混凝土黏结力强、弹塑性好、防渗性能好、抗老化并且有一定的耐酸耐碱能力的填缝材料。伸缩缝的处理是至关重要的。

（4）对于大型渠道，可采用现浇的混凝土肋梁板、楔形板、中部加厚板或预制的门形

板等防渗结构形式（图 4.18）。

(5) 对渠床基土进行夯实压密，压实的深度应为工程设计冻的范围，其压实系数不应小于 0.95，干密度不低于 1600kg/m^3。

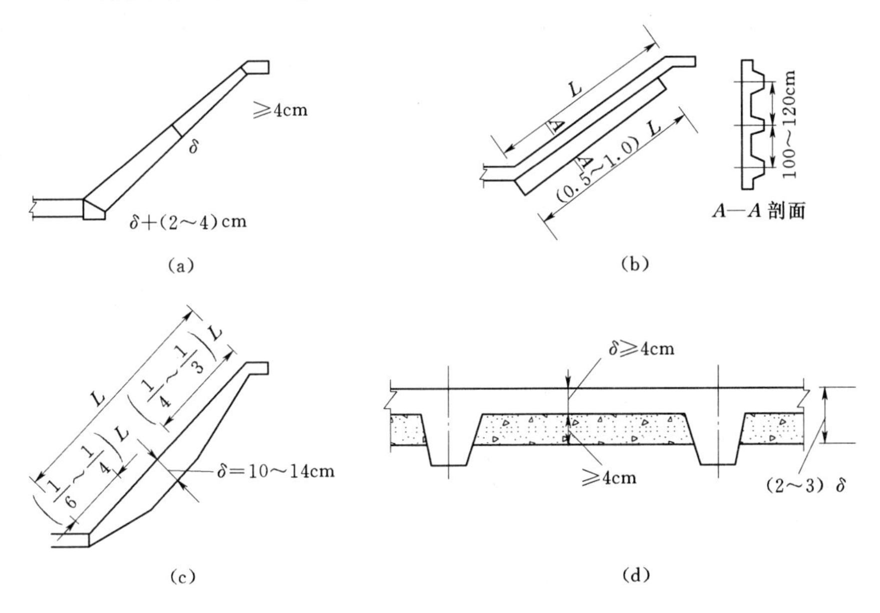

图 4.18 混凝土防渗层结构形式

(a) 楔形板；(b) 肋梁板；(c) 中部加厚板；(d) 门形板

4.6.2 渠基土冻胀量大于 2 倍允许衬砌物位移量时的抗冻胀措施

对于小型渠道采用 U 形槽或矩形槽整体式混凝土结构（图 4.19），槽底基土要进行非冻胀土的置换，槽侧回填土高度不应高于渠槽深度的 1/3，也可采用桩、墩等基础架空槽体，但桩、墩基础的冻胀变形量应为 0，也即不允许桩、墩基础发生冻胀。

1. 渠基土换填措施

(1) 换填材料。换填材料应采用砂土、砾石、碎石、矿渣等非冻胀型土，也可是上述材料的混合料。砂砾换填料越纯净越好，其中粒径小于 0.1mm 的颗粒含量不得超过如下指标：当地下水位距换填料底部的距离不小于 0.5m 时，细颗粒含量不大于 10%；当地下水位距换填粒底部的距离小于 0.5m 时，细颗粒含量不小于 5%。

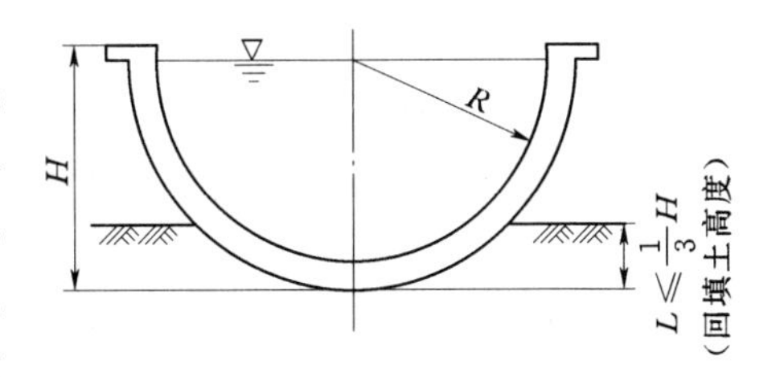

图 4.19 整体式衬砌结构

(2) 换填深度。在 4.3 节已经讲述了渠道断面各控制点的抗冻胀计算，对渠道断面的不同点和不同部位，宜采取不同的换填深度，其换填的比例根据《渠道防渗工程技术规范》(SL 18—2004) 选取，见表 4.10。换填料应置换到封顶板边界以外 10cm。渠道边坡顶部的换填厚度不应小于 10cm。当渠道中水流速度较大时，应防止水流对换填层的淘刷；当渠水含泥量较大时，应防止换填层含量的增加而丧失换填功效。在这种情况下，最好在换填层外围用土工布保护。

表 4.10　　渠床基土换填深度表

<table>
<tr><th rowspan="2">地下水埋藏深度/m</th><th rowspan="2">渠床基土类别</th><th colspan="2">换填比/%</th></tr>
<tr><th>坡面上部</th><th>坡面下部渠底</th></tr>
<tr><td rowspan="2">黏土地基 $Z>H_d+2.5$
壤土地基 $Z>H_d+1.0$</td><td>黏土、粉质黏土、重壤土、中壤土</td><td>50～70</td><td>70～80</td></tr>
<tr><td>砂壤土、轻壤土</td><td colspan="2">40～50</td></tr>
<tr><td rowspan="2">黏土地基 $Z<H_d+2.5$
壤土地基 $Z<H_d+1.0$</td><td>黏土、粉质黏土、重壤土、中壤土</td><td>60～80</td><td>80～100</td></tr>
<tr><td>砂壤土、轻壤土</td><td>50～60</td><td>60～80</td></tr>
</table>

注　1. 表中 Z 为地下水埋藏深度，m；H_d 为控制点设计冻深，m。
2. 换填比 $=\dfrac{\text{防渗层厚度}+\text{换填层厚度}}{\text{工程设计冻深}}\times100\%$。

2. 保温隔热措施

保温隔热措施是指在渠道衬砌下面铺一层导热系数较小的隔热材料，从而达到渠道基土不冻结或削减冻结深度，以达到减小渠基土冻胀或不发生冻胀的目的。

目前工程上常用的保温隔热材料是聚苯乙烯泡沫塑料板。采取保温隔热措施时，保温材料在强度、压缩系数、吸水性、抗腐蚀性、耐久性等方面应满足设计工程要求，其原材料性能应符合表 4.11 的规定。

表 4.11　　聚苯乙烯泡沫塑料板物理力学性能表

<table>
<tr><th colspan="2" rowspan="2">项　目</th><th rowspan="2">单位</th><th colspan="5">性　能　指　标</th></tr>
<tr><th>Ⅰ</th><th>Ⅱ</th><th>Ⅲ</th><th>Ⅳ</th><th>Ⅴ</th></tr>
<tr><td colspan="2">表观密度≥</td><td>kg/m³</td><td>20</td><td>30</td><td>40</td><td>50</td><td>60</td></tr>
<tr><td rowspan="2">压缩强度</td><td>（相对变形 10%）</td><td>kPa</td><td>100</td><td>150</td><td>200</td><td>300</td><td>400</td></tr>
<tr><td>（相对变形 2%）</td><td>kPa</td><td>60</td><td>100</td><td>140</td><td></td><td></td></tr>
<tr><td colspan="2">导热系数≤</td><td>W/(m・k)</td><td>0.041</td><td colspan="4">0.039</td></tr>
<tr><td colspan="2">尺寸稳定性≤</td><td>%</td><td>3</td><td>2</td><td>2</td><td>2</td><td>1</td></tr>
<tr><td colspan="2">吸水率（体积）≤</td><td>%</td><td>4</td><td>2</td><td>2</td><td>2</td><td>2</td></tr>
</table>

（1）保温隔热层厚度的确定。保温隔热层厚度根据以下两种情况确定。

情况一：设在渠基土上不进行任何保温，其冬季最大冻深为 H，冻土导热系数为 λ_z，由热工原理可知，在此情况下冻土层的总热阻计算公式为

$$R_0=H/\lambda_z+R_w \tag{4.21}$$

式中　R_0——冻土层总热阻，$m^2\cdot K/M$；

H——最大冻土深度，m；

λ_z——冻土导热系数，W/(m・K)；

R_w——土层外表面散热阻，$m^2\cdot K/M$。

情况二：设在渠基土上设置保温层，即用保温材料直接覆盖在基土表面以防止基土的冻结。假定保温层铺设厚度为 δ，保温材料导热系数为 λ_1，由热工原理可知，在此情况下保温层总热阻计算公式为

$$R'_0 = \delta/\lambda_1 + R_w \tag{4.22}$$

式中 R'_0——冻土层总热阻，$m^2 \cdot K/M$；

δ——保温层厚度，m；

λ_1——冻土导热系数，$W/(m \cdot K)$；

R_w——土层外表面散热阻，$m^2 \cdot K/M$。

对上述两种情况进行对比，在自然条件和基土都完全相同的情况下，只要使第二种情况中保温层总热阻等于第一种情况中最大冻深土层的总热阻，就可以保证保温层下的基土不冻结。用公式可表示为

$$R_0 = R'_0$$

将式（4.21）和式（4.22）代入整理后得：

$$\delta = H/(\lambda_z/\lambda_1)$$

令 $K=\lambda_z/\lambda_1$，则有

$$\delta = H/K \tag{4.23}$$

式（4.23）建立了冻土层最大冻深和单一保温材料保温层厚度之间的数量关系。

同理，也可以建立使用不同种类的多层保温材料进行保温时，各保温层厚度和最大冻土深度之间的关系。

当使用不同种类的多种保温材料进行保温时，根据热工原理，复合保温层的总热阻计算公式为

$$R'_0 = \sum_{i=1}^{n} \frac{\delta_i}{\lambda_i} + R_w$$

根据 $R_0=R'_0$，则

$$H = \lambda_z \sum_{i=1}^{n} \frac{\delta_i}{\lambda_i} = \frac{\lambda_z}{\lambda_1}\delta_1 + \frac{\lambda_z}{\lambda_2}\delta_2 + \cdots + \frac{\lambda_z}{\lambda_n}\delta_n$$

即

$$H = K_1\delta_1 + K_2\delta_2 + \cdots + K_n\delta_n \tag{4.24}$$

式中 H——最大冻土深度，m；

$K_1 \sim K_n$——系数（由计算确定）；

$\delta_1 \sim \delta_n$——复合保温层中各种保温材料的厚度，m。

式（4.24）建立了最大冻土深度和由不同种类保温材料所组成的复合保温层中各层厚度之间的数量关系。

刚性护面渠道边坡保温就是一个由不同种类保温材料所组成的复合保温层，因此可用式（4.24）来求解复合保温层中任意一层的厚度。

（2）最大冻土层深度的确定。最大冻土层深度可在当地气象资料中查得，也可以用下式进行计算：

$$H = A(\sqrt{P} + 0.0018P) \tag{4.25}$$

$$P = Zt$$

式中 H——保温地面最大冻土深度，cm；

A——系数，黏性土取 2.5，砂性土取 3.0；

Z——土体冻结天数，d；

t——土体冻结期间日平均气温值（取绝对值），℃。

(3) 保温隔热层水平附加宽度的确定。为了保证渠道边坡下基土不冻结，在保温层设计时两边均应加宽，该部分称为附加宽度。其计算公式为

$$B=H-(K_1'\delta_1'+K_2'\delta_2') \tag{4.26}$$

式中　B——附加宽度，cm；

δ_1'——积雪厚度，cm；

δ_2'——保温层以上回填土厚度，cm；

K'_1、K'_2——与 δ_1' 和 δ_2' 有关的系数，K_1' 在 2～3 之间取值，$K_2'=1$。

(4) 已冻土导热系数的确定。本教材 2.3 节中表 2.13～表 2.16 已列出，此处不再赘述。

保温层铺设的部位，一般是全断面铺设。冬季行水的渠道应重点关注渠水位变化区，冬季放空的渠道重点关注渠坡下 1/3 处，冬季地下水位较高的地方，重点关注渠底中心线处。具体的铺设厚度，应根据控制点的抗冻胀计算值大小而有所不同。一般来讲，东西走向的渠道，阳坡铺的厚度应薄些，冻深小冻胀量不超过衬砌板允许位移量的可以不铺，重点部位应适当加强些。

3. 排水措施

在同一工程地点来讲，渠床基土含水量和地下水位是影响冻胀的关键所在，所以搞好排水措施也是解决渠系衬砌防治冻胀破坏不可忽略的问题。

(1) 在冻融层或置换层下不透水层较薄，地下水位低于工程设计冻深时，可在渠底每隔 10～20m 设一眼盲井，以便冻融层或置换层中的水分在冻结过程中有排出通路，从而减少渠底基床土的冻胀量。

(2) 当渠底基土一进行了砂卵石等粗颗粒置换，冻融层有排水出路时，可在工程设计冻深底部设置纵横向的排水暗管，使渠底冻融层或置换层中的水分或渠道旁渗水能够排出渠外。集水管可采用带孔石棉水泥管、塑料管或混凝土管等。暗管直径应根据排水量大小而定，但不宜小于 15cm，纵向坡度不得小于 0.001～0.002，集水管周围尚需采取反滤措施。

(3) 冬季输水的渠道，当渠侧有旁渗水补给渠床时，可在最低行水位以上设置反滤排水体，排水口设在最低行水位处，将旁渗水排入区内，以免浸湿渠床。

(4) 冬季靠蓄水保温的渠道，为了保证渠底温度大于 0℃，其蓄水深度不应小于工程设计冻深的 3/5。

4. 防渗结构措施

渠道采用混凝土衬砌的目的：一是提高了抗冲能力，从而可提高渠水流速，减少断面尺寸，少占土地；二是想减少渗漏损失。但是由于混凝土衬砌必须考虑施工方便和自身温度应力的影响，不得不分割成块状，于是伸缩缝布满渠道断面，实践证明，由于伸缩缝处理不好，不仅造成渗漏损失，降低了水的利用率，同时也使渠床基土的含水率增加，从而加剧了渠床基土的冻胀强度。进行衬砌渠道防渗抗冻胀设计时建议采用如下措施：

(1) 混凝土衬砌板下面铺一层土工膜，这种板膜式复合结构，施工方便、防渗性能

好。板膜符合结构渠道渗漏损失一半仅为单纯混凝土板衬砌渗漏损失的1/6，是砌石材料的1/13，是土渠的1/21。

（2）根据《混凝土板底下衬铺塑料薄膜防止冻胀破坏的经验介绍》赵彬彤总结新疆猛进干渠的工程经验，在混凝土板下加铺塑料薄膜后，渠床土含水量从25%～28%下降到15%～18%，冻胀量比未铺膜料的渠道减少33%～56%。塑料膜的厚度不宜太薄，以防在施工中易受外力破坏，应选用厚度为0.15～0.30mm的塑料膜。当选用混凝土衬砌时，应在混凝土板与塑膜之间铺设一层过渡层，一般以低等级砂浆为好，厚度为2～3cm，如图4.20所示。

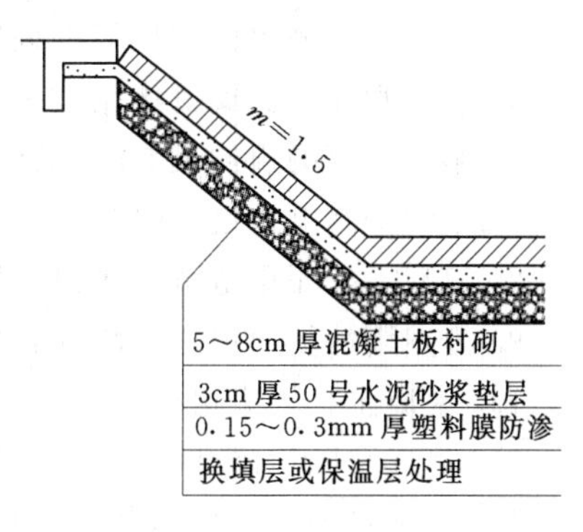

图4.20　衬砌渠道防渗措施示意图

在寒冷和严寒地区，可优先选用聚乙烯膜；在芦苇等穿透性植物丛生地区，可优先选用聚氯乙烯膜。另外反滤膜也可选用厚度为0.60～0.65mm，用无碱或中碱玻璃纤维布机制的油毡。除此之外，复合土工模（一布一膜、二布一膜或三步两膜等结构）更为适用，因其在施工中不易损坏，便于操作和黏结。

（3）几个值得注意的问题。为了降低渠床土的含水量和地下水位，削减或消除渠床土的冻胀，以及提高取水利用率减少渗漏损失，应注意以下几点：①渠堤顶面要进行合理压实，并做成向外的斜坡，铺好封顶板；②修好堤顶排水沟和排洪措施，尽力减少外来水对渠体的浸湿；③采用混凝土等刚性材料做渠道的衬砌时，应沿渠道纵向每隔3～5m设一横向缝，缝宽20～30mm，缝形为矩形或梯形；沿渠道横断面每隔1～4m设一纵向缝，缝宽20～40mm，缝形可采用矩形、梯形或铰形（图4.21）。变形缝内充填弹塑性好、黏结力强的防渗膠泥。常用的有焦油塑料膠泥、聚氯乙烯（PVC）胶泥、弹性聚酯油膏、聚硫密封膏、建筑油膏等。变形缝的充填不可过慢，但必须压实抹平，一般应低于变形缝上口1cm左右；④当渠床基土采取非冻胀性好、置换后，应保证置换层在冻结期不饱水或有排水出路。

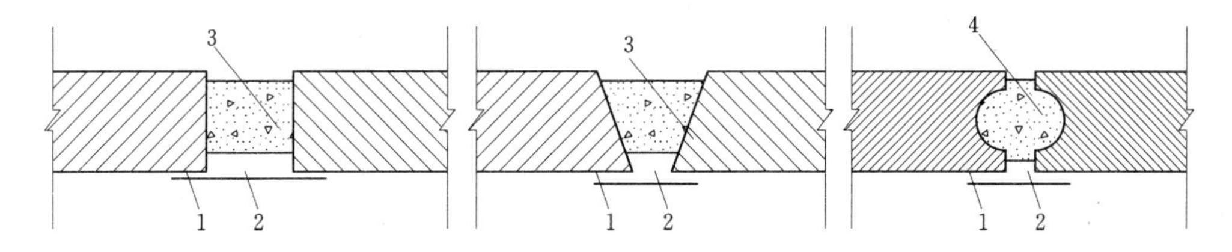

图4.21　变形缝形式示意图

1—宽度不小于10cm的油毡或其他防水材料；2—填充料，可用细石混凝土或沥青砂浆捣实；3—弹塑性好，黏结力强的防渗膠泥；4—弹性止水带或弹塑性好的膠泥

思　考　题

1. 渠道防渗衬砌分哪两大类？

2. 刚性衬砌渠道有哪两种运行方式？横断面冻结特点各如何？
3. 试述冬季不输水的刚性衬砌渠道的冻胀破坏特点？
4. 试述冬季输水的刚性衬砌渠道的冻胀破坏特点？
5. 引起刚性护面渠道冻胀破坏的主要因素有哪些？
6. 刚性护面渠道约束有哪几种？
7. 刚性护面渠道抗冻胀计算主要内容是什么？
8. 混凝土护面渠道抗冻胀设计原则是什么？
9. 简述刚性护面渠道边坡和底板受力特点。
10. 混凝土护面渠道抗冻胀设计包含那几方面内容？
11. 简述全断面冻结时混凝土衬砌渠道衬砌板的变位与冻胀量的定性关系。
12. 刚性护面渠道抗冻胀结构和工程措施是什么？

第5章　板式基础冻胀破坏分析与防治技术

5.1 概　　述

修建在寒冷地区的飞机跑道、工业与民用建筑中的筏式基础，冬季不蓄水的各种露天水池（露天游泳池、扬水站前池）、水利工程中的水闸底板、闸前铺盖、闸后护坦等均属于板式基础。这些板式基础面积小则数十平方米，大则数百平方米。在这类建筑物中，板式基础部分工程量在整个建筑物中所占比例很大。以水闸为例，板式基础工程量约占整个建筑物工程量的一半以上。在季节冻结深度较大的黑龙江、新疆等地区，要将大面积板式基础完全置于冻层以下，势必使工程量增加很多，况且在某些情况下也不一定都需要这样做。因此，这些地区的板式基础往往置于冻层之内，即相当于板式基础之下还有一定厚度的冻土层。这样，板式基础将受到底部法向冻胀力和周边切向冻胀力的作用。又由于使用和构造上的要求，板式基础将受到上部结构的不同约束。在地基土冻胀力和建筑物约束的共同作用下，板式基础将受到弯、扭、剪等复杂的外力作用。寒冷地区工程的冻害调查结果表明，水闸的闸前铺盖、出口陡坡段底板及一些建在深坑高坡下扬水站的筏式基础遭受冻害破坏尤为普遍和严重。黑龙江省建在软基上的溢洪道陡坡段底板约有30%出现冻胀裂缝，内蒙古和吉林省长春市的农安、榆树等县有几座深坑高坡扬水站的厂房采用筏式基础，也因冻胀使底板或厂房产生上抬或各种形式的裂缝。扬水站厂房的冻害轻者给运用管理造成很大困难，重者可使整个建筑物毁坏，如吉林省农安县松花江上某二级扬水站厂房遭冻害破坏，为防止冻害恶化，每冬都要用170t煤作采暖保温，仅这一项的花费就近万元。

5.2 板式基础冻胀破坏分析

5.2.1 板式基础冻胀破坏特征

板式基础冻胀破坏原因，一方面是由于地基土的冻胀和融沉，另一方面则是由于结构设计不合理、施工质量差、工程管理不善等。板式基础的冻害破坏主要表现为如下特征。

1. 大面积薄板冻胀裂缝

在板式基础面积较大且较薄的情况下，常见冻胀裂缝有两种。

（1）不规则冻胀裂缝：当板式基础面积较大，四周约束较小时，其冻胀裂缝分布和走向无一定规律，如图5.1和图5.2所示。随着逐年冻胀和融沉的反复作用，这些不规则的裂缝逐渐增多，宽度逐渐加大，严重时使大片板形基础呈破碎状。

（2）在约束条件下的规则冻胀裂缝：当基础板的冻胀变形受到约束时，其冻胀裂缝明显表现出规则形状。例如，涵洞进口U形槽底板冻胀变形受到两侧边墙的约束，致使底板的冻胀裂缝在中部沿纵向出现，如图 5.3 所示。又如，津河水库溢洪道进口铺盖板，板厚 60cm，前端设有深 200cm 的齿墙，在底部法向冻胀力和前端齿墙切向冻胀力共同作用下致使铺盖板在刚度小的垂直水流方向折断，如图 5.1 所示。

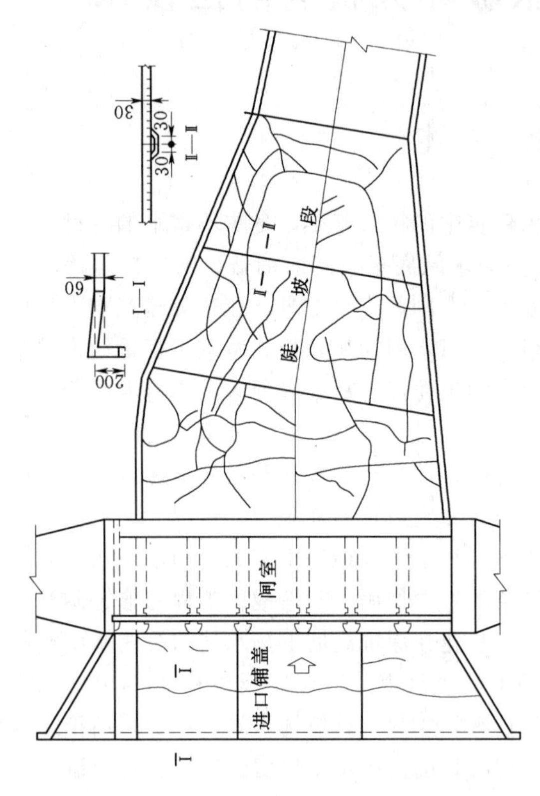

图 5.1　津河水库溢洪道进出口铺盖及陡坡板形基础冻胀裂缝（单位：cm）

图 5.2　陡坡板形基础裂缝情况

图 5.3　附加涵洞进出口底板裂缝

2. 板基整体上抬及上部结构产生裂缝

板式基础刚度较大时，在底部法向冻胀力作用下，往往产生整体不均匀上抬，而板式基础本身并不产生强度破坏。当板式基础的不均匀变形超过某一限度时，便会引起上部结构产生裂缝或因某一部分过大变形而失去运用条件。如闸室底板产生过大冻胀变形时，就会使缝墩止水或闸室与上下游连接止水被拉断，进而使水闸的渗径减小造成渗透破坏。

津河水库泄洪闸共六孔，每三孔连成一体，中间设有缝墩，闸体总长 23.24m，宽 7m，闸底板厚 1.6m，前后齿深 2.2m，整个闸体自重 973.06t，泄洪闸总体布置与构造如图 5.4 所示。季节天然冻结深度 2.1m。闸基为重粉质壤土，塑限含水量 21%，冻前含水量 27.7%。

根据现场观测，整个闸室产生冻胀上抬，如图 5.5（a）所示。左闸室段冻胀上抬量靠缝墩一侧大，靠边墙一侧小，如图 5.5（b）所示。从闸室缝墩 C 点缝宽的变化过程，可以看出整个闸室冻胀上抬和融化下沉的过程，如图 5.6 所示。冻胀上抬在 3 月发展最快，在 3 月末达最大值，4—5 月变化不大，5 月末闸体开始融化下沉，到 7 月 10

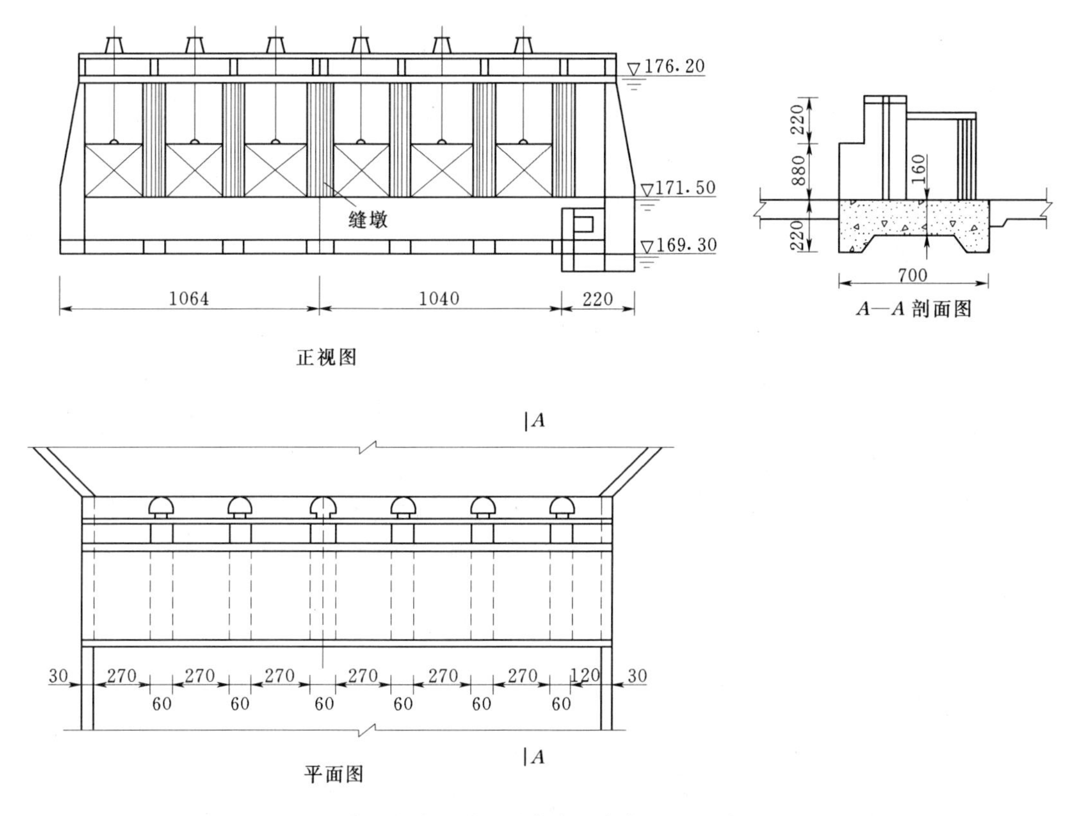

图 5.4 津河水库泄洪闸总体布置与构造图（单位：cm）

日中墩 C 点缝的宽度还有 3cm，说明这时闸底板的冻胀变形仍未恢复到原来位置。尽管整个闸体产生这样大的整体变形，而闸底板未出现一条裂缝，但中间缝墩中的垂直止水及闸室前后正槽和侧向连接止水全部被扯断，过大的冻胀变形已使水闸失去了正常的运用条件。此例充分说明，1.6m 厚泄洪闸混凝土底板下存在着一定厚度的冻土层，这部分冻土层所产生的法向冻胀力，加上前后齿墙切向冻胀力的联合作用就足以使如此巨重的水闸整体冻胀上抬。

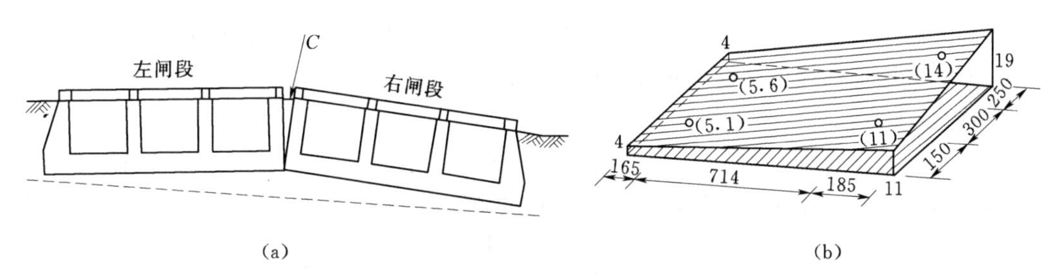

图 5.5 闸室冻胀上抬示意图（单位：cm）

(a) 整个闸体冻胀上抬；(b) 左闸段冻胀上抬

3. 底板裂缝

涵闸进出口、陡坡以及溢洪道等结构物，当底板边缘受到约束，板的刚度不大或基础边缘具有加筋（齿），中间部分相对薄弱时，板下地基上的冻胀变形将是不均匀的，刚度

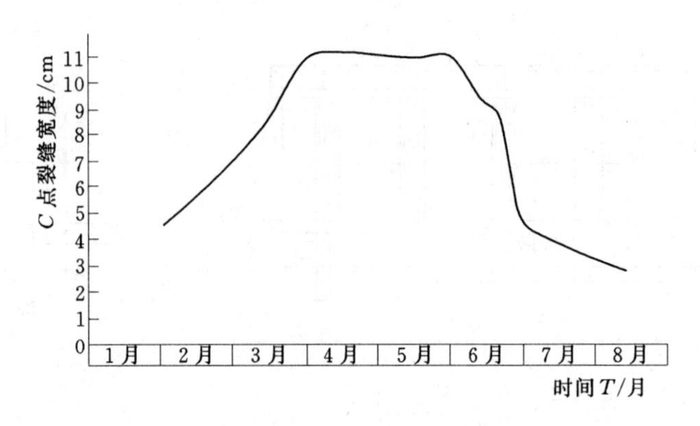

图5.6　缝墩C点裂缝宽度随时间变化过程

大的部分所受地基土的冻胀力大而变形较小，基础刚度小的中间部分所受地基土的冻胀力小而变形较大，此时基础板在较大的不均匀变形作用下强度破坏，出现裂缝。此种裂缝一般具有明显的规律性，或者是由于截面弯矩过大而挠曲强度不足，在弯矩刚度较小的方向上出现；或由于截面剪力过大而抗剪强度不足，在剪切刚度小的部位发生，如图5.7所示。有时基础板也可能在不均匀冻胀下由于扭转而破坏。

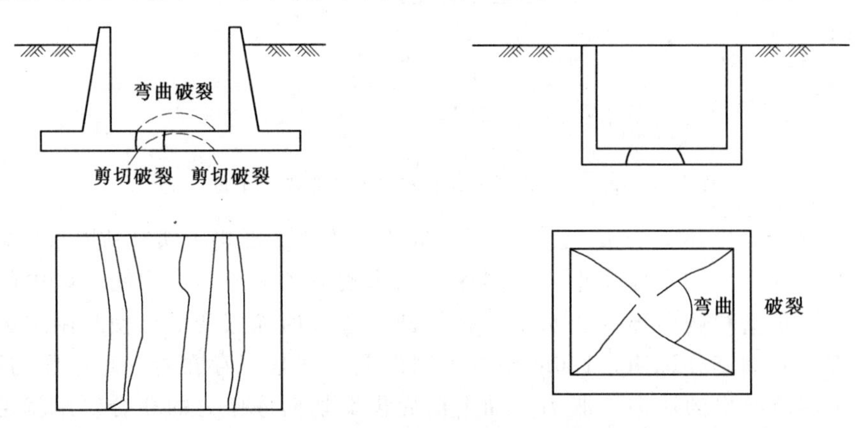

图5.7　底板裂缝示意图

这种冻胀裂缝的产生，消弱了底板的刚度，在下一个寒冷季节，地基冻胀变形会更大，致使裂缝逐年增加，最后导致地板完全断裂，水流通过裂缝集中冲刷地基，最终导致整个建筑物失事。

溢洪道底板的冻胀裂缝，一般出现在消力池的上游附近陡坡上。如吉林省石头门水库溢洪道陡坡段的底板冻胀裂缝情况。该溢洪道陡坡段板下为粉质黏土夹碎石，板厚40cm，1959年修建，1960年就在靠近消力池陡坡上发现裂缝缝宽达1.5～2.6cm，如图5.8所示。

5.2.2　板式基础的冻胀破坏原因

1. 法向冻胀力和切向冻胀力对板形基础的作用

实际工程中的大面积板式基础埋深多小于当地冻深，或埋深等于冻深，但由于板式基础材料导热系数大，其下部仍有一定厚度的冻土层，如图5.9所示。这部分冻土层将产生

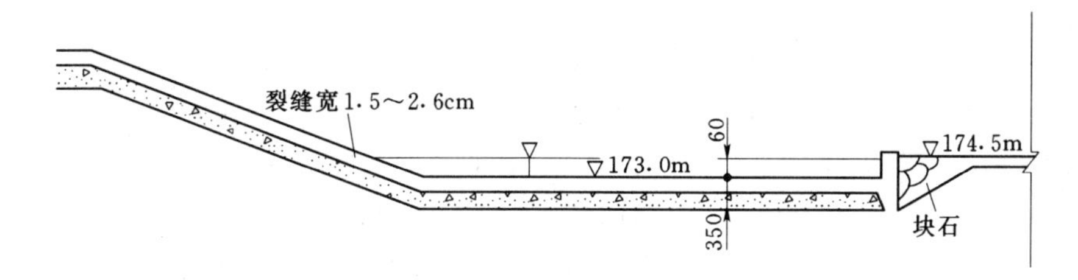

图 5.8　吉林省石头门水库溢洪道冻胀裂缝示意图

法向冻胀力作用其底部。当板式基础较厚或四周设有深齿时，在周边面积上还将受较大切向冻胀力的作用。正如前所述，由于土质、水分和温度等条件的不同，切向冻胀力特别是法向冻胀力的数值在一个很大的范围内变化。当遇强冻胀地基条件且板式基础埋深又较浅时，地基土所产生的法向冻胀力往往是建筑物本身重量难以平衡的。因此，板形基础建筑物常常被冻胀力抬起来或使建筑物产生各种形式的强度破坏。

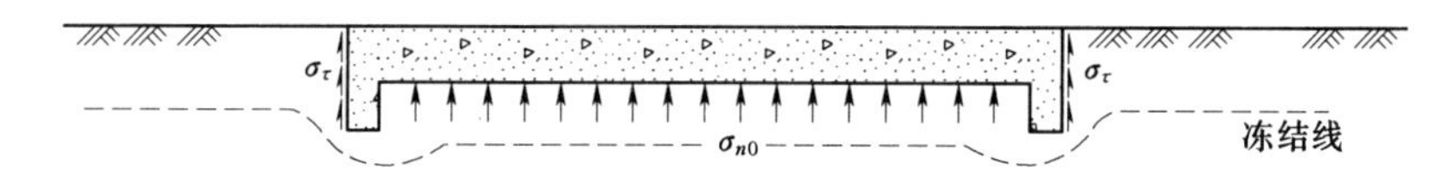

图 5.9　作用于板式基础的冻胀力

2. 板式基础不均匀冻胀和融沉

板式基础面积较大，由于基础下土质、水分和温度等条件不同，板式基础的冻胀和融沉往往是不均匀的，因而使板形基础本身及其上部结构受力产生强度破坏。

由第 3 章所述的法向冻胀力的规律得知，土质相同而水分和温度条件不同，作用于板式基础下的法向冻胀力也往往是不均匀的。从黑龙江省水利勘测设计院和黑龙江省低温建筑研究所在巴彦县东风水库观测到的法向冻胀力分布图 5.10 可以看出，靠板式基础边缘法向冻胀力大，往板式基础内部则逐渐变小。

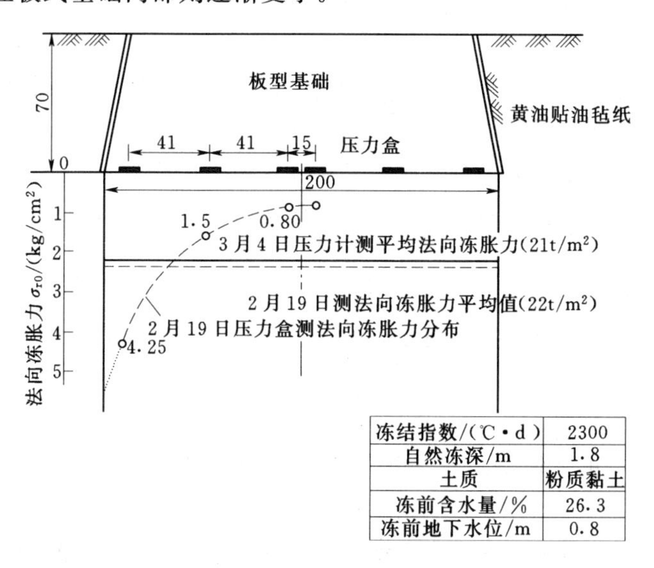

冻结指数/(℃·d)	2300
自然冻深/m	1.8
土质	粉质黏土
冻前含水量/%	26.3
冻前地下水位/m	0.8

图 5.10　作用于板形基础下的法向冻胀力（单位：cm）

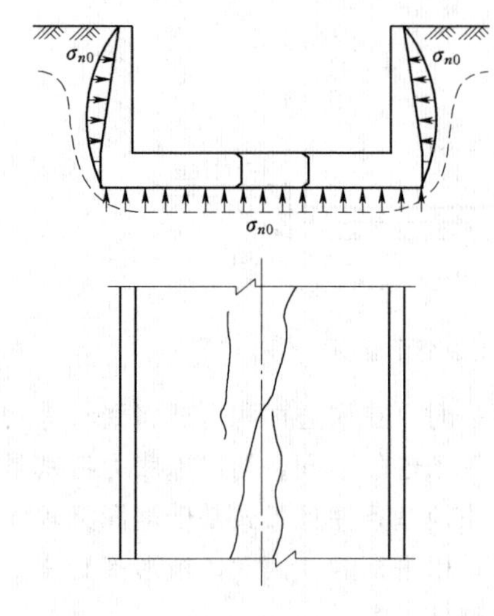

图 5.11　U 形槽底板冻胀裂缝

3. 板式基础的约束条件

在实际工程中的板形基础，其冻胀变形多数受到约束，如通常采用的 U 形槽，其基础板的变形将受两侧立墙的约束，闸室底板的冻胀变形将受到闸墩的约束，水池底板的冻胀变形将受四周边墙的约束等等。根据土体法向冻胀力与冻胀变形约束度的相关规律，板形基础的约束使作用于板形基础下的法向冻胀力增大，另一方面由于各点出现变形不均使板形基础受力。工程实践表明，闸底板和 U 形槽底板的冻胀裂缝多沿纵向分布、且多集中在板形基础纵向的中心线附近，如图 5.11 所示，上述冻胀裂缝的产生和分布特征是和板形基础所受到的约束条件密切相关的。

5.3　板式基础抗冻胀工程措施

涵闸、泵站等水工建筑物，基础结构形式多呈平面分布（板式基础），平面上的不均匀冻胀与融沉是造成这类建筑物冻害破坏的主要原因。这类建筑物的环境特点是：基础埋置深度浅，又处于渠沟的底部，排水条件比两侧墙后的差，在整个冻融过程中，会造成较大的冻胀和融沉变形。

防治方法：目前以预防基土冻胀（工程措施）为主，以结构措施和综合措施为辅。

板式基础抗冻胀工程措施是以削减或消除土的冻胀性为出发点的。这类措施有：①基土换填法，用非冻胀性土置换冻胀性地基土；②冻胀性地基改良法，对地基土进行物理化学、动力处理以削减其冻胀性；③排水、隔水法；④隔热保温法。

5.3.1　基土换填法

基土换填法是用非冻胀性的粗砂、砾石、碎石换填冻胀性大的黏性地基土，以削弱或消除地基冻胀，是一种应用广泛、效果较好的抗冻胀措施。

工程实践和试验研究表明：换填地基抗冻害效果的好坏取决于换填范围，换填料的纯净程度，地下水位高低，换算地基的排水条件及建筑物荷载，基础部分的结构形式等多种因素。

1. 换填地基范围的确定

换填地基范围包括换填深度、平面尺寸和基础侧面的换填厚度三方面的内容。换填范围根据当地冻深、地基土的冻胀性、透水性、地下水位高低、基础结构形式、建筑物荷载及容许位移条件确定。同时还要兼顾到地基承载力、渗流稳定、降低工程造价等其他方面的要求。正确地确定换填范围对换填地基的抗冻害效果和建筑物安全是重要的。

换填深度的确定：换填深度主要根据建筑物地基土冻深大小、地基土的分层冻胀量大小及建筑物容许位移条件确定换填地基深度，可按式（5.1）计算。

$$H_n = K_h H_d \tag{5.1}$$

式中 K_h——有效冻深系数，由表5.1查取；

H_d——工程设计冻深，cm。

表5.1 有效冻深系数 K_h 值表

土类	高液限黏质土和粉质土		中液限黏质土和粉质土		低液限黏质土和粉质土	
冻结期地下水位距冻结层下限的最小距离/m	≥2.0	<2.0	≥1.5	<1.5	≥1.0	<1.0
K_h	2/3	1.0	2/3	1.0	2/3	1.0

2. 平面换填范围

其确定原则是使基础周围地基土的冻胀对基础不发生有害影响，即换填范围应大于基础对周围地基土冻胀的约束范围。因此平面换填范围的确定取决于基础范围地基土的冻胀性、地下水位高低和换填地基的排水条件。

根据实验观测和实际工程经验，在地下水位低于换填层底面0.5m以上时，换填层处于疏干状态，换填土体冻结强度低，约束影响距离减小，此时平面上扩大的换填尺寸至基础边缘距离可基础下地基土冻胀层深度的1/2。当地下水位高，换填层处于饱水状态时，换填地基和周围土体冻结成整体，基础对地基冻胀的约束范围加大，此时平面上扩大的换填尺寸应不小于基础下地基土冻胀层深度的1倍。

5.3.2 冻胀性地基改良法

地基的冻胀性取决于土、水、温、外压四个要素，其中地基土质条件是决定地基冻胀敏感性的内部因素；而水分、温度和外压条件则是决定地基冻胀敏感程度的外部因素。如果能够把冻胀敏感的地基改良成冻胀不敏感的地基土，也就从根本上消除了地基的冻胀性。影响冻胀敏感性的土质条件主要包括地基土的物理、化学成分，土的颗粒组成和土的密度，消除地基土冻胀的措施主要有物理化学法、换填法和动力法。

1. 物理化学法改良地基

物理化学法改良地基是通过外加物质与土颗粒进行物理作用或化学作用，从而改变地基土的特性，以减少或消除地基冻胀的一种方法。主要是改变地基土与水相互作用的物质（降低土粒表面自由能量，改变土粒的亲水性、矿物的水化性、地基的透水性）和改变地基冻结温度特性（降低冻结温度）。

根据不同防冻胀作用机理，物理化学法改良地基目前主要采用人工盐渍化、掺加憎水物质和利用外加剂改变土的分散性三种方法。

（1）人工盐渍化改良地基土：人工盐渍化改良地基就是在地基中加入适量的可溶性无机盐，提高孔隙水盐分浓度，使土壤盐渍化，从而降低土的冻结温度。抑制水分迁移，把冻胀性地基土改良为非冻胀性地基土。常用的盐类有氯化钠（$NaCl$）、氯化钙（$CaCl_2$）、氯化钾（KCl）等。当含盐量大于3%时，土体物理力学性质主要取决于盐分和盐的种类，土体本身的颗粒成分仅起次要作用。含盐量对土冻胀性的影响是相当明显的。

当孔隙水中所含可溶盐少到可以忽略不计时，孔隙水约在0℃即开始冻结，若孔隙水中含有可溶盐，则只有当温度降低到盐溶液的冰点时溶液才开始结晶，且随着溶液浓度增加，冰点继续下降。盐分可以降低土的冻结温度。另外，低于冰点后土中未冻水含量也是随着盐分浓度的增大而增加，因此，盐分又能在相同温度下减少土的冻胀量。在土温低于－12℃的条件下，要使土中完全没有冻胀时的盐溶液浓度：粉砂为2%；亚砂土为8%～10%；亚黏土为10%以上。

盐渍化地基的加盐方法可以直接将盐铺洒在地基上，通过水的淋溶渗入地基，也可采用拌合法或钻孔注入法进行。

人工盐渍化改良地基土，由于水的淋溶作用常使盐分流失，抗冻胀的耐久性不好，一般有效期在2～4a。

（2）掺入憎水剂改良地基土：在土中加入憎水剂物质（一般有机高分子物质），使土颗粒表面活性收敛，冻结时就可以避免水分迁移，从而减少或消除地基冻胀，达到改良地基冻胀的目的。

（3）凝固加固法改良地基土：采用胶凝材料或聚合剂将高度分散状的地基土胶结成固状态或聚合成大的团粒状态的坚实地基，不仅可以提高地基承载力，而且能从根本上消除地基的冻胀性。

目前采用的化学胶混浆液有以下几种：

1）水泥浆液：用高等级的硅酸盐水泥和速凝剂组成的浆液，应用较多。

2）以硅酸钠（即水玻璃）为主的浆液：常用水玻璃和氯化钙溶液。

3）以丙烯酸为主的浆液。

4）以低浆液为主的浆液，如重铬酸盐木质素浆。

加固的施工方法有压力灌注法、施喷法、旋转搅拌法和电渗硅化法等。对渗透系数大于$1\times10^{-4}\sim1\times10^{-3}$cm/s的砂性土，可以采用高压灌注法加固地基；对渗透系数小于1×10^{-4}cm/s的黏性土，可采用旋转搅拌法或电渗法加固地基。采用电渗法时把带孔的注射管做阳极，滤水管做阴极，将水玻璃和氯化钙溶液先用电阳极压入土中，并通以直流电，在电渗作用下，孔隙水由阳极流向阴极，化学溶液也同时随之流入土的孔隙中，并在土中生成硅胶，将土粒胶结。

加固后的地基抗压强度大大提高，如软弱黏土渗透系数大于1×10^{-6}cm/s时，加固后无侧限抗压强度为294～588kPa。土的含水量降低15%～20%，透水将降低近百倍，土不再具有冻胀性。

聚合剂的作用是使土中的细颗粒凝聚成较大粒径的粒团。常用的顺丁烯聚合物、聚合丙烯酸钠、聚乙烯醇和高能阳离子Fe^{3+}、Al^{3+}等聚合剂都有防冻胀效果。

2. *动力法改良地基*

动力法改良地基是利用强大的动力预先将地基土高度压密，使地基的孔隙率压缩到最低限度，极大地降低土的含水量和渗透系数，并使冻结时的水分迁移几乎不可能发生，从而避免地基冻胀的一种改变地基土结构的地基改良措施。目前常用的有强夯地基和压实土地基。

强夯法是使用几十吨的重锤，从10m高处自由下落，对土进行强力夯实。一般夯击速度为每分钟两击。夯实法一般采用50～800t·m的冲击能使土中出现冲击波和很大的应力，造成土中孔隙压缩或土体局部液化，夯击点周围产生裂隙，顺利的溢出孔隙水，造成土体迅速固结。经两次夯实加固后的地基承载力可提高2～5倍，影响深度在10m以上。对各种黏性土、沼泽土、泥炭土都适用，还可用于水下夯实。

强夯法目前在理论上还不算成熟，尚无完整的设计计算方法，对最佳夯实能，夯实次数，夯击点的间距，以及前后两遍之间的间歇时间（孔隙水压力的消散时间），要通过试验确定。

对地基土的夯实影响深度按加固地基要求由式（5.2）决定：

$$H \approx \sqrt{Mh} \tag{5.2}$$

式中 H——夯击影响深度，m；

M——锤重，kN；

h——落距，m。

对于小型工程可以压实土地基，在整个冻深范围内，压实干密度要接近标准击实试验的最大干密度。

5.3.3 排水、隔水法

排水、隔水法是通过排水或阻水的方法来改变水分的运移方向，从而达到减少或避免建筑物冻害的发生。在工程实践中，根据不同类型的建筑物平板基础的工作条件，建筑物允许变形条件，使用年限以及地基的水文地质条件，地形条件可以采用不同的隔水、排水方法。这些方法归纳起来大体有下面几种。

（1）排除或隔绝地下水，减少地基土的含水量，防治地基冻胀。在地下水位低的条件下地基土的含水量主要来源于地表水的入渗，排除地表水的补给，地基土将保持较低的含水量，其冻胀必然降低。在房屋建筑中采用散水坡，在渠道衬砌板下面设防渗体，以及公路路基上的整体路面等就是这种防冻害方法的具体措施。工程实践表明，只要防渗、排水措施可靠，防冻害效果是令人满意的。

（2）疏干地基防止地基土冻胀。这是一种深层排水，降低地基含水量，减轻地基冻胀的措施。当地基含水量大，透水性差，下面不深处具有溶水层时，可以在黏性土地基中设足够的竖向砂井，加快土中水分排出以减少地基的冻胀作用，涵闸基础下面的盲井排水就是这种措施的实际应用。在公路路基下部设排水层，不但可以排出上部路基中的水分还可以截断地下水。对其他板形基础只要具备排水条件，都可以在地基中设置适当的排水体以加快地基土中水分的排出，如在具有陡坡段的涵闸、跃水的底板下地基中可以设置排水沟等。深层排水虽然不能完全消除地基土的冻胀性，但可以使冻胀量减少，达到减轻乃至避免冻害的目的。

（3）地基的封闭，隔断一切补给水源。这是一种消除地基冻胀的有效方法。这种方法早些时候已在公路路基中得到应用，近年来我国在涵闸工程中创造性地采用了“隔层封闭地基”，取得了良好的防冻害效果。

“涵闸隔层封闭地基”是将天然地基进行开挖、晾晒、脱水至塑限含水量后回填，回填时利用不透水材料进行隔层封闭处理而形成的一种人工地基。这种地基具有施工简单、造价低廉、消除地基冻胀、长期有效、安全可靠等优点。

在强冻胀土地基上设计涵闸工程，需要根据闸址处地基土的冻胀特性（冻胀量、冻深、冻胀类型)，地基土的冻胀层厚度，确定隔层封闭深度。

不允许基础板产生冻胀位移，封闭深度按下式确定。

$$H \geqslant h - \alpha\delta \tag{5.3}$$

式中　H——封闭地基土厚度，cm；

h——地基土主冻胀带深度，cm；

δ——基础板厚度，cm；

α——折减系数，对面积小的基础板 $\alpha=0.5$，对面积大的基础板 $\alpha=1/3$。

当允许基础板冻胀位移时，封闭深度可相应减少。

隔层封闭措施应从以下几个方面进行设计。

1. 平面封闭范围的确定

为消除基础板周围土体冻胀影响，封闭土体顶面的尺寸超出独立基础板地面尺寸最小50cm，封闭土体侧面可以是直立面，或小于1∶1的坡面，视基坑开挖条件而定。

2. 回填土料的选择

回填土可以采用任何粒土，干容重由建筑物要求的承载确定，对小型涵闸一般不低于天然地基土的干容重，回填土含水量由建筑物所能耐受的冻胀变形量确定，不允许冻胀上抬时，回填土含水量控制在17%～19%，允许有少量冻胀变形时回填土含水量控制在20%～23%。

为避免基础侧面土体冻胀上抬作用，可采用换填措施或采用封闭地基方法加以解决。

3. 隔层厚度的确定

隔层厚度采用35～50cm，回填土含水量较高时采用小值。

4. 上部结构设计

上部结构设计原则上和涵闸设计相同，但需注意下面两点。

(1) 底板（埋深）设计不再考虑地基冻胀作用而由结构强度和稳定要求确定，小型涵闸底板厚度可取35～50cm。

(2) 闸室采用整体式结构时，为避免侧墙后的回填土冻胀引起闸室的整体上抬，应根据回填土的冻胀性大小采用相应的防治措施。如换填非冻胀性土、采用保温措施、采用隔层封闭回填土措施。封闭土体范围距离侧墙150～200cm；也可以采用到 π 形结构，底板伸出侧墙外50～100cm，利用冻胀反力抵消侧墙所受的切向冻胀上抬作用。

5.3.4　隔热保温法

隔热保温法主要目的是通过保温，减少冻深，从而削减地基土的冻胀量，如果能保证地基土温度在0℃或0℃以上，其中的水分就不会冻结，从而避免冻胀的发生。一般采用方法如下：

(1) 采用工业保温材料进行保温。保温材料主要采用EPS、PU板等，将其铺设于基础底面，其铺设范围应大于基础边缘，并且承载力应足够大，这不仅可以减小冻深，而且可以改变地基下部土体的温度状况，从而减小地基冻胀。

(2) 将炉渣、稻草、树叶、冰雪等覆盖在建筑物防冻部位给建筑物保温，起到防止基础冻胀的作用。

(3) 蓄水保温。涵闸、消力池等板式基础结构，根据当地气温情况，冬季进行蓄水，可防止地基土对其基础板的冻胀破坏。

保温基础的结构形式，平面上可采用夹层式或层叠式，如图 5.12 和图 5.13 所示。

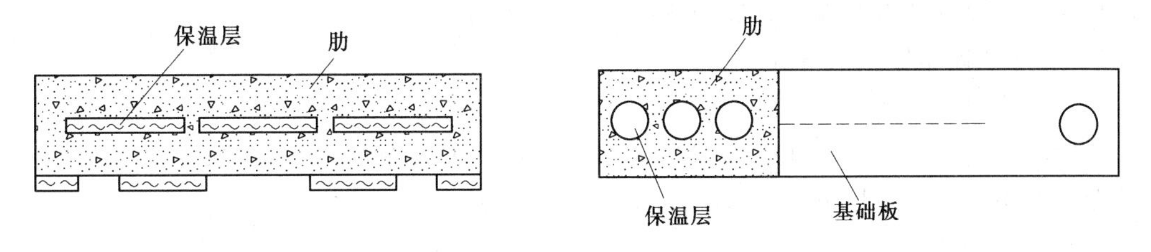

图 5.12　夹层式保温基础

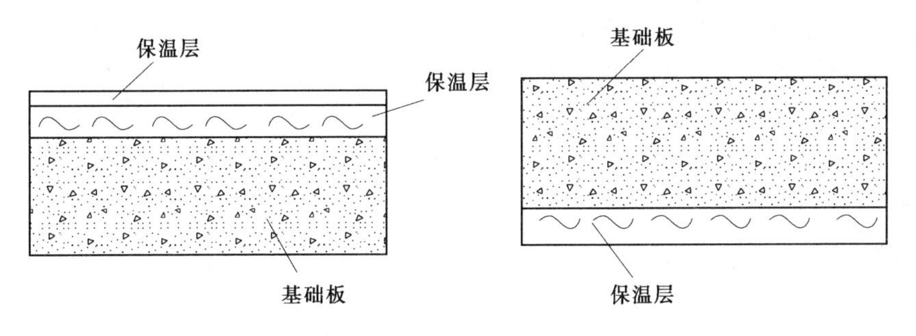

图 5.13　叠层式保温基础

夹层式保温适用于基础整体性强，强度高，上部荷载大的基础板；叠层式保温适用于上部荷载较小的板基，如小涵洞、护坦板、护坡，单位面积荷载不大于 98kPa。层叠式结构要比夹层结构保温效果好、施工方便；夹层式由于受冷桥影响，使保温性能降低。

周边采用水平保护段或竖向封闭段作为保护措施，如图 5.14 所示。

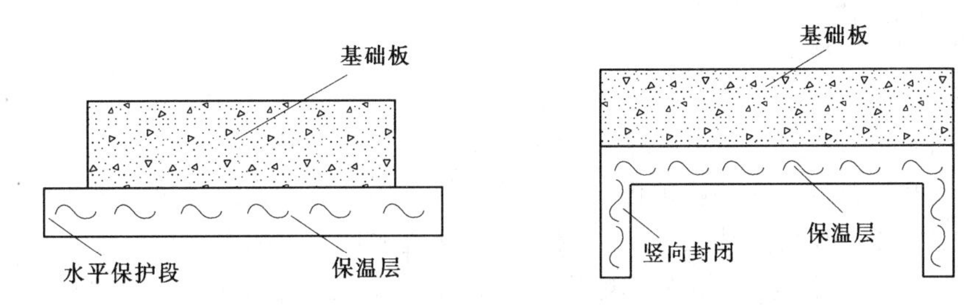

图 5.14　水平保护段及竖向封闭型式图

水平保护段比竖向封闭施工方便，保温效果基本相同，要是基础下地基保持单项冻结条件，水平保护段长度可取 1.5～2 倍的冻深（从基础地面高程算起），竖向封闭段深度可取冻深的 7/10～9/10。

5.4　板式基础抗冻胀结构措施

结构措施的基本思路是根据寒区不同水工建筑物的受力和变形特点，对其结构进行优化设计，增加结构自身抵抗冻胀破坏的能力，防御或减少冻害的发生。本部分以水工建筑物中有代表性的小型水闸为例，阐述防冻害结构措施。

平板式基础防冻胀结构措施主要有：①加强结构的刚度，提高建筑物抵抗冻胀作用的能力；②改变建筑物的结构型式和总体布置，以改变基土的冻胀力对建筑物的作用方式或作用程度；③允许建筑物有一定适应冻胀变形的能力。

5.4.1 水闸总体布置

1. 水闸的平面布置

小型水闸的平面布置，从防冻害的角度应力求简单，以达到缩短防冻深线和避免水闸各部分由不均匀冻融变形引起的破坏。

2. 进出口翼墙布置

渠系中的小型水闸，按传统布置方式进出口多采用八字形冀墙，为获得好的水流条件，翼墙扩散（或收缩）角度多采用12°～13°。这样，水闸往往顺水流方向布置得窄而长。这种八字形翼墙易受冻害，而且为满足各部分的防冻要求所需基础工程量很大。从防冻害的角度，小型水闸应尽量采用一字形冀墙。所谓“一”字形闸，就是取消了上下游闸两侧的八字形翼墙，把闸身和两侧的翼墙连成为一个“一”字形，翼墙伸入渠堤和地基，上下游作成梯形渠槽连接。这无论从防冻、防渗和节省工程量的角度都优越于八字形翼墙。在东北地区开敞式水闸设计中，进出口均采用一字形墙，这主要是从有利防冻害角度考虑的。

工程实践证明：“一”字形水闸较适用于寒冷地区低水头、小流量的小型水闸的结构形式。在施工方法上有现浇筑和预制安装（一般方法，射流沉板法）两种。

“一”字形水闸特点：

（1）闸室基础呈墙形且伸入到最大冻深以下，无闸室，消除了法向冻胀力的作用。

（2）缩小了闸身与冻土接触范围，没有八字侧墙（挡土墙），不必考虑水平冻胀力的问题，（回避了水平冻胀力作用）。

（3）工程量有所减少。

3. 防渗布置

在通常情况下，小型水闸的正槽多利用板形基础作为不透水段长度，两侧利用八字形翼墙作为不透水段长度。在寒冷地区，正槽的平铺板形基础和两侧的冀墙常由于冻害引起变位和断裂导致渗径短路，或由于与之相接触的地基或填土的冻融变化，使其抗渗性能降低，防渗效果一般较差。特别是春季刚通水期，使一些渠系建筑物在短期内毁之于渗透破坏。相反，如正槽采用深齿做垂直防渗，两侧采用一字形墙或刺墙防溜。这既利于防冻害又利于防渗。

4. 闸室结构

在满足闸室启闭和交通等要求的前提下，应尽量缩短闸室段的长度。将消力池布置在交通桥下，闸室采用窄堰。

5. 消能防冲布置

无落差的小型水闸，出口流速不大，且多产生波状水跃。若采用底流消能其效果不好，同时护坦和挡土墙易受陈害破坏。这时，出口处可不做消力池，改做简单的防冲铺砌，以适应不均匀冻融变形。当出口落差较大时，可采用软基挑流、筛网等其他消能形式。以避免采用易受冻害的消力池及出口翼墙。

5.4.2 不允许冻胀变形板基防冻害结构措施

1. 加大基础板的结构厚度或采用深基础

加大基础板的结构厚度或砌置深度，减少或消除基础板下地基土的冻结厚度，从而减少或根本消除地基土的法向胀力，以满足基础稳定和强度要求。例如软基础上重要的大型水闸底板及一些重点工程，可以采用这项措施。

在冻胀性土地基上，按不允许冻胀变形设计的建筑物，多采用深基础。我国公路桥涵设计规范规定，当桥梁墩（台）基础设置在冻胀土层中时，其基底应设置在冻结线以下不小于25cm。建于冻胀土地基上的深基础建筑物的基本要求是基础底部不允许有冻土层，地基土在冻结过程中不产生法向冻胀力作用于基础底部，同时也不受融化下沉的影响。但基础周边仍然受切向冻胀力作用，因此深基础建筑物还应满足在切向冻胀力作用下的稳定要求。深基础建筑物在冻切力作用下应用式（5.4）进行验算。

$$P+G\geqslant KS\sigma_{\tau0} \tag{5.4}$$

式中 P——基础以上的荷载，kN；

G——基础自重，kN；

K——安全系数，对静定结构 $K=1.1$，对超静定结构 $K=1.3$；

S——置于冻胀土层内的基础侧表面面积，m^2；

$\sigma_{\tau0}$——切向冻胀力标准值，kPa，取值见表3.6。

当深基础建筑物不能满足切向冻胀力作用下的稳定要求时，应考虑采用其他削减冻因措施或改用以下介绍的其他结构措施。

2. 锚固基础板

锚固基础是指采用深层地基的摩擦力或在冻层以下将基础扩大通过自锚作用防止建筑物产生冻拔上抬。在冻土地区，桥梁和渡槽等工程中锚固基础应用广泛。近几年来，在我国北方的水利工程中，出现了多种形式的锚固基础，工程运用实践表明，锚固基础建筑物抗冻拔效果好，造价低廉，是冻土地区有发展前途的一种基础形式。目前采用的主要锚固基础有：深桩基础、扩大基础、爆扩桩基础、锚固底梁式基础等。

锚固基础板的地基冻胀力一部分与基础板上部荷载、基础自重相平衡，一部分与深层地基摩擦阻力或扩大底盘的冻胀反力相平衡。对锚固基础除按暖土地基上的同类基础进行常规设计外，还必须进行抗冻胀稳定和结构强度验算，偏于安全。

深桩锚固基础板稳定安全条件为

$$P+G+ne(H-H_f)f\geqslant G_1(\omega+n\omega_0) \tag{5.5}$$

式中 P——基础以上的荷载，kN；

G——基础板及桩自重，kN；

n——桩的个数；

e——每个桩截面周长，m；

H——桩入土深度，m；

H_f——与桩冻结在一起的冻土层厚度，m；

f——桩柱侧表面与非冻土层间的摩擦力，无试验资料时黏土采用20kPa，砂性土及碎卵石类土采用30kPa；

G_1——基础板底面所受平均最大法向冻胀力，kPa，可根据基础面积、埋深、地基土冻胀性等条件进行取值；

ω——基础底板面与地基接触面积，m^2；

ω_0——每个柱截面面积，m^2。

为防止在切向冻胀力作用下由于桩柱截面尺寸或配筋量不足而产生断桩，还应分别对承受最大冻胀力截面和断筋截面进行抗冻拔的强度验算。最大冻深截面桩柱配筋量应满足下式。

$$A_g=\frac{l(H-H_f)f+G_1}{[\delta_g]} \tag{5.6}$$

式中　A_g——纵向受力筋截面积，cm；

$[\delta_g]$——钢筋允许拉应力，MPa；

G_1——最大冻深以下部分桩体自重，kN；

其余符号意义同前。

为节省钢筋，在冻层下不同深度断面满足强度条件下，可以将受力筋适当截断，在任何中间断面都不宜将钢筋全面截断。

3. 扩大底座锚固基础板

扩大底座锚固基础板是将基础板在冻层以下部分扩大。使之，一则满足地基承载能力的要求；二则可利用扩大基础的自锚作用防止冻拔。基础板稳定的安全条件为

$$P+G+N\geqslant\sigma_\tau(w-nw_0) \tag{5.7}$$

式中　N——扩大底座上的冻胀反力，kN，在基础板不稳定时考虑；

其余符号意义同前。

扩大底座一般在基础板下应力扩散面范围内，此时

$$N=K\sigma_\tau(\omega-n\omega_1) \tag{5.8}$$

对圆形基础
$$K=\frac{R^2}{\left(R+\dfrac{H}{2}\right)^2} \tag{5.9}$$

对方形基础
$$K=\frac{a^2}{(a+H)^2} \tag{5.10}$$

对矩形基础
$$K=\frac{ab}{(a+H)(b+H)} \tag{5.11}$$

式中　K——应力扩散修正系数，扩散范围近似取为0.5倍冻层厚度；

ω_1——扩大底座的水平投影总面积，m^2；

R——半径；

H——基础下冻深；

a、b——基础边长。

为防止桩在冻胀力作用下被拉断，应对桩截面进行强度验算，柱的配筋应满足

$$A_g=\frac{N}{[\delta_g]} \tag{5.12}$$

在已知冻胀力和冻胀反力之后，对基础板和底座的抗冻强度验算也就不成问题了，这

里不再赘述。

5.4.3 允许冻胀变形板基防冻害结构措施——浅埋基础板

工程实践表明，工业与民用建筑物中的平房、低层楼房和农田水利工程中的小型过路涵、小型水闸、引水渠道的衬砌及柔性公路路面等都具有一定适应不均匀冻胀变形的能力，即这些建筑物在冻胀融沉作用下会产生一定的变位，但仍能保证本身运行良好。这是按允许变形条件设计建筑物的前提。在冻土地区，允许变形建筑物的基础可以适当浅埋，这一原则对冻土地区的工程实践具有重要意义。允许变形建筑物一个显著特点是面广量大，如在农田水利工程中，每个省区每年需建设小型涵、闸的数量达数万座，投资达数千万元。如按允许变形条件设计，将这些变形建筑物基础合理浅埋，将为国家节省大量投资。目前，在我国的一些寒冷地区，在房屋建筑及水利工程中，按允许变形条件设计建筑物的原则已普遍受到重视，并越来越多的应用于实际工程。

按允许变形条件设计的建筑物，多采用浅埋基础，其底部将存在一定厚度的冻土层，如图 5.15 所示。这部分冻土层在冻结期将产生法向冻胀力作用于基础底部。使一些重量较轻的小型建筑物产生不均匀地冻胀上抬。

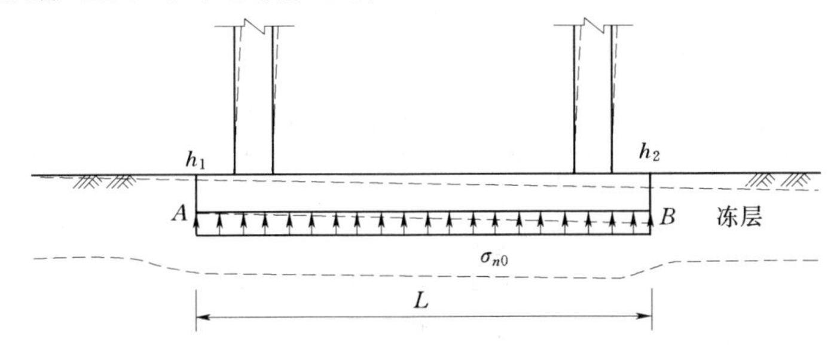

图 5.15 浅基础建筑物的冻胀变形

采用浅埋基础时允许地基发生一定的冻胀作用，但基础位移要限制在建筑物和底板允许的范围内。根据建筑物的重要程度、使用条件、结构特点确定建筑物允许竖向位移量及不均匀变形系数。由于建筑物种类繁多，运用条件差异很大，这方面的研究工作还不充分，一些资料仅供参考。苏联奥尔洛夫等人总结出不同类型基础建筑物允许垂直位移量和允许的不均匀变形系数，见表 5.2 和表 5.3。

表 5.2 建筑物的允许垂直位移量

承载结构型式	允许垂直变位/cm
钢筋混凝土框架（装配的和整体的）	1.5
无筋石结构、装配的断开的混凝土结构	2.0
钢筋混凝土框结构	2.5
加筋石结构	3.0
断开钢结构、木结构	4.0
平面尺寸狭小的建筑物、条型和大块体型基础上的个体或彼此分开的结构	5.0

我国王希尧工程师在总结不同水工结构适应冻胀变形能力的基础上，提出中小型水工板形基础建筑物及渠道衬砌板的允许垂直变位及不均匀变形系数，见表 5.4。

表 5.3 建筑物的允许不均匀冻胀变形系数

建筑物类型	建筑物简单结构特点及运用条件	基础 d/m	C_u /%
工业民用建筑及房屋	承重结构的房屋及建筑物框架式钢筋混凝土装配式（整体式）	1	0.12
	有钢筋混凝土与组合间隔	1	0.12
	钢性框架、加钢筋砖石的	1	0.18
	钢性间隔	1	0.25
	木质	1	0.30
	建筑物在平面尺寸上受到限制，独立的或砖石相互分离的条形或整体式基础	1	0.40
铁路	动力列车的运行速度小于100km/h	10	0.40
	动力列车的运行速度大于100km/h	10	
公路	水泥混凝土	7	0.36
	沥青混凝土	7	0.60
	一般简便的	7	0.85

注 工业与民用建筑物和房屋，其基础 d 值按 $d=1.0$m 评价，基础 $d>1$m 时，表值按基础间的距离长度来增加，条基和整体板式基础可按建筑物跨长增加。

表 5.4 水工建筑物与渠道衬砌板允许垂直变位及不均匀变形系数

建筑物类型及结构部位		h_e/cm	C_u/%
涵洞进出口板形基础		2.0	0.5
闸室、护坡底板、护坡板	无约束钢筋混凝土板	5.0	0.2
	有约束钢筋混凝土板	2.5	0.2
素混凝土板 $B>2.0$m		2.0	1.0
渠道衬砌：素混凝土板 $B<2.0$m		3.0	1.5
素混凝土板 $B<1.0$m		5.0	2.0
砂石料及沥青混凝土衬砌板		7.0	2.0

注 1. B 为板的最大边长。
2. 混凝土强度等级大于C20。

基础下冻土层冻胀量的大小取决于建筑物的重量对地基的约束程度、冻土层厚度、土质和地下水位等条件，对重要工程应由现场试验决定。对一般小型工程可以参阅上述内容或参照某些实例资料进行分析估算。

冻土层冻胀不均匀系数是相邻两点冻胀量差值与两点距离之比的百分数，通常按基础宽相对应的两点冻胀量差与距离之比来表示。即

$$C_u=\frac{\Delta h}{L}\times 100\% \tag{5.13}$$

式中 Δh——两点冻胀量差值，cm，可根据计算求得；

L——两点间距离，cm。

地基融沉对基础稳定及结构强度的影响。地基的冻胀和融沉是两个截然相反的过程，在这两种过程中，地基的物理力学性质不断发生变化，从而影响地基反力的分布，冻结对

地基抗压、抗剪强度不断增强、弹性加大。融化时地基的抗压、抗剪强度迅速降低，塑性加大。由于地基在冻胀过程中的水分迁移并形成冰晶体或冰夹层，加大了冻胀层的含水量，破坏了原来的地基结构，在地基上层土体首先开始融化时，多余的水分排不出去，有时融化的地基土甚至呈现塑流状态。还应指出，冻胀和融沉对地基板的作用往往造成相反的应力状态，即某一部位冻胀上抬位移较大，融化下沉位移也较大，在该截面恰好形成相反的弯矩作用。融化时，由于端部受正气温影响大，端部地基又首先发生融沉，使涵洞承受负弯矩作用。以涵洞为例，冻结时出口部位受负气温影响较大，首先冻胀，从端部上抬基础，而且整个冻结过程一直是两端冻结快、冻深大、冻胀量大，使涵洞承受弯矩作用。融化时，由于端部受正气温影响大，端部地基又首先发生融沉，使涵洞承受负弯矩作用。可见，对允许冻胀位移的建筑物只满足基础的冻胀位移条件是不够的，还必须满足允许融沉位移条件，方能不影响建筑物的运用和结构安全。

边界约束条件对基础板位移的影响。无论是地基冻胀还是融沉过程，由于边界约束的影响，板形基础往往不能自由移动，约束位移的结果会造成基础板的应力集中或不同程度地脱离地基，使基础板结构受力更为复杂。

设计不当会给建筑物造成严重的后果，如混凝土路面局部架空后在荷载作用下断裂，水闸底板脱空后地基被水流淘刷等。这一点在浅基设计中必须加以注意，以选择正确的结构方案，采用相应的措施，使上部结构适应基础变形，保证基础结构不致遭受过大附加应力作用，并保证基础板随地基的冻胀和融沉发生位移。目前，在寒冷地区，常采用以下措施以增强建筑物适应基础变形的能力和提高基础板的抵抗附加应力的能力。

（1）采用分离结构。如对混凝土路面及各种衬砌护面结构适当分块，并设置可靠的变形缝；有时也将小型涵洞底板与侧墙进行可靠的分离，使相邻结构不影响底板的位移。

（2）加强基础刚度。为防止不均匀冻、融变位引起结构强度破坏，应采取措施增加基础本身的刚度和强度，也可以通过加强基础与上部结构的整体性来实现。如在小型平板基础周边设置加齿墙或在大型平板基础下加做格筋以及反拱底板都是增加基础板自身刚度和强度的有效方法。在结构材料方面，应首先考虑采用钢筋混凝土做基础板，对素混凝土和砌石结构不宜盲目采用。

（3）消减基础侧面土体的约束作用。为保证地板与地基同步位移，采用必要的措施消减基础侧面土体对基础位移的约束作用，这方面可采用的措施很多，如在基础侧面涂憎水材料，设置隔离层等。从结构方面应将基础侧面尽量做的光滑，并设一定的正坡以减轻侧面土体的切向冻胀作用和地基融沉时侧面土体对基础位移的障碍作用。

思　考　题

1. 简述板式基础冻害破坏的类型。
2. 引起板式基础冻胀破坏的原因是什么？
3. 板式基础抗冻胀工程措施的出发点是什么？具体措施有哪几种？
4. 阐述不同类型的建筑物平板基础，排水、隔水抗冻胀措施。
5. 隔热保温法抗冻胀措施一般采用哪几种方法？

6. 板式基础抗冻胀结构基本思路是什么？具体有哪些措施？
7. 水闸总体布置包括哪几个方面？
8. 分述不允许和允许冻胀变形条件下板式基础抗冻胀结构的措施。

第6章 平原水库土坝护坡冻害与防治技术

北方地区的江河、湖泊、水库和引水渠道，冬季水面结冰，形成厚度不等的冰盖。在封冻和流冰期间，冰对各类水工建筑物，如堤坝、闸、桥墩、取水与泄水建筑物、水电站建筑物等产生附加作用力和冰凌洪水，主要表现在以下几个方面：

（1）连续冰层温度升高时产生的热膨胀压力（推力），亦称静冰压力。

（2）风或水流作用下冰块运动产生的对建筑物的撞击力，亦称动冰压力。

（3）水位上升或下降时，冰层对与之冻结在一起的建筑物产生的冰荷载。

（4）风和水流作用于连续冰层对建筑物产生的推力，这也是一种静冰压力。

（5）流冰对建筑物的机械磨损作用。

在上这各种冰荷载作用下，不少水工建筑物受到不同程度的破坏，此外，冬季运行的渠道和小型水电站常常发生流冰和冰屑堵塞，影响渠道引水。所有这些造成了工程管理复杂化，大大增加了工程年维修费用和影响工程效益的发挥。因此，研究冰对水工建筑物的破坏作用及防冰害措施，对于寒冷地区水工建筑物的设计和管理是一项重要课题。水工建筑物的冰害问题较多，本章主要介绍平原水库土坝护坡的冰推破坏防治问题。

6.1 作用于土坝护坡的冰压力

冰压力是水结冰后对水工建筑物产生的附加作用力，主要有以下几种。

6.1.1 静冰压力

静冰压力是指静止状态下的冰作用在建筑物上的力，包括以下几种。

1. 热膨胀压力

热膨胀压力是整体冰层温度升高时产生体积热膨胀，受到岸边或建筑物的约束而产生的，冰对建筑物的推力称为热膨胀压力，一般称为静冰压力，对水工建筑物破坏作用大。

冰和其他的固体一样具有热胀冷缩的性质，温度在－20～0℃之间时，冰的线膨胀系数 $\alpha=55\times10^{-6}$/℃。冰层温度升高引起其体积膨胀，当在膨胀中受到限制时将产生静冰压力；冰层温度降低则引起冰层收缩，形成裂缝和静冰压力消退。

2. 膨胀压力

水冻结成冰时体积膨胀9%，受到建筑物约束而产生的作用力称为膨胀压力，也是静冰压力的一种。

3. 在风和水流作用下冰层对建筑物的推力

在风和水流作用下冰层对建筑物的推力也是静冰压力的一种，与前两者作用相比较其影响很小，可不予考虑。

静冰压力对坝面的作用表现为静冰压力沿坝面方向向上的分力和垂直坝坡坡面方向上

的分力（图6.1和图6.2）。

$$P_H=P\cos\alpha, P_V=P\sin\alpha \tag{6.1}$$

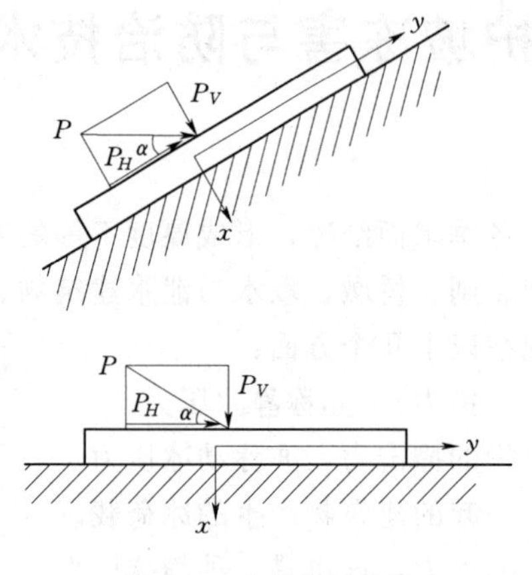

图6.1　受力分析简图

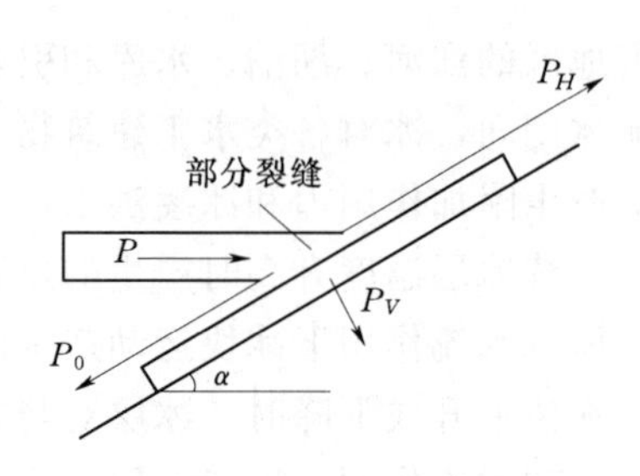

图6.2　冰爬坡条件示意图

根据受力情况不同可分为以下情况。

(1) 当 P_H>冻结力 P_0+摩擦力 $P_V f$ 时。如果护坡板抗冰推强度较大，且大于冰与护坡间的冻结力时，在 P_H 的作用下，冰与护坡间剪断，冰盖板上爬，冰压力释放随即消失。此种情况下一般不对坝坡产生大面积的破坏，仅对个别的质量不佳护坡产生局部破坏。若护坡的抗冰强度小于冻结力，此时应首先在护坡垫层间滑动，发生冰推破坏坝坡的现象，而不产生冰爬坡的现象。上述两种情况一般在冻结初期产生。

(2) 当 P_H<冻结力 P_0+摩擦力 $P_V f$ 时。冰压力和冻结力都大于坝坡抗冰推强度时，此时冰层不爬，冰压力通过冻结力施加给护坡，产生冰推坝坡的破坏现象。

若坝坡整体性好，冰推坝坡的破坏面有两个。

1) 坝坡沿垫层间整体向上推移，一般发生在冻结初期。

2) 护坡与冻土层一起沿冻融界面整体向上推移，此时常发生在冻结后期，护坡与坝体冻结在一起。

若坝护坡整体性差、不平整、个体质量小，彼此之间联系差、传力不均匀、承受拉力小，常产生冰推隆起、滚动、挤出、上下断裂脱开现象。

坝坡抗冰推强度，对于护坡沿垫层推移时，主要为冰层以上护坡的重量和沿坝坡方向阻止上滑的护坡重量形成的摩擦力，即 $W\sin\alpha+(P\sin\alpha+W\cos\alpha)f$。

根据力的平衡，护坡沿坝坡方向滑动的抗滑安全系数 K 为

$$K=\frac{W\sin\alpha+(P\sin\alpha+W\cos\alpha)f}{P\cos\alpha} \tag{6.2}$$

$$W=\gamma_s\sqrt{(1+m^2)}Ht-\frac{m}{2}t^2-\sqrt{1+m^2}ht \tag{6.3}$$

式中　W——冰层以上护坡的重量，kN，如图6.3所示，为计入冰层 bcd 重量和扣除 $abcde$ 水浮力后的重量；

γ_s——护坡材料密度，kN/m^3；

m——坝坡边坡系数；

H——冰层以上护坡高度（包括冰层厚），m；

h——冰厚，m；

t——护坡厚度；

f——护坡材料与垫层间摩擦系数；

α——坡面与水平线交角。

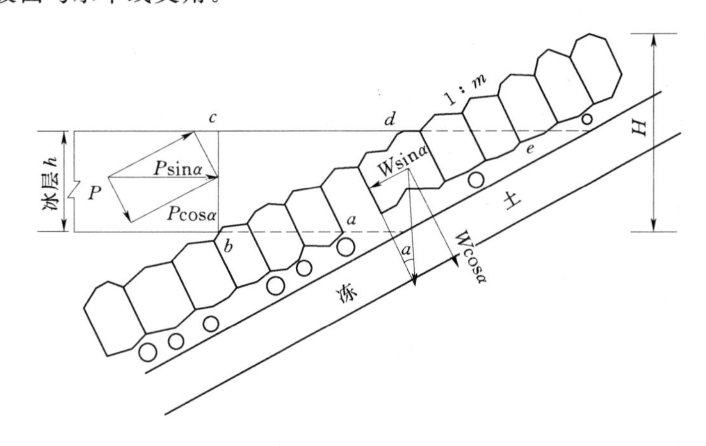

图 6.3 冰压力对坝坡衬砌作用示意图

要满足上式要求，显然护坡要有足够的厚度和冰层以上有足够的高度，但在小型及平原水库中很难达到。因此平原水库护坡破坏较多。但是在有的水库护坡，即使有足够的抗冰推强度，由于护坡下为强冻胀土，而造成了冻胀破坏，反之有的水库护坡下为非冻胀土、垫石层很厚或者为黏土心墙砂壳坝，护坡一直运用良好。这就说明护坡的冻害破坏是综合因素的结构，坝坡的土体冻胀是破坏的主要原因，施工质量不符合要求是护坡破坏的客观因素，冰推力的作用加重了破坏的力量。因此根据具体情况要采取综合措施来防治坝坡的破坏。

6.1.2 动冰压力

在开河期，河道、湖泊、水库中漂浮的冰层或冰块在风和水流作用下，冰块运动对建筑物产生的撞击力，称为动冰压力。动冰压力对建筑物破坏作用大。

根据《水工建筑物设计规范》（DL 5077—1997）作用于铅直的坝面或其他宽长建筑物上的动冰压力标准值可按下式计算：

$$F_{bk}=0.07vd_i\sqrt{Af_{ic}} \tag{6.4}$$

式中 F_{bk}——冰块撞击建筑物时产生的动冰压力，MN；

v——冰块流速，m/s，按实测资料确定，当无实测资料时，对于河（渠）冰可采用水流流速，对于水库冰可采用历年冰块运动期内最大风速的3%，但不宜大于0.6 m/s；对于过冰建筑物可采用该建筑物前流冰的行近流速；

A——冰块面积，m^2，可由当地或邻近地点的实测或调查资料确定；

d_i——流冰厚度，m，可采用当地最大冰厚的0.7～0.8倍，流冰初期取大值；

f_{ic}——冰的抗压强度，MPa，由试验确定，当无试验资料时，对于水库可采用

0.3MPa对于河流 流冰初期可采用0.45MPa后期可采用0.3MPa。

6.1.3 冰层的升降对建筑物产生的作用力

冰层的升降对建筑物产生的作用力是指当冰层与建筑物冻结在一起，冰层下水位升高或下降时，冰盖对建筑物产生的铅直向上的上拔力。可对土坝的护坡造成破坏。

6.1.4 冰推压力

在开河期，上游流凌冰在风力或重力作用下，松散的碎冰块堆积在建筑物前形成的堆积冰压力，类似于土压力的作用，破坏作用不大。

6.1.5 影响冰压力的主要因素

关于冰压力的研究，国内外都做过大量的工作，室内外的试验观测表明，冰压力的大小主要与起始冰温（开始升温时的冰温）、温升率（单位时间内冰的温度升高值）和升温持续时间、日照和雪覆盖、冰层约束条件、水库水位等有关。

1. 起始冰温的影响

据国外G.E.蒙福等人室内小试件的试验及国内天津水利科学研究所对华北地区天津鸭淀水库的测试资料分析，一般认为，在同一温升率下起始冰温越低，静冰压力越大。但水利部东北勘测设计研究院分别对东北地区二龙湖水库、音河水库、太阳升水库、上河湾水库等几个水库实测静冰压力资料的分析结果表明，与上述结论恰好相反，即在同一温升率下，起始冰温越低，静冰压力越小。产生这个结果的原因是冰层上下温度不同步，冰层上下存在较大的温差，随着温度的降低，冰层产生许多不规则的贯穿和不贯穿的裂缝，裂缝随着冰温的升降而周期性缩胀，当冰层升温膨胀时，只有裂缝孔隙被冰体膨胀闭合后，冰温再进一步升高才能产生冰压力，也就是说，将有一部分充填裂缝孔隙的冰体自由膨胀量，不能产生静冰压力。而起始冰温越低，冰层厚，上下温差大，裂缝多而宽，充填裂隙的冰体自由膨胀量也越大，静冰压力也就越小。但是，并不是起始冰温越高，静冰压力总是越大，由于随着冰温的升高，压力松弛加快而使得冰压力向减小方面变化。因此，一般当起始冰温达到某一值后，冰压力将不再随起始冰温的升高而增大。从上述几个水库观测资料看，冰层起始平均温度值为－6～－5℃冰压力达到最大值。

对于室内小试件的试验难以代表大冰盖层的特性，大冰盖层有许多裂缝交错切割，破坏了冰层的整体性和均一性，同时较厚的冰层上下温度升降不同步使层间应力相互约束。大冰盖尺寸的大小与小试件相比不同，对冰场强度影响也不同，实际冰场的强度比室内的小。对于小试件试验和冰厚较薄情况下就不存在上述冰层的特性。起始冰温低，冰层薄，冰层上下冰温基本同步，不存在温差和由此产生的裂缝。冰温上升时冰体积膨胀，由于无裂隙，不存在充填裂隙的自由膨胀量，因此在受到约束时，冰压力就大。

2. 温升率和升温持续时间的影响

在其他条件相同时，温升率越大，冰压力亦越大。在同一温升率下，冰压力随升温持续的时间延长而增大。但是，当平均冰温升高到－2.0～－1.5℃时，尽管冰温继续升高，冰压力不再增大，反而减小。

在连日降温期间，冰压力相当小，甚至不出现冰压力：最大冰压力发生在起始冰温较高、温升率较大、连日升温的条件下，由于升温时间较长，冰层升温趋于同步，这样在第二天或在冰面覆雪下第二天达到最大值。冰层较薄的情况，第一天就可达到冰压力最大值，连日升温作用不明显。前者多发生在冰层较厚的东北地区，后者多在华北地区。因此，要根据气象条件、冰情条件来考虑升温持续时间的影响。

3. 日照和雪覆盖的影响

阴天的冰压力比晴天的冰压力小。晴天在太阳辐射下将使冰温升高，冰压力增大。在冰面覆雪的情况下，由于雪的导热系数远较冰的为小，对冰层的温度状况和过程产生影响。在雪覆盖的影响下，气温对冰温的影响主要在表层 30cm 之内，较无雪覆盖情况为小，冰温变化对气温的滞后现象更明显。因此，在雪覆盖和冰层较厚的情况下，一般天气的冰压力均很小，只有在连日持续升温，冰层上下温度基本同步升高的情况下可出现较大的冰压力。显然，在日照同时又无雪覆盖时，冰压力为大，对于具体工程是否有雪覆盖按其有无保证情况来考虑。

4. 冰层约束条件的影响

冰层约束条件主要是指库面的形状、大小，岸边的形状和坚硬程度：对于库面开阔的大型水库，库岸较陡、坚硬，约束条件较好，影响冰压力较大；对于小型平原水库，库岸平缓，影响冰压力较小。

5. 水库水位对静冰压力的影响

冬季水库水位变化，冰层也将发生变化，水位上升，冰层上抬，造成冰层与岸边脱开，冰上溢水造成冰上水结冰，成为冰上冰。水位下降，出现冰层下陷。在坝附近的冰面呈凹曲状，使近岸段冰面弯曲，冰层断裂使冰压力减小。

几个水库观测资料表明，库水位升降对冰压力影响较大，它比库水位基本不变情况下的冰压力要小。

6.2　静冰压力及土坝护坡抗冰推稳定计算

6.2.1　静冰压力计算

关于冰压力的计算公式，最早为罗延公式等，大都以室内试验所得的冰的应力应变关系为依据而建立的计算公式，而室内的小试验也难于代表实际大冰盖层的性质，因此应用于工程实际还有一定的距离。我国有很多的单位对水库冰压力进行了现场观测，积累了有关冰温、冰压力和冰层活动的资料，提出了冰压力计算公式，经过实际工程的验证，具有一定的可靠性，下面介绍两个静冰压力计算公式。

（1）原水电部东北院科研所提出的冰层平均静冰压力 $\overline{p}$。

$$\overline{p}=KK_sC_h\frac{(3-t_a)^{1/2}\Delta t_a^{1/3}}{(-t_a)^{3/4}}(T^{0.26}-0.6) \tag{6.5}$$

式中　$\overline{p}$——冰层平均静冰压力，kPa；

K——综合影响系数，一般取 $K=4\sim5$，大型水库和库面大的取大值，山区水库去小值，小型水库可适当小些；

K_s——覆雪影响系数，一般取无雪情况 $K_s=1.0$；

t_a——气温起始值（8 时），℃，连日升温天气可取第一天 8 时至第二天（或第三天）14 时的气温增值，最高气温取值不高于摄氏零度；

T——与 t_a 相应的升温持续时间，h，一般天气取 $T=6$h，连续升温天气取 $T=30$h，覆雪较厚时可取 3d 的连日升温 $T=54$h；

C_h——与冰厚有关的变换系数，见表 6.1。

表 6.1　C_h 系 数 表

冰厚/m	0.4	0.6	0.8	1.0	1.2
C_h	0.3832	0.3084	0.2685	0.2470	0.2313

由上述公式以 t_a 不高于－10℃，$\Delta t_a=10\sim15$℃，可得单位长度总的静冰压力 P 为

$$P=134.6KhC_hm_t \tag{6.6}$$

式中　P——单位长度总的静冰压力，kN/m，不考虑雪覆盖影响；

h——冰厚，m；

K——综合影响系数；

C_h——与冰厚有关的系数；

m_t——时间系数，一般天气取 1.0，两天升温天气取 1.82。

本计算方法已列入《混凝土拱坝设计规范》(试行)(SD 145—85)，可供设计参考。

(2) 天津市水利科学研究所在鸭淀水库进行多年的冰压力观测，根据观测结果，提出静冰压力计算公式，又经过几个水库的观测资料验证，其精度满足要求，该地区历年最低气温－22.9℃，最大冰厚约 37cm。其公式应用可供设计参考。单位静冰压力计算按下式计算：

$$p=14.6t\Delta T^{0.401}+137.4\exp\left(\frac{15.506}{T_0}\right) \tag{6.7}$$

式中　p——单位静冰压力，kPa；

t——计算时段的时间，h；

ΔT——温升率，℃/h；

T_0——初始时刻（8 时）气温，℃。

总静冰压力 P 是指沿护坡轴线单位长度上的沿冰厚分布的静冰压力总和，静冰压力沿深度分布的图形近似呈三角形分布，总静冰压力 P 为

$$P=\frac{h}{2(h-5)p} \tag{6.8}$$

式中　P——总静冰压力，kN/m；

h——冰厚，m；

p——单位静冰压力，kPa。

(3) 根据《水工建筑物抗冰冻设计规范》(SL 211—2006) 取值。原东北水利勘测设计院水利科学研究所根据东北地区 9 座水库实测资料，提出了上述静冰压力计算公式，即式 (6.5)，但该公式参数需通过观察、调查等获得，给设计工作带来一定的困难，为此根据对实测资料（气温、水温、冰厚、冰压力系数）的进一步分析，《水工建筑物抗冰冻设计规范》(SL 211—2006) 提出了静冰压力的取值，供设计时可参考，见表 6.2。

表 6.2　　**静冰压力标准值**

冰厚/m	0.4	0.6	0.8	1.0	1.2
静冰压力/(kN/m)	85	180	215	245	280

注　1. 表中冰压力值对小型水库和库面开阔的大型平原水库分别乘以 0.87 和 0.125 的系数。
2. 冰厚取多年平均最大值。
3. 表中所列冰压力值为水库结冰期内水位基本不变情况下的冰压力。
4. 表中静冰压力值可按冰厚内插。

6.2.2　土坝护坡抗冰推稳定计算

根据上述冰压力的发展过程和分析已有工程破坏情况，土坝护坡的冰推破坏主要出现在冰冻之初冰层活动较频繁时期和后期的气温转暖时期。冰冻初期虽然冰层较薄和总冰压力不大，但坝体温度较高，垫层内往往未冻结或处于零度附近。因此，如果护坡厚度较薄，不足以抵抗冰推力时，将护坡沿垫层推移。冰冻后期护坡与坝体冻结在一起，特别是在水位以下的冻结层范围内，因而强度很大。据试验，冰与混凝土间的冻切力当温度为－4～－2℃时为 0.244MPa，冻土的抗剪强度更大。这样，可以假定冰推力将沿冻土与暖土的交接面推移坝坡。

坝坡的抗冰推稳定计算，可按以下情况进行计算。

1. 冻结初期

冰层较薄，总冰压力不大，但坝体温度较高，垫层内往往未冻结或刚出于冻结状态，此时在静冰压力作用下，护坡将沿垫层推移。厚度为 t、高度为 H 的一部分干砌石护坡，如图 6.4 所示，受冰推力 P 时，抗冰推稳定安全系数 K 为

$$K=\frac{W\sin\alpha+(P\sin\alpha+W\cos\alpha)f}{P\cos\alpha} \quad (6.9)$$

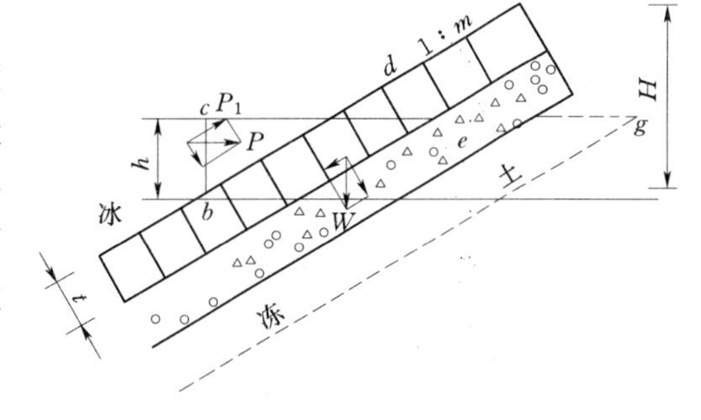

图 6.4　护坡冰推稳定计算简图（冻结初期）

式中　f——干砌石护坡与垫层间的摩擦系数；
α——坡面与水平面夹角。

W 为图 6.4 中冰层 bdc 的重量和扣除 $abcde$ 体积的水浮力后的重量，计算块石浮重时，不计冰面与水面之差。

$$W=\gamma_s\sqrt{1+m^2}Ht-\frac{m}{2}t^2-\sqrt{1+m^2}ht \quad (6.10)$$

式中　γ_s——护坡材料容重，kN/m³；
m——坝坡边坡系数；
H——冰层以上护坡高度（包括冰厚），m；
h——冰厚，m；
t——护坡厚度，m。

2. 冻结后期

护坡与坝体冻结在一起，冻土的抗剪强度增大，在冰推作用下可能沿冻土与暖土的交接

面推移坝坡，如图 6.5 所示。不考虑坝顶冻土层抗剪强度，其抗冰推稳定安全系数 K 为

$$K=\frac{W\sin\alpha+(P\sin\alpha+W\cos\alpha)f+CL}{P\cos\alpha} \tag{6.11}$$

$$L=H\sqrt{1+m^2} \tag{6.12}$$

式中　C——冻土与暖土界面上的黏聚力；

L——冻土与暖土界面的坡长；

f——冻土与暖土间的摩擦系数；

W——计入 bcd 冰层的重量和扣除 $abcg$ 体积的浮重后的重量，简化计取 eg 线以下冻土均为浮重和不计冰层下阴影部分的板重。

$$W=(\gamma_1t_1+\gamma_2t_2+\gamma_3t_3)\sqrt{1+m^2}H-(t_1+t_2+t_3)\sqrt{1+m^2}h \tag{6.13}$$

式中　γ_1、t_1——护坡材料的密度和厚度；

γ_2、t_2——反滤层材料的密度和厚度；

γ_3、t_3——冻土的密度和厚度。

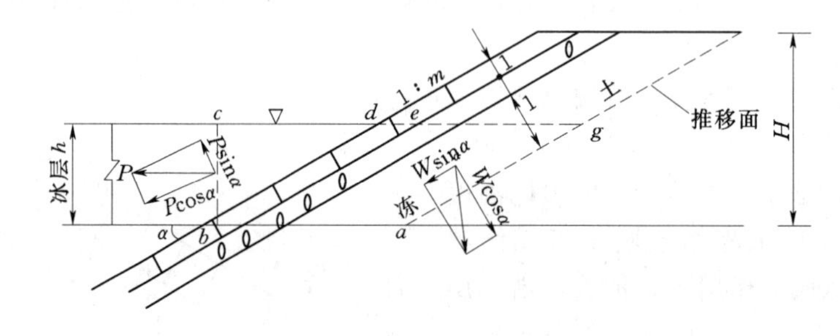

图 6.5　护坡冰推稳定计算简图（冻结后期）

上述第一种情况冻结初期的计算只是对规整的规格石或浆砌石砌筑的护坡才适用，而且要求砌筑紧密。至于堆石护坡，由于石块不规整，砌筑不紧密，在冰推力作用下石块间的作用力方向不像图中所示的那样明确，因而实际中一般出现距冰面以上一定距离内块石被冰推隆起，形成鼓包，并在冰层底面处发生拉开的现象。所以在冰推力较大的地区如东北的土坝块石护坡除要求块石有足够尺寸和重量外，应做到砌筑紧密。对于华北及其以南冰层较薄冰推力较小地区，当冰层厚度为 30cm 左右时，冰压力一般最大只有 100kPa 左右。因此，只要按一般要求做好护坡或适当加强即不致被冰推破坏。

上述计算方法亦可用于混凝土板的护坡和带盖板的沥青混凝土护坡。

6.3　冰对土坝护坡的破坏

冰对平原水库土坝护坡的破坏主要有三种：冰推、冰拔和及冰块在风和水流的作用下运动对坝体的撞击——动冰撞击。

6.3.1　冰推

寒冷地区的水库冬季结冰较厚（一般都在 60cm 以上），气温的变化引起冰温的变化，使冰层产生膨胀和收缩。

冬季气温变化过程又分为三种类型：

(1) 日变化过程：一般呈周期性变化，白天高，夜间低，呈正弦曲线。

(2) 连续降温过程：日平均气温连续逐日急剧下降，如寒潮侵入期间。

(3) 连续升温过程：日平均气温连续数日有较大幅度的上升，这种情况主要出现在天气回暖期间。

受气温的作用，冰温也有同样的变化，但由于水库冰层较厚，热容量也较大，其传热是属于非稳定热流的传热，故冰层中温度的变化要比气温的变化滞后数小时。由于水库的冰面很大，故其温度变化所引起的伸缩量是相当大的，如库面冰层长度为1km，一日内升温10℃，按$\alpha=55\times10^{-6}/℃$计算，其膨胀量$\Delta L=\alpha\times1000\times10=0.55$ (m)，面积大的水库，远比此值大。当冰层与坝体的护坡冻结在一起时，冰的升温膨胀受到约束，在冰层内产生静冰层压力，当冰层压力大于护坡与坝体材料间摩阻力或剪切力时，护坡就被推起破坏。

冰推破坏是冰层升温膨胀产生的静冰压力将土坝护坡推起而破坏的现象。是北方水库土坝护坡冰害破坏较突出的一个问题。根据东北院科研所对东北三十余座平原水库的调查，大多数土坝护坡都受到不同程度的冰推破坏，而且冰推破坏往往又与坝坡土的冻胀有关，并为后来的风浪淘刷留下了隐患。

不同地区和水库条件下冰推力的大小不同。护坡形式和结构不同，其抵御冰推能力的强弱亦不同。但不论何种情况，冰推破坏都是在水库封冻之后，当冰层与坡面间的冻结力和冰推力大于坝坡抗冰推强度的情况下发生的。其破坏形式主要表现在以下方面：

(1) 护坡板整体向上推移。这种现象多在冰层较薄时期，护坡板较轻和冰面以上护坡长度较短的情况下发生，如图6.6所示。黑龙江省的跃进水库土坝高3m，护坡为20cm×20cm×10cm的预制混凝土板，坡度为1∶3，一般在冰厚10～20cm时发生整体向上推移。

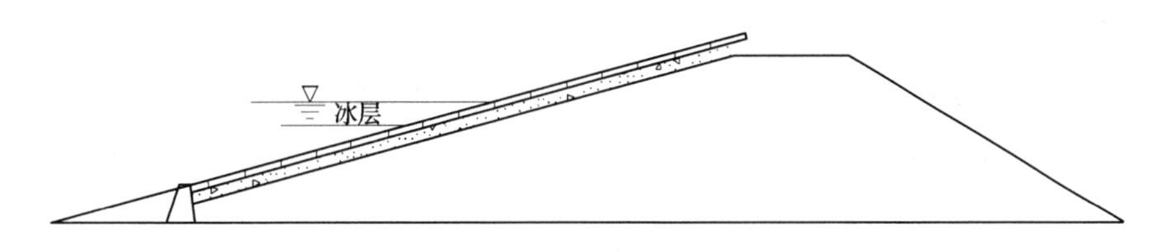

图6.6　护坡板整体上移

(2) 护坡局部隆起。这种形式多发生在护坡板块较轻、铺设不够平整、整体性较差，尤其是尺寸较小的堆石护坡中。预制混凝土护坡板一般表现为消耗附近几块隆起架空，如图6.7所示。堆石和干砌石护坡普遍表现为冰面以上一定范围（4～5m）之内隆起，而且由于冰层以上的护坡被推动，冰层底面处发生脱缝（在坡面上则表现为一道或数道水平裂缝，整体向上推移时亦如此）。

吉林省九如县务开河的五一水库，最大坝高12.8m，坝长1200m，均质土坝。上游坝坡为1∶3，块石护坡，块径一般为30cm，其下设有二层垫层，第一层为粒径0.4～4.0cm砂砾石，厚度15cm，第二层为粒径5～10cm的碎石。该土坝护坡在冰推作用下常遭破坏。1974年2月，冰推破坏长达1000余米，其中严重的200m，冰层底面以上5～6m范围内块石被推移隆起，冰层下缘处护坡块石被拉开 30～40cm，垫层裸露，并被推乱。

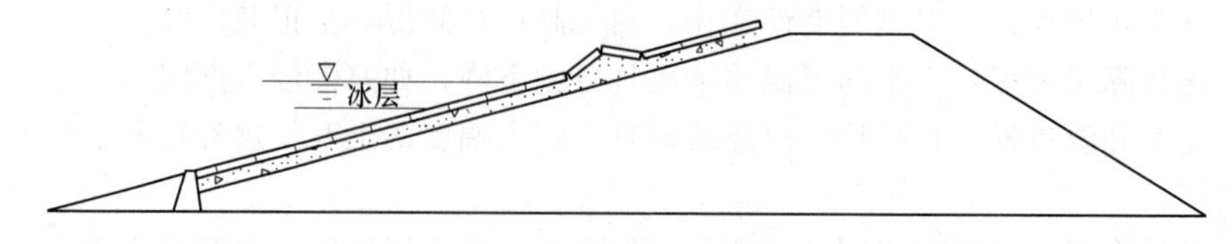

图 6.7 护坡板局部隆起

（3）护坡与冻土层一起沿冻融交界面处整体上推。这种情况多发生在冰层较厚，冰层与护坡冻结长度较大，冰压力和冻结力均较大的冻结后期，如图 6.8 所示。

吉林省农安县太平池水库，均质土坝，主坝长 3200m，最大坝高 10m。由于冰推浪淘破坏，五次翻修坝坡，花费数百万元资金和大量劳力。1965 年，冰推力将全坝面混凝土板推挤隆起、架空，冰层下缘混凝土板被推开 20～30cm 的缝。在后来的 9～10 级西南风作用下，水面以下 0.5m 至水面以上 2.5m 范围内的混凝土板塌陷达 90%，坝面冲坑深达 1.5～2.0m，大量混凝土板被拔落入坡底库中，主坝段长 2000 余米护坡基本上全部被破坏。1971 年最后一次翻修，为加强护坡对冰压力的抵抗能力，将原有的混凝土板立砌，并用规格石作护坡层面，其下设有砾石和碎石的二层垫层。坝坡自坝顶向下分为 1：2.5，1：3 和 1：4 三段，坝坡中部设有钢筋混凝土中梁一道。同时还采取了在坝前约 20m 处人工开冰措施防止冰推。但是未开冰槽段在 1973 年 2 月 14—15 日冰厚 78cm 时仍然发生护坡整体向坝顶推移 2～3cm，未翻修段则推移了 12～15cm。再如新疆莎车县一干其水库主坝长 6.5km，均质土坝，采用梢捆护坡，曾因冰推先后两次被推坏 2km 和 5km。其中 1961 年 1 月 22—24 日冰厚为 50cm 时，连土带梢捆一起推走，高出坝顶最大达 1.5m，平均为 1.0m，解冻时，风浪与冰块将主坝段淘刷成陡坎，严重威胁大坝安全，被迫泄水，并经全力抢救才解除险情。

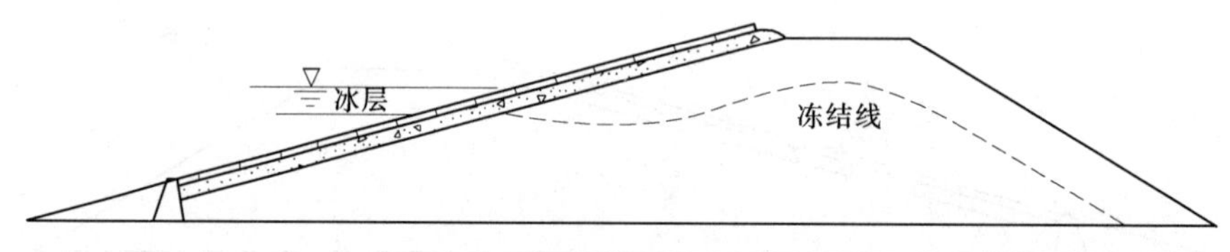

图 6.8 护坡板整体上推破坏

前面曾提到，护坡的破坏还与坝坡上的冻胀有关。寒冷地区黏性土修筑的均质土坝，如果迎水坡没有防冻保护壳或其厚度不够，由于水位附近土的含水量较高且有充分的水分补给，因而往往出现大量的厚冰夹层和坡面的强烈冻胀隆起。由于坡面各点土中水分补给等条件不同，冻胀量也就很不均匀，距离冰面越远冻胀量越小，最大冻胀量一般出现在距离冰缘线 1～2m 处。根据对几个水库的测量，如黑龙江省的自治水库土坝上游坡距冰缘线 1.0m 处最大冻胀量为 31.2cm，最小也达 12.6cm。这种不均匀冻胀将使护坡混凝土板或块石隆起、架空，破坏了护坡的整体性和强度，更易于被冰压力所破坏。

冰推和冻胀使坝坡隆起，春融时混凝土或块石护坡难于恢复原状，不能恢复原有的强度。也可能由于冻融土呈松软和过湿状态，强度降低，护坡产生不均匀沉陷、滑塌和错乱。在接踵而来的春季风浪作用下，土坝护坡将造成大面积的淘刷、拖曳等形式的破坏。

上述情况在上游面迎风的平原水库土坝中最为常见。

6.3.2　冰拔

冰拔对土坝护坡的破坏是由于冬季冰层与坡面冻结后，库水位涨落引起的。当水库水位上涨时，这种破坏形式表现为护坡板（块）齿墙等被拔起、旋转或转动；当水位下降时，表现为护坡翘起、坡脚齿墙向库内倾斜等。表面粗糙，块小整体性差的如小型预制板和块石护坡冰拔破坏较重，反之则较轻。

冰拔破坏是否发生还取决于水库水位的涨落速度。在冬季库水位上升的情况下，上升速度慢（但仍有一定速度）易出现冰拔破坏，也易发生上述的冰推破坏作用。反之，冰拔破坏则不易产生，因为冰层随水位上升而抬高，冰层与坝坡脱开，库水进入其间，只要保持一定的水位上涨速度，冰层与坡面间就很难冻结成一体或冻结不牢，也就不会造成冰拔破坏。但是，在库水位下降的情况下则相反，水位下降越慢，冰拔可能性越小，反之则冰拔可能性越大，因为水位迅速降低，与冰层冻结一起的护坡将承受相当大范围内的冰层荷载的弯矩作用而破坏。根据新疆一干其水库、八一水库、猛进水库、安集海水库和黄沟二库的运行经验，当库水位上升速度每昼夜达到 4～5cm 以上时，将不出现冰拔和冰推破坏作用。

6.3.3　动冰撞击

动冰撞击发生在冬末初春水库冰层开始融化，特别是在水力或风力作用下武开库和坝坡迎风的情况下，此时浮冰块被推上坝坡甚至超过坝顶，由于冰块撞击造成护坡、防浪墙被推坏等现象。

冰层消融开化分两种情况：文开库和武开库。

文开库：气温上升，风平浪静，一天或一夜之间残冰全部开化消融，对护坡无损害。

武开库：残冰即将开化的时候，气温变化激烈，风雨交加，惊涛拍岸，把冰块掀到坝顶上，对护坡损害大。

6.4　平原水库土坝护坡冻害防治措施

6.4.1　防治冰推和冰拔破坏的措施

1. 增加护坡板的厚度和其下垫层（防冻体）的厚度

通过增加护坡板的厚度和其下垫层的重量与冰的推力抗衡，实践证明，当护坡的厚度达到某值（混凝土护坡为 15～20cm，砌石护坡为 30cm，防冻体厚≥H_f）就可达到较好的防冰推冰拔的效果。

2. 破冰措施

破冰措施是指在坝前一定距离处或库内结构物周围打凿一定宽度的冰槽（沟），使建筑物与大片冰层脱离，从而消除冰推和冰拔作用。这是防冻害最可靠，也是目前应用较多的办法。

破冰方法有人工破冰和机械破冰两种。

人工破冰是用简单的工具如冰穿、锹镐等开冰槽，槽宽 1m 左右，并将冰块捞出。为通行方便，一般隔 50m 左右留一冰道，其宽度不宜过大，1m 左右即可。冰槽开成后，由于冰层移动将逐渐靠拢，故一般每隔一两天仍需重开。

开冰槽方法简易，但费工很多，年年破冰花钱也很多，而且人在冰槽边作业很不安全，常有落水事故发生。因此，水电部东北勘测设计院水电科学试验研究所与长春市太平池水库等单位经多年的反复研究与实践，制成了立铣式破冰机，破冰机是用东方红牌 75 履带式拖拉机配套而成，铣刀通过悬挂部件上，铣头的升降由悬挂系统液压分配器操作和控制。铣刀的旋转切削运动由拖拉机输出轴通过万向联轴节、伸缩转动轴和铣头带动。破冰机的前进行驶和切削走刀由拖拉机行驶实现。

这种破冰机较重，冰厚小于 40cm 时一般不宜在冰上作业。黑龙江省跃进水库与有关单位协作制成了锯盘式破冰机，可破 30cm 厚的冰层，开沟宽度 40cm，并带有锭压板可将沟内冰块打碎和压入两侧冰层底面以下。由于重量较轻，冰厚超过 10cm 时即可在冰上作业。破冰速度可达 150～200m/h。

关于破冰的时间，要根据不同地区和水库条件安排，但从已有的冰压力观测结果来看，不必进行整个冬季破冰。冰压力对建筑物如土坝护坡的破坏作用主要在温度变化剧烈、冰层活动频繁和冰厚较薄的冻结初期和温度回升转暖的冻结后期，例如吉林省一般在每年 12 月中旬和 2 月中旬之间，属连续降温时期，尽管其间有时也出现一两次或三四次的较高升温，但冰压力对建筑物的威胁不是最大。因此，破冰时期主要在前后两个时期，中期可不破冰或根据已有观测资料和气象预报在预计出现较大冰压力前作短时破冰。对于坝坡强度较弱的和孤立墩柱，前期破冰更不可忽视。

在采用破冰方法防止冰推护坡时，还应注意的是，除非确认只在某一范围内才有冰压力破坏时，才允许只在这一范围内破冰，否则在预计有冰推作用的范围内应全线破冰，不能一段破一段不破，否则将出现应力集中，在破与不破相连处一定范围内产生比未破冰时更为严重的破坏。

3. 防冰冻措施

主要是建筑物前上、下水层对流防止结冰。北京、辽宁、吉林、新疆等地广泛采用以下几种防止冰冻。

（1）加热式。利用锅炉的蒸汽和管状电热元件产生热量，使闸门两侧的水不结冰。

（2）机械式。利用机械设备空压机、风泵或潜水泵，用水中压力充气的方法和压力充水的办法，使睡眠处于动荡状态，防止结冰。吹气和喷水的时间，随气温变化增减，一般需 10～20min 左右进行一次。因此必须随时观察调整吹气、喷水的时间和间隔时间，以不结冰为限。

4. 水下坡面铺塑料薄膜

水下坡面铺塑料薄膜目的是消减冻结力，在冰层内人为造成一个薄弱的滑动斜面，冰层膨胀时沿塑料布所在的斜面错动，水位上涨或下降时，可以在薄膜面拉开，从而防止冰推和冰拔时对护坡的破坏作用。这种方法防冰效果良好，具有施工简便、价低和安全的优点。

5. 调节水位

调节水位是控制一定的上升或下降速度。在冰层厚度达到 10～20cm 时，水库开始放水，将库水位下降 20cm，形成隔温层，减缓了冰压力。采用这种方法，损失水量很大，应用地制宜使用。

6. 涂刷憎水的黑色沥青焦油涂层法

在混凝土护坡上涂刷一层憎水的黑色沥青焦油塑料涂层，来削弱冰层和混凝土护坡间的冻结力，同时可以提高护坡的温度，使冰层在此形成薄弱环节，来消除冰推和冰拔的作用力。

6.4.2　土坝护坡冻害防治措施

防治土坝护坡的冻害，要根据当地水文气象和工程运行条件，在水库的设计和管理过程中全面综合考虑。

在6.1节中已谈到，冰对土坝护坡的破坏作用主要是由于冰推、冰拔和动冰撞击造成的。这些破坏现象是否发生，取决于冰压力、冰层与护坡间冻结力和护坡强度的大小，以及它们三者之间的相互关系。所以，土坝护坡的防冻害途径主要是从工程设计和运行两面来考虑，根据当地水文气象和工程情况恰当计算冰压力，从结构上加强护坡的抗冰推能力，以及采取减小或消除冰压力和冻结力等措施。多年来，各地主要有如下一些防冻害措施和应用经验。

6.4.2.1　换填措施

换填措施是指用粗砂、砾石等非冻胀性敏感材料置换冻胀性敏感的土。此法已被广泛应用，并积累了许多成功的经验。我国北京等几个地区在土坝护坡下都铺设了较厚的碎石、砂等垫层或反滤层，取得了显著的效果，但在实施中必须注意以下几个问题。

1. 必须有足够的换填深度

土坝护坡下垫层由于没有考虑坝体水体、冻深、土质等条件而设置过薄造成破坏的事例很多；反之很多水库护坡由于有足够厚的垫层，而成功地运用了多年。因此，必须有足够的换填深度。根据黑龙江、新疆、甘肃、青海等地的经验，土坝护坡应根据当地的冻深和土体毛细水上升高度来确定垫层厚度。垫层的厚度应满足在垫层加上护坡材料厚度条件下，残余冻胀土层的冻胀量不超过允许冻胀量的标准，关于工程设计冻深和残余冻土层厚度及残余冻土冻胀量计算见6.3节。一般垫层厚度等于基础设计冻深减去7/10～4/5的护坡材料厚度。

黏性土质坝的上游应设非冻胀性土防冻层，对于标准冻深大于1.2m的地区或水库冰厚大于0.6～1.2m的Ⅰ、Ⅱ、Ⅲ等工程，在历年冬季最高水位以上2.0m至最低水位以下1.0m高程的坡长范围内，防冻层厚度（包括护面层和砂砾垫层）宜等于或大于1.0倍设计深度，最小应大于4/5的设计冻深。Ⅳ等工程的防冻层厚度应大于3/5的设计深度。计算防冻层厚度时，取水（冰）面以上1.0m高度处作为设计深度的计算点。

2. 必须满足换填材料的质量要求

垫层材料一般采用碎石、砾石、砂等粗砾土。要严格控制垫层中含黏、粉粒的含量应小于6%。对于垫层间的颗粒组成，不能厚度不均、层次混杂，要严格掌握施工质量要求。对于缺少砾石料地区，可以采用土工织物做反滤层。

6.4.2.2　结构措施

堤坝防护材料应用足够的厚度和重量，应满足式（6.9）的要求，砌筑整体性要好，表面要平整，护坡封顶要严密，固脚齿墙要牢，死水位时齿墙要埋入冰层厚度以下稳定的土坡中。土石坝护坡结构除按风浪计算外，还应考虑冰压力大小和类似工程经验。

适用于寒区平原水库土坝护坡的结构形式应具备坚固耐久、能抵抗冻胀、冰推、冰层弯矩、风浪淘刷等因素对护坡的破坏作用。常用的结构形式有：埋石混凝土护坡、钢筋混凝土护坡、混凝土护坡、模袋混凝土护坡、预制混凝土护坡、预制混凝土链锁板护坡。

在设计与施工时要注意面层平面分块尺寸应大些；分块界缝垂直于坡面，有利于力的传递，表面尽量做到平滑，有利于消减冰推作用。垫层厚度满足冻胀要求的前提下，上述结构形式有利于护坡发挥抗冰冻作用的性能。

1. 埋石混凝土护坡

埋石混凝土护坡是在总结过去采用过的多种护坡结构形式的失败经验教训的基础上，经黑龙江省水利科学研究院的改进提高，产生于 20 世纪 80 年代初的一种寒区平原水库护坡的全新结构形式。埋石混凝土护坡具有经多年运行，护坡表面完好，不会发生变位、破坏的优点。

(1) 埋石混凝土护坡构造。埋石混凝土护坡面层采用埋石混凝土结构，厚度为 30～35cm，这一尺寸通常由块石粒径大小所决定。面层的平面尺寸一般为 1.0m×1.0m，也有采用 2.0m×3.0m 的。缝间用油毡纸隔开。垫层为碎（卵）石、砾、砂层。埋石混凝土施工前，需要先平整坡面。若设计要求需设无纺布的，要预先铺好。埋石混凝土施工时支立简易分隔膜板，以保证尺寸规格化。铺好底面块石，块间留与骨料尺寸相当的缝，以利于块石胶结。浇筑混凝土时用振捣器捣实，块石间低陷处，于混凝土层上补充较小块石，表面留 2cm 厚度。利用混凝土捣的返浆抹面，表面平整度控制在 ±1.0cm 以内，埋石率最高可达 40%，如图 6.9 所示。

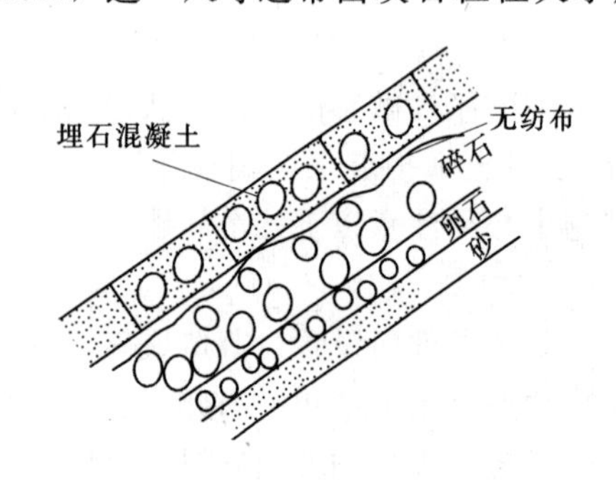

图 6.9　埋石混凝土护坡

埋石混凝土强度等级，在冰层变动高程以上可控制在 C15 左右。冰层高程变化范围内宜提高混凝土强度等级至 C30，混凝土抗冻等级 F300。混凝土配合比由试验确定。垫层同时满足反滤要求和冻胀要求按常规土坝设计规范。

(2) 埋石混凝土护坡构造特点。面层整体性好，混凝土振捣后，使块石与混凝土形成致密的整体，可以大大减少面层内部含水量，避免内部冻胀，确保面层的整体稳定性。埋石混凝土块大、重量大，抗风浪作用效果好。

埋石混凝土护坡抗风浪计算通常采用山京公式：

$$t=Kh\sqrt{\frac{\gamma_\omega}{\gamma_C-\gamma_\omega}\frac{\lambda}{mL}} \tag{6.14}$$

式中　K——护坡结构系数，当所护坡为开缝时 $K=0.075$，当水上开缝水下闭缝时 $K=0.1$；

L——沿坡向板长；

γ_C——混凝土容重；

γ_w——水容重；

m——坡比；

h、λ——浪高、坡长。

通过计算可求出混凝土板厚 t 与板长 L 的关系。以黑龙江省泥河水库资料可计算出该水库波浪状况下的混凝土板厚度 t 与板长 L 的关系列于表 6.3。

表 6.3　　板长与板厚对应关系

板长 L/m	5.0	4.0	3.0	2.0	1.0	0.5
板厚 t/cm	9.0	10.0	11.5	12.5	20.0	33.0

从表 6.1 中可见，当埋石混凝土层厚度达 30～35cm 时，沿坡向混凝土分块仅需 0.5m 即可满足防风浪作用，而目前多为 1.0m×1.0m，可以看出，抗风浪作用方面有很大的安全系数。

(3) 抗冰推力的稳定性好。由于埋石混凝土块大、重量大，施工中采用垂直坡面的接缝，形成较好的传力体系。护坡混凝土板下面垫层在库水位高程以下饱和水分，冬季与护坡混凝土板冻结在一起，形成埋石混凝土与垫层在冻结轮廓内的整体抵抗力。

(4) 抵抗因水位变化、冰盖层对护坡产生弯矩作用强。埋石混凝土和其下面垫层在冻结轮廓线内的整体冻结并形成抵抗弯矩，上部埋石峻宁图的坡向分力和沿接缝产生摩擦力及弯矩，可共同抵抗因水位变化产生的冰盖层作用弯矩。

(5) 护坡使用寿命长、效益好。埋石混凝土护坡的造价高于过去广泛采用的干砌石护坡，但工程使用寿命长，可以避免年年的岁修，减少了 5 年的小修、10 年的大修，在工程试用期内均有明显的经济效益。

2. 钢筋混凝土护坡

(1) 钢筋混凝土护坡的构造，如图 6.10 所示。构造上分为面层与垫层。面层为钢筋混凝土板。平面尺寸 2m×2m～4m×4m，尺寸不宜过大，以防止发生沉陷裂缝。厚度为 10～25cm，一般厚度为 15cm。垫层应按反滤与抗冻层要求进行设计。反滤层是垫层组成部分，按土坝设计规范的要求进行设计计算。也可以从符合反滤要求设计反滤土工布。垫层含反滤层的总厚度应符合防冻胀要求。按下式计算：

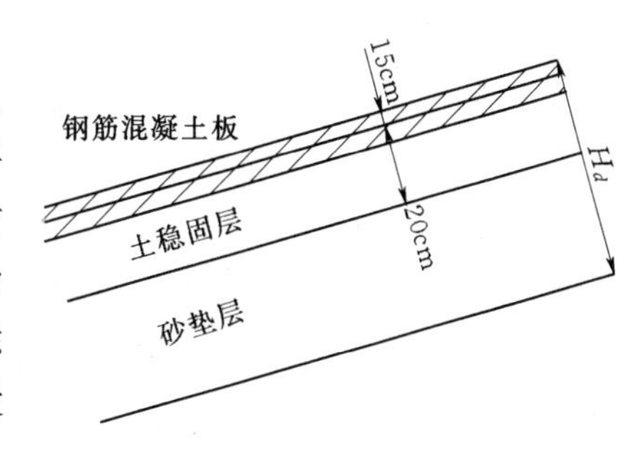

图 6.10　钢筋混凝土护坡构造图

$$t_2 = H_d{}' - (0.7\sim0.8)t_1 \tag{6.15}$$

式中　t_1——钢筋混凝土的厚度；

t_2——垫层厚度；

H_d'——工程地点的工程设计冻深（考虑建材材料影响的冻深）。

垫层的材质可以是碎（卵）石、砂，也可以是水泥土或土壤固化剂的固化土层，工程地点建材缺乏时，t_2 可按后面护坡设计理论计算。

（2）钢筋混凝土护坡的优点。这种结构形式的护坡工程结构层厚度满足抵抗冻胀变形的要求，同时具有光滑的结构表面、坡面与垂直结构分缝，有利于削减冰层弯矩作用。

3. 混凝土护坡

（1）混凝土护坡有现浇和预制板两种，在结构上有单层板和双层板两种。厚度的大小要根据当地冰情来确定，在严寒地区一般要大于 15～20cm。现浇板比预制块抗冰害能力较强，但板块亦不宜过大。由于坝坡冻胀的不均匀性主要出现在顺坡方向，实际工程中亦常可见水平方向裂缝，故水平方向可大些，顺坡方向应小些，同时考虑到温度应力作用，一般在冻胀不大地区可考虑（1～2）m×（4～5）m。双层混凝土板往往板间砂浆结合不牢和上下温差产生的剪力作用，整体性受到破坏，对抗冰推或冰拔不利。还有一种沥青混凝土上加水泥混凝土板的护坡形式，也往往存在混凝土板与沥青混凝土层间的结合问题，施工中应特别注意有关的技术要求。护坡形式和结构根据具体情况还可随不同部位而不同，受冰作用区以下要求强度大些，上部则可适当降低要求，例如新疆大泉沟水库，在坡面 2/3 以下采取干砌和干砌卵石上浇 15cm 厚的混凝土板，其余 1/3 仍为干砌砖和干砌卵石，10 年来运用情况良好，如图 6.11 所示。

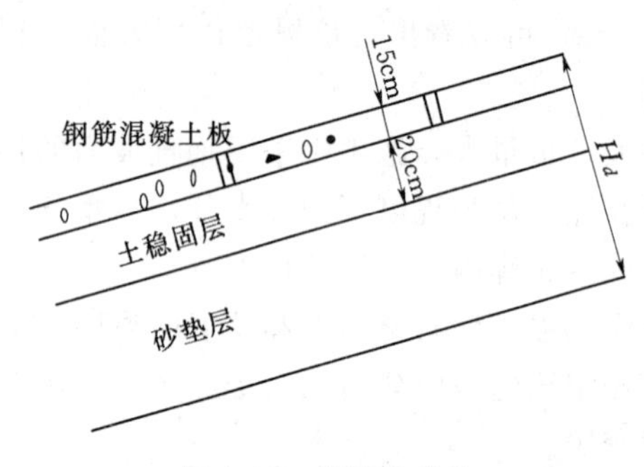

图 6.11　混凝土护坡

混凝土等级宜为 C30、F300，垫层具有反滤与抗冻胀功能，按反滤与抗冻胀要求进行设计。反滤层是垫层组成部分，按参考规范的要求进行设计。

垫层含反滤层的总厚度应符合防冻胀式（6.15）要求。

垫层的材质可以是碎（卵）石、砂。也可以是水泥土层或采用土壤固化剂的固化土层，工程地点建材缺乏时，可按后面护坡设计理论计算。

（2）混凝土护坡的优点于钢筋混凝土护坡相同。

4. 机织模袋混凝土

机织模袋混凝土是国外 20 世纪 70 年代后期发展起来的一种新型护面施工技术（图 6.12）。其施工方法是利用混凝土输送泵将砂浆或 1～3cm 碎石（砾石）混凝土送到机织成型的模袋内，通过泵压和模袋布的张力挤压，使砂浆或混凝土的水灰比大幅度降低，从而使模袋内的砂浆或混凝土强度较同等条件模板浇筑的砂浆或混凝土大大提高，同时，具有适应坡面变形，水下充填等优点。模袋布是软结构。我国于 20 世纪 80 年代初由交通部门从日本引进，近几年发展很快，航运、海堤、渠道、江河护岸等多种防护工程都进行了应用。机织袋布已经国产化，而且价格已较前些年大幅度降低，充罐工艺日趋成熟，泵送混凝土的强度和质量已得到大幅度提高，国产混凝土输送泵已在浙江、天津、黑龙江、辽宁等省（直辖市）工程中得到广泛应用。目前国内已完成机织模袋护坡工程 100 多万 m^2，取得了良好的效果，充分验证了机织模袋混凝土性能的可靠。模袋混凝土平均厚度可为 150～200mm，底部宜为平面。模袋内应充填小石混凝土，混凝土等级宜为 C25 和 F300。底部应为平整、设置土工织物作反滤层。对于冰推力较大时，模袋中混凝土在顺坡方向应加设穿插钢筋。

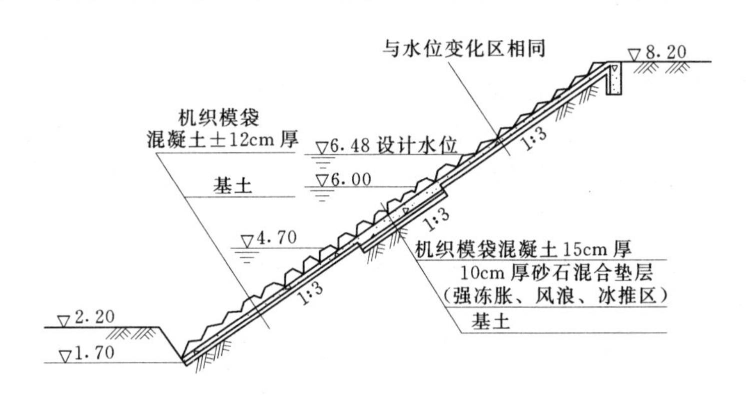

图 6.12　某平原水库机织模袋混凝土示意图

5. 链锁混凝土板护坡工程

链锁混凝土板护坡是在预制场预制的新型混凝土构件，在护坡工程现场将单个板块连接而成的新型护坡结构。最早由荷兰应用到水利工程护坡工程中，之后推广应用到世界各地。我国水利工程技术人员在应用混凝土进行坡面防护工程建设中，针对工程中的一些难题，成功研制出适合北方寒冷地区应用的链锁混凝土板护坡技术，并在辽宁省浑河整治工程的辽阳李家房岗和灯塔黑沟台护岸中得到应用。应用结果证明，链锁混凝土护坡具有强度高、质量易于保证、整体性好，具有一定的变形能力，能够适应因不均匀沉降或冻胀等产生的坡面变形，施工速度快，基本不用维护，大大降低了年维护费用，延长了工程的使用寿命，外表美观等优点，工程造价较低。

链锁混凝土板护坡主要技术特点有以下几个方面：

(1) 质量好。链锁混凝土板可在预制厂预制，质量易于保证。强度高，抗侵蚀、抗冻融能力强，耐久性好。

(2) 适应变形能力强。因其由单个混凝土块体链接而成为一整体工程，各单个块体之间有一定的变形能力，因此，该种混凝土又被称为易弯曲混凝土。适应坡面的变形能力强，因此抗冻能力强。

(3) 整体性好。由于单个混凝土块体链接而成为一整体工程，其整体性非常好，有较强的抗冰推、抗冲刷、抗风浪作用的能力。

(4) 施工速度快。由工厂化预制的单个混凝土块体，在进行坡面防护工程施工时，施工工艺非常简单，坡面基本平整后即可进行施工。施工速度非常快，可达到每人每日 30～50m^2。

(5) 经济性好。链锁混凝土板防护坡同机织模袋混凝土护坡型式造价相当。建成工程易于管理。链锁混凝土板护坡工程建成之后，由于各方面性能优越，自然条件及人为条件几乎不能将其损坏，因此其维修量小，运行管理费用低。

(6) 主要技术指标。抗压强度，35～40MPa；抗冻等级，F100～F200；抗渗等级，大于 W8；抗折强度，2.5MPa。

6.5　平原水库土坝混凝土护坡抗冻胀设计

寒区平原水库土坝护坡设计，除按常规（按碾压式土石坝设计规范）校核浮力与风浪作用下的稳定外，还须进行抵抗冰冻破坏的校核、计算。

1. 抗冻胀稳定、合理，确定防冻层厚度的计算方法

现有的寒区平原水库土坝护坡防冻层薄，冻胀比较普遍。主要冻胀隆起发生在高于冰面 2.0m 以下至冰面范围内。其中大约在高于冰面 1.0m 左右冻胀量最大，可选作冻胀计算中的冻深计算点。

考虑到寒区平原水库缺少建筑材料，通常所涉及的护坡可以有一定程度的冻胀，在保证水库土坝护坡正常运行的情况下，合理确定工程结构厚度。

设计计算中得到的护坡冻胀量与允许冻胀量进行比较，从而校核设计工程结构的初拟值是否正确。

护坡设计计算步骤如下。

(1) 按常规要求拟定护坡反滤层厚度与结构。

(2) 按护坡防冰冻要求，初拟护坡结构厚度（即初拟面层、反滤层、防冻层，其总厚度为工程结构厚度)。在初拟时，可按工程地点 80%的冻深考虑。

(3) 考虑工程结构建材影响的工程设计冻深计算。首先计算工程地点设计冻深，按第 3 章式（3.2）计算，即

$$Z_d=\psi_d\psi_w H_m \tag{6.16}$$

考虑结构与建材影响修正后的工程设计冻深按下式计算：

$$Z'_d=Z_d+K_{a1}d_1+K_{a2}d_2+K_{a3}d_3+\cdots \tag{6.17}$$

式中　Z'_d——考虑结构与建材影响修正后的工程设计冻深；

K_{a1}——护坡面层材质修正系数；

d_1——护坡面层的厚度；

K_{a2}——护坡碎石垫层材质修正系数；

d_2——护坡碎石垫层的厚度；

K_{a3}——护坡砂垫层材质修正系数；

d_3——护坡砂垫层厚度。

(4) 残余冻土层厚度 C_d 计算。护坡的冻胀由工程结构物下面的残余冻土层的冻胀引起。残余冻土层的厚度 C_d 为：

$$C_d=Z'_d-Z_s \tag{6.18}$$

式中　Z_s——工程结构厚度（含护坡各结构层的总厚度)。

(5) 残余冻土作用下，护坡冻胀量计算。黏性土的冻胀量按下式计算：

$$h'=1.25Z_d^{0.71}\mathrm{e}^{-0.013Z_\omega} \tag{6.19}$$

式中　h'——护坡冻胀量，cm；

Z_d——工程设计冻深，cm，当用于计算地基冻胀量时，采用地基土设计冻深；

Z_ω——地下水位埋深深度，cm。

冻胀量 h'的计算比较繁杂，为了便于设计和计算工作，黑龙江省水利科学研究院应用冻胀量计算公式，根据寒冷地区平原水库的特点，在大量计算的基础上，绘制了水库护坡残余冻胀量诺模曲线图，如图 6.13 所示。

(6) 控制所设计护坡冻胀量，限制在允许范围内。将诺模图中查得的冻胀量值与护坡

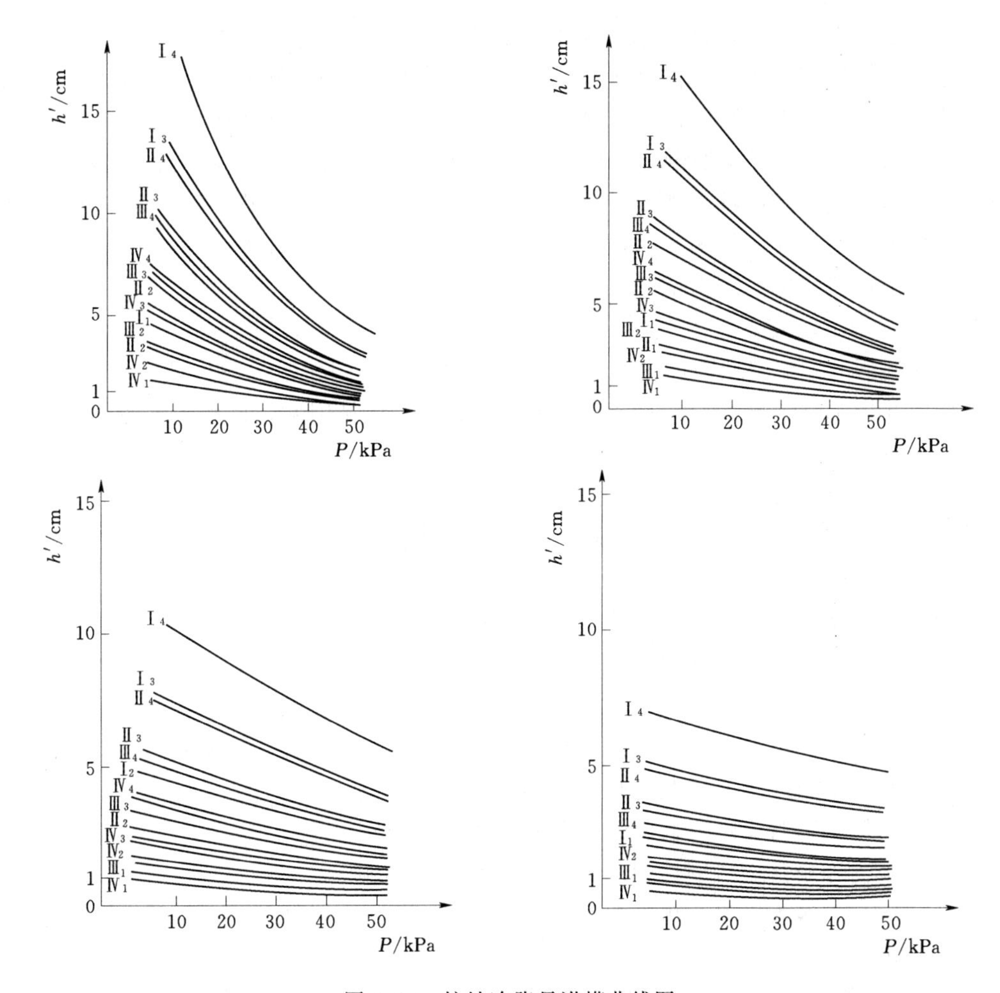

图 6.13　护坡冻胀量诺模曲线图

工程允许冻胀量相比较，比较其是否在护坡允许冻胀量范围内。允许冻胀量值是根据对黑龙江省一些平原水库护坡的冻胀位移观测资料分析，考虑到各类护坡面层厚度和平面尺寸的不同、护坡工程建筑等级的不同、工程实际运用情况不同来初步拟定的。比如埋石混凝土厚度大，适应位移性能强，允许位移值可以稍大些；平面尺寸大，允许位移值也可以稍大一些。工程建筑等级高的要求严格一些，护坡允许冻胀量见表 6.4。

表 6.4　护坡允许冻胀量值（每块混凝土块的最大冻胀量）　单位：cm

建筑物等级	Ⅱ等 2 级以上土坝护坡			Ⅲ等 3 级以上土坝护坡		
混凝土块表面尺寸	0.5m×0.5m～0.8m ×0.8m $d=0.2$	2m×2m 以下 $d=0.2$	2m×2m 以上 $d=0.15$	0.5m×0.5m～0.8m×0.8m $d=0.2$	2m×2m 以下 $d=0.2$	2m×2m 以上 $d=0.15$
钢筋混凝土面层护坡	4	3	4	6	4	6
埋石混凝土护坡	6	4	6	8	6	8

当计算成果 h' 小于允许冻胀值很多时，为避免工程造价增加，可以在设计中减薄工程结构中的垫层厚度，达到工程设计的经济合理。合理确定护坡防冻层（工程结构厚度）总厚度的计算步骤：①按当地设计冻深 4/5 初步拟定护坡工程结构厚度；②在考虑材质影响的情况下对护坡工程结构厚度进行修订；③计算残余冻土深度；④通过查诺模图计算冻胀量 h'；⑤与允许护坡位移值进行比较；⑥当计算冻胀量小于允许值时，且与允许值相近，确认初拟护坡工程结构厚度合理；⑦当计算冻胀量大于允许值，且与允许值相差太远，应重新拟订护坡工程结构厚度，开始新一轮的试算。

2. 护坡抗冰推稳定计算

每当气温回升、冰盖层因所具有的固态属性，产生体积膨胀，对护坡产生推力作用。计算冰推护坡稳定时，分析计算四个与冰推作用有关的计算因素，再利用可能产生的滑动面，进行护坡稳定分析。

思　考　题

1. 冰对土坝护坡的破坏作用分哪三种形式？

2. 何谓冰推？冰推破坏形式有哪四种？

3. 何谓冰拔？冰拔破坏取决于什么？为什么？

4. 何谓文开库？何谓武开库？如何防治武开库动水撞击所造成的危害？

5. 土坝护坡的防冰害有哪些途径？

6. 平原水库在运行管理方面常采取哪些防冰害措施？

7. 若坝体为冻胀性土，坝体迎水面如何做好防冻护坡？

8. 某水库坝护坡为混凝土板，混凝土板厚 $t=0.2$m，混凝土的容重 $\gamma_s=2.4\text{t/m}^3$，坝迎水面的边坡系数 $m=3$，冰面以上的坝高为 1.5m，冰厚 $h=0.20$m，即 $H=1.5+0.2=1.7$（m），设摩擦系数 $f=0.8$，试验算该护坡在冰推力 $P=4\text{t/m}$ 的作用下是否稳定？

9. 某水库土坝混凝土护坡，护坡下设砂砾垫层，已知混凝土板厚 $t_1=0.3$m，容重 $\gamma_1=2.4\text{t/m}^3$，垫层厚 $t_2=0.4$m，容重 $\gamma_2=2.0\text{t/m}^3$，垫层下冻土层厚 $t_3=0.5$m，容重 $\gamma_3=1.7\text{t/m}^3$，土坝迎水面的边坡系数 $m=3$，冰层厚 $h=0.60$m，冰层底面至坝顶高度 $H=1.8$m，坝体土的黏聚力 $c=12$kPa，冻融面土的摩擦系数 $f=0.8$。试验算冰推力为 $P=25\text{t/m}$ 时，该护坡抗冰推安全否？

第7章 桩、墩式基础冻胀破坏分析与防治技术

7.1 概 述

寒区桩（柱）基础的建筑物，如桥梁、渡槽等，冻胀破坏的现象相当普遍和严重。在我国东北、西北、华北地区，渠系中小型桩基（或柱基）桥涵，半数以上遭受不同程度的冻害，“罗锅桥”“波浪桥”比比皆是。新中国成立半个世纪以来，仅黑龙江省大型灌区，修了一茬又一茬，有的工程建成后一两年即被拔起，丧失使用功能，造成的直接经济损失以亿元计。

渠系中小型桥涵基础多以井柱、墩台、排架桩、灌注桩为主，由于在地基土切向冻胀力作用下，桩（柱）基础被拔起几厘米、十几厘米，甚至几十厘米，而且一旦被冻拔，就将逐年积累，几年后被连根拔起的例子也是存在的。由于一座桥（或一排桩或两排桩）各个桩的冻拔量并非均匀，其结果就造成上部结构起拱、错缝、倾斜、断裂，最后失去稳定而倒塌。也会因为设计时对桩（柱）设计没有考虑到冻切力而形成的拉应力，桩（柱）断面受拉配筋量偏小，或因施工质量问题，桩（柱）被拔断的实例也不少。

据黑龙江、吉林、辽宁和新疆等省（自治区）的调查，桥梁和渡槽的冻害破坏。吉林省怀德县涝区，据1979年调查，43座桥梁中，有84%受到不同程度的冻害破坏，冻胀上拔量0.5～1.5m。黑龙江省五常县，54座渡槽，其中遭受冻害破坏的占总数的74%。再如吉林省榆树县玉皇庙灌区已建的6座渡槽中，只有一座外观仍稍完整，其余均因冻害造成严重破坏，其中周家店渡槽，于1982年灌溉期因冻害破坏，造成9次停水抢修，致使下游1350亩水田，仅450亩有收成。

7.2 桩、墩式基础冻害特征

寒冷地区渡槽、桥梁的冻胀破坏，主要表现在其支撑结构桩、墩基础冻拔所造成的桥身和桥面破坏和地基土冻融结果所造成的渡槽进出口破坏两个方面。

桩、墩基础的冻害破坏形式主要是上拔、拔断和倾斜三种。

7.2.1 上拔

桩基和墩基在切向冻胀力的作用下产生上拔，又称冻拔，冻拔量的大小与当地的冻胀条件有关，并有如下特征。

（1）冻拔量不均匀。对一个多跨渡槽，各跨桩、墩基的上拔量一般是不均匀的，原因是由于各桩处的地质和水文地条件不完全一样，河槽处土的冻胀量大于两岸处的冻胀量，表现为主河（渠）床中各排桩大于两侧（岸）各排桩的冻拔量，造成桥面和渡槽槽身中间部位向上拱起，两端进出口裂缝。这是由于主河（渠）槽的地势低，地下水位浅，土中含水量高。因而具有较两岸有利的冻胀条件。冻拔不均匀，还表现为同一排桩（墩）基背阳面一侧的桩

（墩）基冻拔量比朝阳面一侧的冻拔量大，造成桥面或渡槽槽身向阳面一侧倾斜。

（2）桩基冻拔量是逐年积累的。桩柱基础在一个年度冻结期内的冻拔量，中等冻胀性土一般为数厘米，强冻胀性土，也不过十余厘米或更多一点。但遭受冻拔的桩柱，在融化期也难于恢复到原来的位置，特别是在冻拔量较大的情况下，总要残留一部分冻拔量。在下一年度冻结期内继续冻拔，因而上拔量逐年积累，使桥面或渡槽槽身的破坏越来越严重。

例如，黑龙江省五常县长卜乡拐把河钢筋混凝土渡槽，全长72m（6×12=72m），11排钻孔灌注桩基础（12跨，每跨6m）如图7.1所示，桩径60cm（地面以上桩断面为30×30cm^2），埋深5～6m。地基为重粉质壤土（属强冻胀性土），粉粒含量60%～65%，如图7.2所示。该工程于1967年建成，当年冬季即发生桩基冻拔，主河槽内的三排桩冻拔量最大，经两三年后，累积的冻拔量达40～50cm，渡槽变成拱形，严重影响过水。1969年将主河槽内的三排桩顶部截去30多厘米，槽身基本落平。但依然因桩基冻拔，槽身继续拱起。1971年又将第5～10排桩上部截去25～30cm。这样，才勉强维持使用了3年。由于冻拔问题未能根本解决，槽身逐年拱起和不均匀的变形，侧壁开裂，底板错位，整个渡槽南倾，最大倾斜量达1.2～1.3m，1974年第7排桩首先失去稳定，致使第7、第8两孔槽身落架，工程全部破坏。该县的光明渡槽，1965年修建，水下沉桩施工，入土深度6.0m。每年约有20cm的冻拔量。为了通水，每年采取桩顶凿掉上抬部分，找平槽身的办法。这样，逐年截桩的总长度已达3.0m，随着冻拔量也越来越大，桩入土的深度越来越小，导致渡槽不能使用而报废。

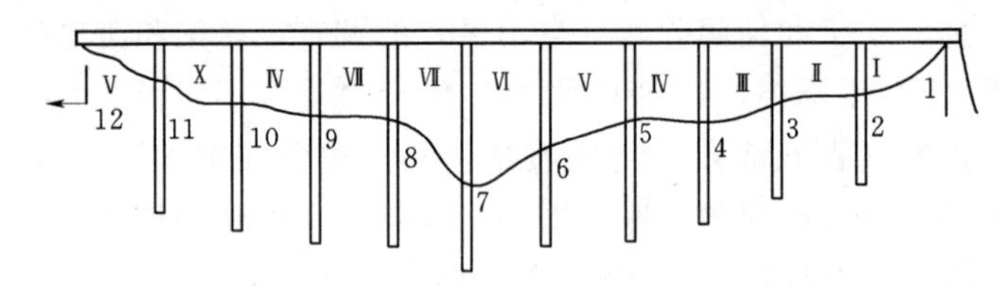

图7.1 长卜乡拐把河渡槽桩基示意图

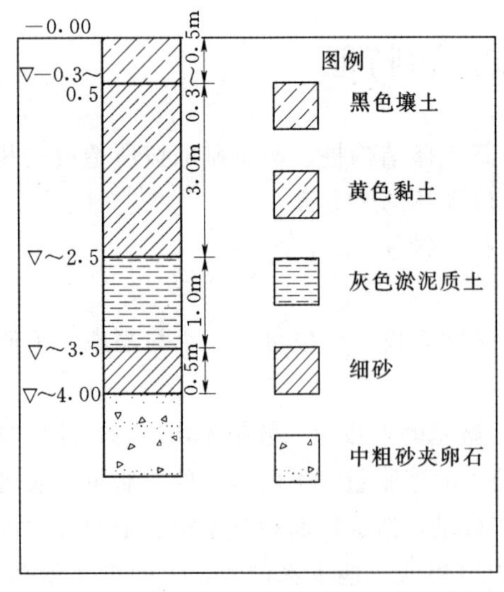

图7.2 长卜乡拐把河渡槽地质剖面图

桩、墩基础冻拔的基本条件是切向冻胀力大于抗拔力。抗拔力包括基础上部荷重，自重和冻层以下部分的基础摩阻力。在一定的冰冻条件和工程条件下，基础冻拔的原因主要在于设计中冻胀力的取值偏小（甚至没有考虑），或摩阻力取值偏大，因而设计桩深偏小，抗拔力不够。施工不良，例如混凝土浇筑时在冻层内的桩身鼓肚使冻胀力加大等也是造成冻拔的原因。此外在桩基的正常设计中，一般都不考虑桩端的承载力，而只考虑侧壁摩擦力，承受上部的荷重和自重，如图7.3所示。因此，当桩基上拔后，暖季里很难依靠上部荷载和自重恢复到原位，即使有可能回落，也将在回落过程中，将一部分土从侧壁挤入孔底，使桩子不能完全归到原位，造成上拔量逐年累积。

墩基础主要受切向冻胀力作用，其抗拔力主要是自重和上部的荷重。当后者小于前者时，基础将被冻拔。有的墩基础埋深小于土的冻结深度，因而不但受切向冻胀力作用，而且受基底法向冻胀力的作用，这就更易被冻胀力抬起，如图 7.4 所示。

除了上述设计中的原因外，基础冻拔日益严重也与管理上未能及时发现和处理有关。

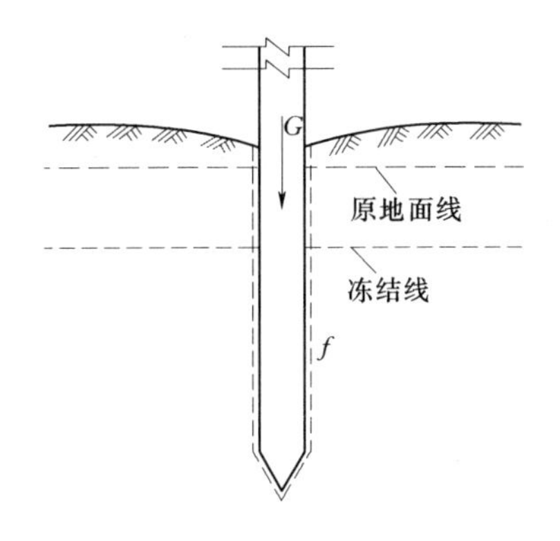

图 7.3 桩基冻拔破坏示意图

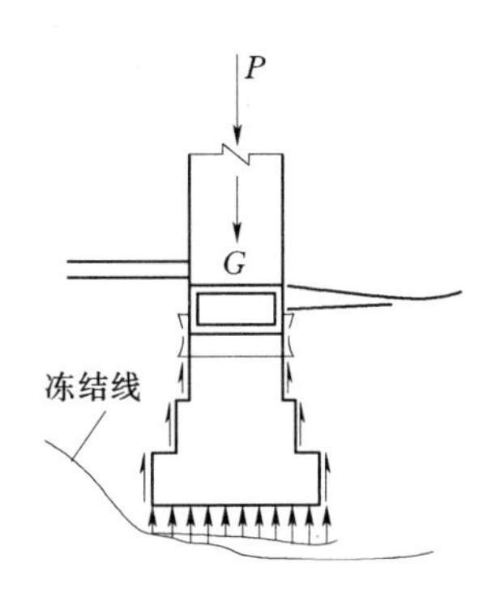

图 7.4 浅埋墩基冻胀力示意图

7.2.2 拔断

桩、墩基础在冻拔力作用下受拉，构件内受拉，当某一断面处的拉应力大于桩柱本身的极限抗拉强度时，将在该断面处被拉断。基础被拉断后，由于丧失了锚固力，因而更容易受冻拔力上抬，影响工程的稳定性和安全运行。

例如，黑龙江省五常县兰大桥渡槽，长 32m，槽身净宽 8m，高 1.7m，正常过流量为 11～12m^3/s，渡槽基础为直径 1.0m 的钻孔灌注桩，埋深 7～9m，地基土质自地表以下 3.3m 内为灰色淤泥，3.3～4.4m 以下为粗砂。该渡槽于 1975 年建成通水，当年冬季，柱基即在地面以下约 4m 处被拔断，中间一排桩最大冻拔量达 32.0cm。虽然后来在柱周宽 2.0m、深 2.0m 范围内换填了细河砂，但由于拔断后，桩的埋深实际仅有 4.0m，结果又被冻拔 10 余厘米。

桩、墩基础被拔断的部位，一般在冻结线的下方。因为基础在此处将承受最大的拉应力，如图 7.5（a）所示。当桩柱的配筋长度较短时，则往往在配筋与不配筋分界断面处被拔断，如图 7.5（b）所示。

上述的兰大桥渡槽钻孔灌注桩，就是因为仅在上部约 10m 长度内配有 12 根钢筋，而下部其余 3.0～5.0m 长度内为素混凝土，所以，在钢筋末端，素混凝土断面处被拉断。此外，如果施工中混凝土的质量不佳，或两次浇筑混凝土时，结合不良，以及其他原因造成薄弱面，则基础往往就在该处被拔断。

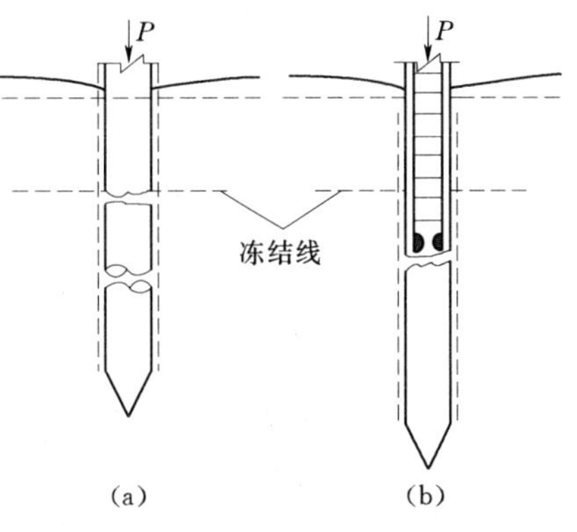

图 7.5 桩基拔断部位示意图

7.2.3　倾斜

桩、墩基础倾斜主要发生在斜坡上的桩柱和边墩或桥台中。位于斜坡上的桩柱，除受切向冻胀力作用外，还将受到坡面上下两侧不相等水平冻胀力的作用，桩柱将产生倾斜（或弯曲）。当桩顶的位移受到桥面或渡槽槽身的限制时，桩柱即可能在切向冻胀分力的作用下上抬的同时，在水平冻胀分力的作用下弯曲、位移，甚至开裂破坏。如果桩顶发生过大位移，则可能造成边跨桥面，或槽身落架，如图 7.6 所示。例如，新疆跃进水库西干渠上的芳草湖——新湖农场新公路桥钢筋混凝土排架简支板式桥，共四孔，每孔跨度 4.0m，排架底梁进而深 1.8m，底梁断面高 30cm，宽 50cm。1963 年建成后，使用几年即发现，两边排架受水平冻胀力和基土融化沉陷作用，向渠内水平位移 40cm，中间三个排架上抬 50cm。

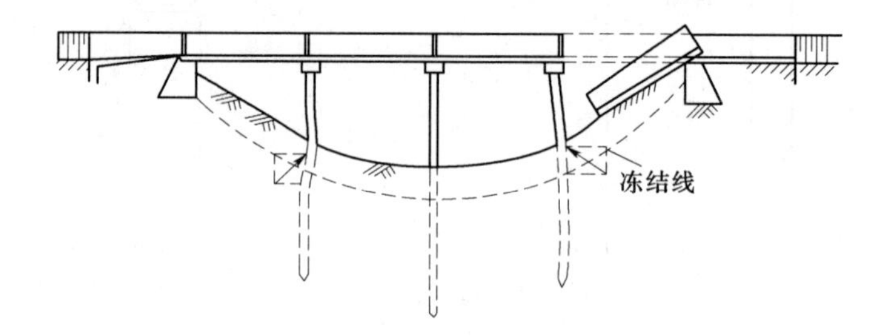

图 7.6　桩基倾斜破坏及渡槽进出口破坏示意图

7.3　桩、墩式基础抗冻拔稳定与强度验算

桩、墩式基础形式有很多种，从抗冻拔计算角度可以分为两种：一种是桩直径不变的形式，称为非变径桩，如图 7.7 所示；另一种是有扩大头的基础形式，如图 7.8 所示。由于基础形式不同，进行稳定计算时，其作用力的构成不同，现分述如下。

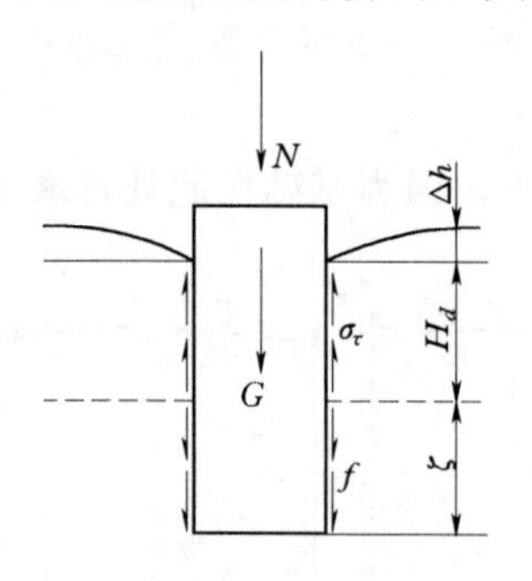

图 7.7　非变径桩受力示意图

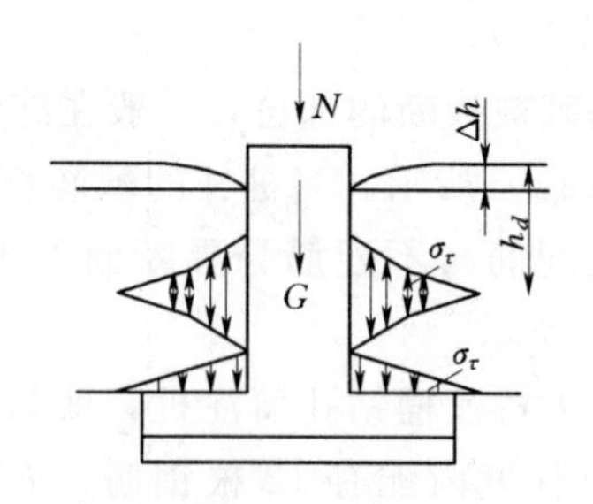

图 7.8　扩大式桩基受力简图

7.3.1　非变径桩、墩式基础抗冻拔验算

根据图 7.7 可以清楚看出，当切向冻胀力小于或等于桩（柱）自重、建筑物上部荷重和下卧融土层与桩（柱）基础表面摩阻力时，桩（柱）不会被冻拔、建筑物是稳定的，即

$$N+G+F\geqslant KT \tag{7.1}$$

式中　N——建筑物上部荷载，kN；

G——桩基自重，kN；

F——总摩阻力，kN；

K——安全系数，对于静定结构物 $K=1.1$，对超静定结构物 $K=1.2$；

T——总切向冻胀力，kN。

通过式（7.1）可以判断桩、墩式基础是否能整体上拔，如果满足式（7.1）的条件，则建筑物是稳定的。但在这里尚需指出，作为各种作用力平衡条件来讲，式（7.1）是不存在问题的，但是地基土在冻胀过程中，作为桩（柱）基础是受拉构件，其抗拉强度如果不够，桩（柱）会在薄弱环节被拔断，为此还需要进行桩（柱）抗拉强度的验算。

7.3.2　桩、墩式基础强度验算

$$\frac{KT-(N+G+F)}{A_g}\leqslant[R_g] \tag{7.2}$$

$$\frac{KT-(N+G+F)}{A}\leqslant[\sigma] \tag{7.3}$$

式中　K——安全系数，$K=1.1\sim1.2$；

T——总切向冻胀力，kN；

N——建筑物上部荷重，kN；

G——桩（柱）自重，kN；

F——基土与未冻土间的总摩阻力，kN；

A_g——验算截面受拉钢筋总截面，cm^2；

$[R_g]$——钢筋设计拉应力，kPa；

A——桩（柱）横截面面积，cm^2；

$[\sigma]$——桩（柱）材料的极限抗拉强度，kPa。

对于钢筋混凝土桩、墩式基础，用式（7.1）和式（7.2）进行抗冻拔稳定及强度验算；对于素混凝土或圬工材料的桩、墩式基础，用式（7.1）和式（7.3）进行抗冻拔稳定及强度验算。

7.3.3　总切向冻胀力计算

总切向冻胀力第3章已陈述，此处不再赘述。

7.3.4　总摩阻力计算

一般桩（柱）基础的埋深远大于最大冻结深度，为此在最大冻结深度以下（即融土部分）的桩（柱）表面与基土之间的摩阻力是桩（柱）基础建筑物抗冻胀稳定的锚固力。摩阻力的数值与地基土的性质、固结状态、基础材料性质及表面糙度等因素有关。对于重要的工程，摩阻力可根据现场拔桩（柱）实验获取，对于一般中小型工程，则可根据《公路桥涵地基与基础设计规范》（JTJ 024—85）中极限摩阻力值表7.1和表7.2选取或根据表7.3选取。

总摩阻力可按下式计算：

$$F=(0.35\sim0.4)fU\xi \tag{7.4}$$

式中　F——总摩阻力，kPa；

(0.35～0.4) ——摩阻力系数；

f——最大冻深以下基础接触的各层土层对基础侧壁作用的极限摩阻力，kPa，见表 7.1；

U——融土层范围的基础周边长，cm；

ξ——最大冻深以下基础桩（柱）的长度，cm。

表 7.1　沉桩（柱）周土的极限摩阻力 f

土类	状态	极限摩阻力 f/ kPa	土类	状态	极限摩阻力 f/ kPa
黏性土	$1.5 \geqslant I_L \geqslant 1$	15～30	粉细砂	稍松	20～35
	$1 > I_L > 0.75$	30～45		中密	35～65
	$0.75 > I_L \geqslant 0.5$	45～60		密实	65～80
	$0.5 > I_L \geqslant 0.25$	60～75	中砂	中密	55～75
	$0.25 > I_L \geqslant 0$	75～85		密实	75～90
	$0 > I_L$	85～95	粗砂	中密	70～90
				密实	90～105

注　I_L 为土的液性指标，系按 76g 平衡锥测定的数值。

表 7.2　钻孔桩桩周土的极限摩阻力 f 值

土　类	极限摩阻力 f/ kPa	土　类	极限摩阻力 f/ kPa
回填的中密炉渣、粉煤灰	40～60	硬塑亚黏土、亚砂土	55～85
流塑黏土、亚黏土、亚砂土	20～30	粉砂、细砂	35～55
软塑黏土	30～50	中砂	40～50
硬塑黏土	50～80	粗砂、砾砂	60～140
硬黏土	80～120	砾石（圆砾、角砾）	120～180
软塑亚黏土、亚砂土	35～55	碎石、卵石	160～400

注　1. 漂石、块石（含量占），粒径一般为 300～400mm，可按 600kPa 采用。
　　2. 砂土可根据密实度选用其大值或小值。
　　3. 圆砾、角砾、碎石和卵石可根据密实度和填充材料选用其大值或小值。
　　4. 挖孔桩（柱）的极限摩阻力参照本表采用。

表 7.3　桩（柱）与基土的极限摩阻力　　单位：kPa

土的名称	土的状态	混凝土预制桩	水下（冲）孔桩	沉管灌注桩	干作业钻孔桩
填土		20～28	18～26	15～22	18～26
淤泥		11～17	10～16	9～13	10～16
淤泥质土		20～28	18～26	15～22	18～26
黏性土	$I_L > 1$	21～36	20～34	16～32	20～34
红黏土	$0.7 < \alpha_\omega \leqslant 1$	13～32	12～30	16～32	12～30

续表

土的名称	土的状态	混凝土预制桩	水下（冲）孔桩	沉管灌注桩	干作业钻孔桩
粉土	$e>0.9$	22～44	22～40	42～58	20～40
粉细砂	稍密	22～42	22～40	58～75	20～40
中砂	中密	54～74	50～72	42～58	50～70
粗砂	中密	74～95	74～95	58～75	70～90
砾砂	中密、密实	116～138	116～135	92～110	110～130

注 1. 对于尚未完成自重固结的填土和以生活垃圾为主的杂填土，不计算其侧阻力。
2. α_ω 为含水比，$\alpha_\omega=\omega/\omega_L$。
3. 对于预制桩，根据土层埋深 h，将 f 乘以表 7.4 中的修正系数。

表 7.4　　修 正 系 数 表

土层埋深 h/m	≤5	10	20	≥30
修正系数	0.8	1.0	1.1	1.2

注 此表数据取自《土力学与基础工程》（赵明华，武汉理工大学出版，2000）。

7.3.5 抗冻拔验算实例

某 C20 混凝土墩基础，直径 1.2m，埋深 6m，当地最大冻深 1.4m，冻土层平均土温为−8℃，桩墩的上部荷载与自重之和为 250kN，基土土质为含砂重粉壤土，混凝土与未冻基土间的摩阻力为 15。试求冻拔力并验算抗冻安全。（C20 混凝土的抗拉强度 $f_L=1.1\text{N/mm}^2$；土的容重为 $2.2\times10^4\text{N/m}^3$；含砂重粉壤土，$c=4$，$b=6$，$\psi_e=1$，$\psi_r$ 取 1）

解：（1）求冻拔力。

冻结强度：　$\sigma_\tau=c+b|t|=4+6\times8=52(\text{kPa})$

冻拔力：　$T=\psi_e\psi_e\sigma_\tau uH=52\times3.77\times1.4=277.45(\text{kN})(u=2\pi r)$

（2）抗冻安全验算。

1）验算桩基能否被拔起。

抗冻拔力：

$$F=fu(H-H_f)+G=15\times2\pi\times0.6\times(6-1.4)+250=510(\text{kN})$$

因　$F\geqslant T$

所以混凝土桩不会被拔起。

2）验算桩基能否被拔断。

混凝土桩的横断面面积：

$$W=\pi r^2=\pi0.6^2=1.131(\text{m}^2)=1131000(\text{mm}^2)$$

混凝土桩被拔断的最危险的位置：在土层的最大冻深处。

混凝土桩断裂面以下自重为

$$G_1=\gamma_1V_1=2.2\times10^4\times(6-1.4)\pi\times0.6^2=114.4(\text{kN})$$

混凝土桩断裂面以上的自重+荷载为

$$G_1=250-G_1=250-114.4=135.6(\text{kN})$$

作用在桩被拔（拉）断的最危险断面上的拉力为

$$F_1=T-G_2=277.45-135.6=138.85\ (\text{kN})$$

作用在该断面上的允许拉力为

$$T'=f_L W=1.1\times1131000=12441000=12441\ (\mathrm{kN})$$

因为 $T'\geqslant F_1$，所以混凝土桩不会被拔断。

综上分析：说明该混凝土桩墩基础是偏于安全的。

7.4　桩、墩式基础抗冻胀工程措施

桩、墩式基础抗冻胀工程措施主要是以削减或消除地基土的冻胀性，达到保证建筑物不受冻害的目的。一般常用的方法有基土置换法、物理化学法。

7.4.1　基土置换法

所谓基土置换法，又称换填法，就是将冻胀性的地基土置换成非冻胀性的土。

用置换法防治桩（柱）、墩基础冻害的效果与换填材料本身是否存在冻胀的可能（取决于夹杂的粉黏粒含量）、换填深度、置换平面范围、工程地点地下水位状况等因素有关。采用置换法，在有条件的情况下，还应考虑换填层的排水措施。

（1）换填材料的选择。应选择无冻胀性的砂砾料，其中粉黏粒的总含量不应超过 10%。

（2）置换深度。原地基土的冻胀性属Ⅲ类及以上类别时，置换深度应达到设计冻深。对于地基土属Ⅰ、Ⅱ类冻胀性土时，置换深度应为设计深度的 2/3。

（3）置换的平面范围（图 7.9）。置换的平面范围 R，按下式确定：

$$R=\frac{d}{2}+H \tag{7.5}$$

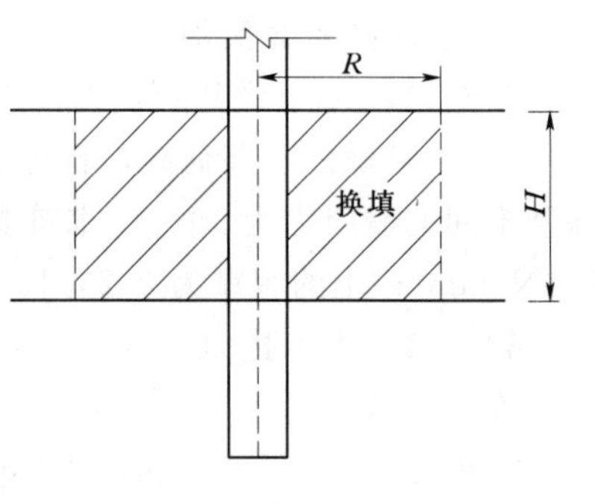

图 7.9　桩基换填范围示意图

式中　R——以桩（柱）纵轴为基准的置换半径，对于墩或板墙，应以中心线为基准的置换宽度，m；

d——圆形桩（柱）直径，m；

H——换填深度，m。

7.4.2　物理化学方法

用物理化学方法防治土体抗冻已有半个世纪，苏联、美国、加拿大等国家对此早有研究，并在实际工程中应用。我国铁路、公路部门对物理化学方法也进行了研究，对公路路基和铁路路基进行了应用，取得了一定成果。本部分主要介绍人工盐渍化改良土和憎水物质改良土。

（1）人工盐渍化改变地基土的冻胀性。土中含盐量与土体的力学性质关系密切，一般来讲，当土中含盐量小于 0.5%时，对土体原来的物理力学性质影响不大，但当土中含盐量大于 0.5%时，则随含盐量的增加，对土体的物理力学性质影响明显增大，当土中含盐量大于 3%时，土体的物理力学性质主要取决于所含盐分及其种类，而土本身。颗粒成分仅起次要作用。通常人们把溶解盐含量大于 0.5%的土成为盐渍土。

土中盐分对土体的渗透压、起始冻胀温度、未冻水含量以及冻土中质热迁移都有着很

大影响，同时由于土中盐分的存在，改变了冻土中冰-水相的结合，改变了土-冰-水间的界面状态。

在20世纪60年代初，M·3·劳巴诺夫曾做过细沙、粉砂、亚黏土和黏土的含盐量实验，指出随着含盐量的增加，其冻胀量不断减小。在不小于−12℃的条件下，如果含盐量达到：粉砂土不小于2%，亚砂土不小于8%～10%、亚黏土不小于10%，则不发生冻胀。

根据H.A.崔托维奇试验证实，土体中含盐量与冻胀量存在的关系如图7.10所示。

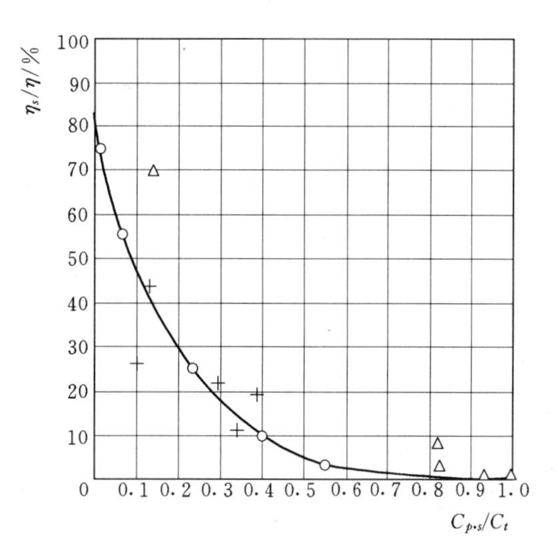

图7.10　地基冻胀系数与盐渍化程度之间关系图

$C_{p\cdot s}$—土体含盐浓度；C_t—在$-t$℃不发生冻胀时，土体含盐浓度；η_s—含有一定浓度盐量后土体冻胀系数，%；η—不含盐分时土体冻胀系数，%

$$C_{p\cdot s}=\frac{Z\gamma_{p\cdot s}}{W_s-W_{\eta\cdot s}+(1+0.01W_{\eta\cdot s})Z} \tag{7.6}$$

式中　$C_{p\cdot s}$——土体含盐浓度；

Z——土体盐渍度，%；

W_s——经人工盐渍化后土体含水量，%；

$W_{\eta\cdot s}$——“无盐分溶解体积”的含水量，略等于土颗粒强度吸附水（薄膜水）的总含量，%；

$\gamma_{p\cdot s}$——土体中盐溶液的容重，g/cm³。

图7.10中曲线是一条指数曲线，可用式（7.7）表示：

$$\eta_s=\eta\exp\left[-\alpha\left(\frac{C_{p\cdot s}}{C_t}\right)\right]-\beta\frac{C_{p\cdot s}}{C_t} \tag{7.7}$$

式中　η_s——含有一定浓度盐量后土体冻胀系数，%；

α、β——经验系数，根据H·A·崔托维奇的试验，$\alpha\approx7$，$\beta\approx9.12\times10^{-4}$。

土体中盐分的存在，可以改变已冻结状态土体中的未冻水含量。土孔隙水中如果不含盐分，土颗粒表面能的吸附力，使水的冰点略有下降，一般稍低于0℃结成冰。如果孔隙水含有盐分，只有达到盐溶液冰点以下时方可结晶，而且随着含盐浓度的增加，冰点逐渐下降，同时随着含盐浓度的增加，冰点逐渐下降，同时低于冰点的未冻水含量也随着含盐浓度的增大而增加。

根据з·A·涅尔谢索瓦和и·A·久久诺夫的研究表明，改变土的交换阳离子成分，可明显地减轻土体的冻胀。从减弱土冻胀程度来讲，单价阳离子要比高价阳离子作用大得多。

$$Na^{+}、K^{+}>Ca^{2+}、Mg^{2+}>Fe^{3+}、Al^{3+}$$

用NaCL或KCL盐渍化土体能部分或全部消除水分向冻结锋面迁移从而消除土体的冻胀。

最后还应指出如下几点。

1）土体盐渍化防治冻胀的效果短暂，一般2～3年以后随着土中盐分的流失而丧失防冻胀能力。

2）土体中掺入的盐，起阳离子的化合价越高，防治冻胀效果越差，一般采用低价阳离子盐。

3）填入基础周边的盐渍化土要仔细夯实，并且至少将其表面用防水层保护起来，以减少盐分冲淋流失。

4）利用钻孔灌入结晶盐或者饱和溶液时，应在上冻前几个月就进行，以保证地基土盐渍化均匀。

(2) 用憎水物质改良土。该方法系指在土中掺入憎水性材料，利用这类收敛物使地基土改良，使其达到憎水性，削减或完全消除其冻胀性。

采用的憎水收敛物有：液态石油沥青、液体煤焦油、泥炭焦油、柴油、糖醛苯胺树脂等。

用憎水物质改良土，施工起来比较麻烦，但为了达到预期效果，一般应按以下步骤进行（图 7.11）。

1）将地基土挖出，晾晒风干，进行捣碎，土体中直径大于 5mm 的团粒，不宜超过总土体积的 10%。

2）土和收敛加热搅拌，配料温度为 120～150℃，并用带双轴叶片搅拌器的搅拌机搅拌均匀。

3）一般使用憎水土时，往往在基础周围表面用液体憎水物质刷涂两遍。

4）沿基础桩（柱）上模板，将备置好的增水土分层填筑，每层约 30cm，进行夯实，直到所需高度。

7.4.3　降低或消除基础周边与地基土的冻结力

对于桩（柱）基础，为了防治冻拔破坏，除了上述一些方法外，也可采用力图降低或消除基础与地基土冻结力的方法。

1. 油毡包裹法

对于地基土冻胀性属于Ⅲ类以下时，可以采用油毡包裹桩（柱）在冻层范围内的基础，其做法如图 7.12 所示。

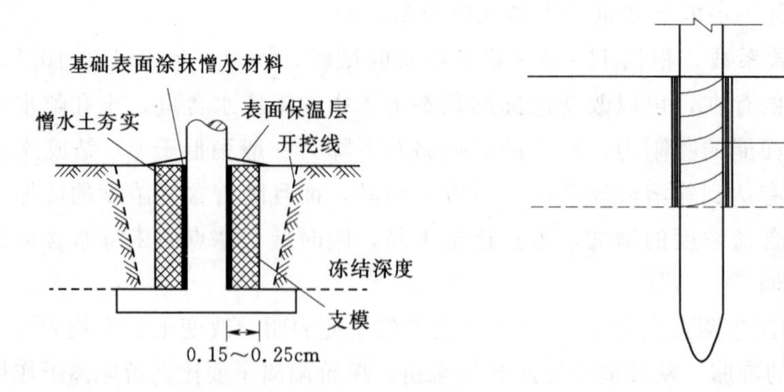

图 7.11　扩大式桩基础用憎水土回填示意图　　图 7.12　油毡包裹法示意图

(1) 沿冻层范围内的基础周边刷涂憎水材料（如沥青玛蹄脂等）。

(2) 在憎水层外层涂抹工业用黄油、凡士林油之类的脂膏。

(3) 外层用油毡纸包裹 2～3 层，包扎紧。

(4) 回填周边土。

2. 套管法

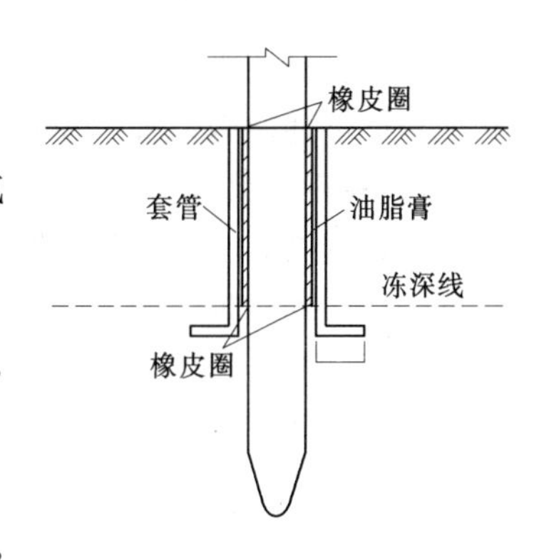

图 7.13 套管法示意图

套管法原理与油毡包裹法相同，仅仅是将油毡纸换成套管。如图 7.13 所示。

套管法适用于各类冻胀土，但需要注意如下几个问题：

(1) 套管底部应具有底盘，底盘宽度 $S=30\sim50\text{cm}$，且有足够的强度。

(2) 套管底盘应置于最大冻深线以下。

(3) 套管可以是整体圆筒式，也可以由两块半圆筒对接。

(4) 套管与桩（柱）之间应注满油脂膏，上、下口应有橡胶圈密封。

(5) 套管材质可以是预知的混凝土管或钢套管。

吉林省桩基冻害调查结果表明，冻拔破坏多数是由于冻深范围内桩壁粗糙和存在较大凸体所致。减小桩基在冻土层内桩壁的糙度，可以大大减小基土与桩壁之间的冻结力，利于基土冻胀过程中沿桩壁剪移而使冻胀力松弛。在灌注桩基础施工中，地面以下一定深度内由于水压小而成孔性差，经常出现塌孔现象，使基础不但糙度大，而且形成不规则凸体，加大冻拔力。为防止这类现象的发生，减小冻拔力，在冻深范围内设置套管是简单而有效的方法。

7.4.4 其他措施

其他工程抗冻措施还有隔水排水法、隔热保温法。隔水排水主要是设法降低地下水位，常采用盲沟、排水暗管以给地下水出路，从而降低水分迁移量。所谓隔水就是采用不透水材料隔断地下水向基础部位的迁移。该方法对板基、挡墙基础很有使用价值。

隔热保温法就是用保温材料（如浮石混凝土、聚苯乙烯保温板等导热系数低的材料）设法将基础周围围护起来，以提高热阻，减少冻深，从而达到保护基础不冻胀的目的。

除此之外，在有必要时，可以在基础周围埋设加热电缆或者其他的加热方式，在冬季可以人工给地基土加热，使其保持在 0℃以上，地基土不冻结，于是也不产生冻胀。

7.5 桩、墩式基础抗冻胀结构措施

桩（柱）、墩基础的抗冻胀结构措施是指工程技术人员在工程设计时，从增强建筑物结构自身强度抵抗（或适应）冻胀的能力。一般应遵循如下几个原则：

(1) 尽力减少基础与动身范围内地基土的接触面积，尽量用桩（柱）基取代条式基础或大体积基础。

(2) 尽量提高每个单桩（柱）的承载力，从而减少基础独立桩（柱）的数量。

(3) 尽量减少桩（柱）基础在冻层范围内的断面。

(4) 如果有可能，可将于冻层范围内接触的基础侧面设计成倾斜边（斜面与垂直面夹角为 2°～3°），以增大基础抗切向冻胀力的阻力或接受冻胀反力。

(5) 如果有可能设计成扩大式底座的桩（柱）基，以接受冻胀反力，从而增强冻拔力。

(6) 基础侧表面(在冻层范围内)尽量光滑,从而减小基侧表面糙率。

根据上述原则,桩(柱)、墩基础型式有如下几种。

7.5.1　采用扩大式基础结构

工程调查表明,在强冻胀地基中灌注桩的埋深小于 10m 者,基础的抗冻拔稳定性便没有保证,甚至桩深达 15m 者也有发生冻拔现象的。而采用扩大式基础,如爆扩桩基础、扩大式短桩基础、变径扩大基础、台式基础、井字梁基础等,如图 7.14 所示,抗冻拔效果都较好。其主要的原因是它能利用冻胀反力而自锚。

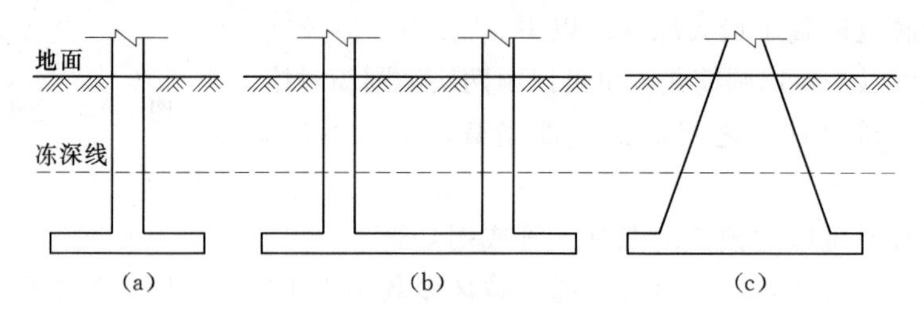

图 7.14　基础型式示意图

(a) 扩大式基础;(b) 排架式基础;(c) 墩台基础

扩大式基础、排架式基础的底板和底梁置于冻层下面,对抗拔起锚固作用。如果埋置深度不足,河底冲刷后锚固底板或底梁进入冻层,则不但基础的锚固作用失效,而且将受基底法向冻胀力作用。实际工程中有不少此种破坏实例。因此,扩大式基础一般适用于冲刷深度较小,且冲刷深易于估算的稳定河床。

扩大式基础的抗冻锚固作用主要取决于翼板长度。多年来,国内外一些专家、学者对扩大式基础锚固底板的锚固力理论和计算作了相关研究,但由于试验方法及基本假定的不同,所得结果亦不同。《水工建筑物抗冰冻设计规范》(SL 211—2006)指出:根据已建工程运行经验和野外试验结果提出对扩大式基础底板的翼板长度的要求,如图 7.15 所示。满足本规定的尺寸,在无特殊冻拔因素的情况下是安全的。

7.5.2　采用深基础

在冻胀性地基中,设计的建筑物基础,如不允许建筑物有冻胀变形,往往采用深基础。对于桩(柱)基础,其入土深度由稳定计算来确定(图 7.16)。

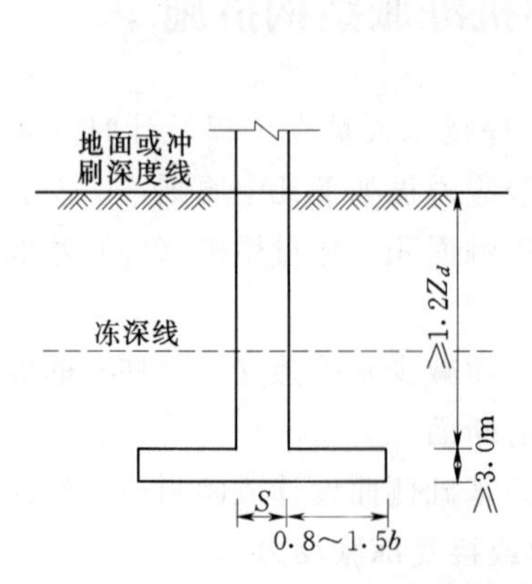

图 7.15　扩大式基础尺寸示意图

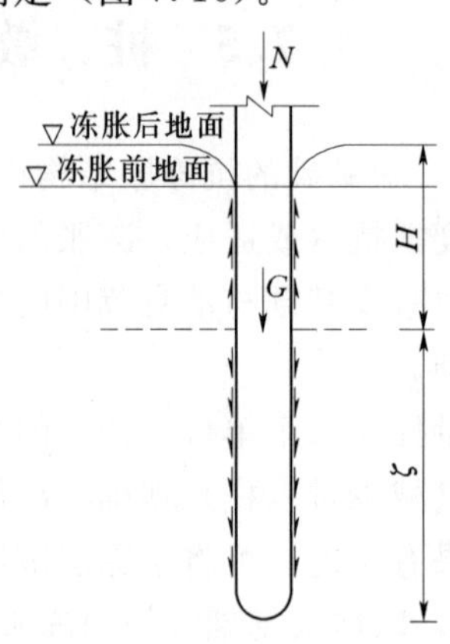

图 7.16　深基础计算简图

计算公式：

$$N+G+F=KT \tag{7.8}$$

式中　N——建筑物上部荷载，kN；

G——桩基础自重，kN；

F——总摩擦力，kN；

K——安全系数，对于静定结构 $K=1.1$，对于超静定结构 $K=1.2$；

T——总切向冻胀力，kN。

$$F=0.35fu\xi \tag{7.9}$$

式中　f——单位摩擦力，kPa；

ξ——桩（柱）在冻深以下长度，cm；

u——桩（柱）周长，cm。

$$N+G+0.35fu\xi=KT \tag{7.10}$$

$$u=\pi D \tag{7.11}$$

式中　u——对圆形桩（柱）基础底面周边长；

D——桩（柱）直径，cm。

整理后可以得到，圆桩（柱）在冻层以下长度为：

$$L=\frac{KT-(N+G)}{0.35\pi Df}=\frac{K\sum\sigma_{\tau}-(N+G)}{0.35\pi Df} \tag{7.12}$$

对于方形桩（柱），在冻土层以下的桩长为：

$$L=\frac{KT-(N+G)}{0.35\times 4Cf} \tag{7.13}$$

式中　C——方桩（柱）边长，cm；

其他符号物理意义同前。

思　考　题

1. 桩式、墩式基础冻害破坏特征有哪几种？
2. 桩基抗冻拔验算包括哪两方面内容？简述其计算过程。
3. 桩式、墩式基础抗冻胀工程措施有哪几种？基土换填法需注意哪几方面？
4. 物理化学法包括哪两种方法？其优缺点是什么？
5. 简述油毡包裹法、套管法抗冻胀措施的适用条件。具体方法是什么？
6. 桩式、墩式基础抗冻胀结构措施有哪几种？
7. 扩大式基础常见的类型有哪几种？

第8章 支挡建筑物冻胀破坏分析与防治技术

在水利、道路等工程中，支挡建筑物的应用十分普通，特别是小型水利工程中的涵、闸等，支挡建筑物应用的更多。根据小型涵、闸等工程量统计，支挡建筑物所占工程量约为整个建筑物工程量的1/3～1/2。

目前，寒冷地区的支挡建筑物多按传统的库仑或郎肯理论进行设计，然而这些理论只适合填土为非冻结的松散土体。支挡建筑物地基及填土在冻结和融化过程中其性质将发生很大变化。常规设计中采用的公式、力学指标等已不符合具有冻融特性土体的实际情况。这说明目前寒冷地区支挡建筑物的设计带有一定的盲目性，这是寒冷地区支挡建筑物冻害破坏严重的一个重要原因。

寒冷地区建筑物冻害调查表明，在涵、闸等水工建筑物中，挡土墙部分冻害相当突出和普遍，轻者产生前倾变位和微小裂缝，重者被推倒或因大的裂缝而使挡土墙分成许多不规则的块体而失去挡土作用。

8.1 支挡建筑物冻胀破坏分析

8.1.1 支挡建筑物的冻害破坏特征

1. 支挡建筑物的前倾变位

由第3章有关水平冻胀力的产生条件和一些性质可知，水平冻胀力在冻结期产生，在融化期则消失。即随季节往复作用于支挡建筑物，支挡建筑物在水平冻胀力作用下的前倾变位是逐年积累的，通常每年从11月开始前移，到翌年2月末达最大值，雨后随气温回升开始向原位方向变位，到5—6月挡土墙基本稳定。挡土墙在前移过程中不断为墙后填土的横向扩张所挤塞，因此在其复原变位中必然受到墙后填土的阻抗，而使其不能完全恢复到原位，即每次墙体前移都会留下残余变位，经数年残余变位的积累，会使挡土墙产生大的前倾变位。

还有些浅基挡土墙，由于前趾处地基融化期承载力降低，使春季前顿变位急剧增大。这种前倾变位量较大，有时经过一两年便可使挡土墙倾倒。

2. 支档建筑物的强度破坏

支挡建筑物的冻害破坏除表现为前倾外，还表现为由于强度破坏而产生各种裂缝。

（1）墙面水平裂缝。在冻结期间，当支挡建筑物前倾变形受到墙前冰或冻土约束时，常在墙后填土水平冻胀力和墙前冰（或冻土）压力共同作用下将墙剪断，在墙内外表面产生水平裂缝，在墙体侧面产生45°角的斜裂缝，如图8.1所示。

（2）斜裂缝。当支挡建筑物的基础未置于冻层以下时，由于沿长度方向的不均匀冻胀和融沉作用，使支挡建筑物产生与水平方向成近45°角（与主拉应力方向垂直）的斜裂缝。在图 8.2 中，B 点地基由于融化下沉，使墙身在重力作用下产生斜裂缝；在图 8.3 中，由于 B 点所受基底法向冻胀力大于 A 点而产生斜裂缝。

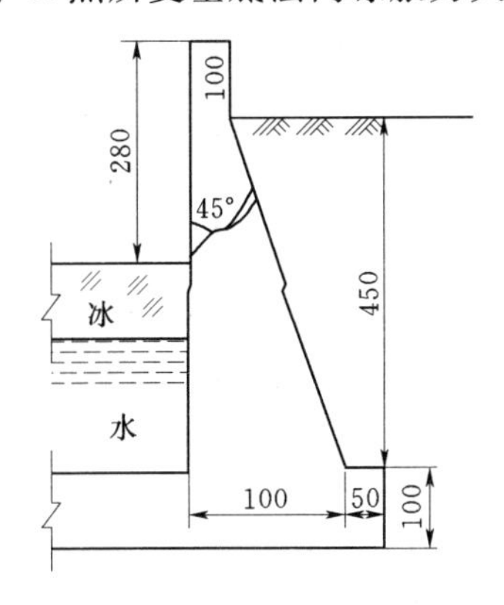

图 8.1 太阳升水库电站出口挡土墙裂缝（单位：cm）

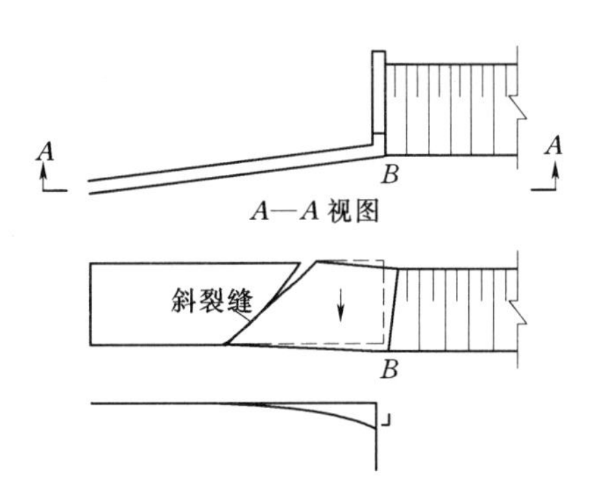

图 8.2 挡土墙沿长度方向在不均匀沉陷作用下产生斜裂缝

(3) 拐角裂缝。在寒冷地区，支挡建筑物拐角开裂，如图 8.4 所示，是一种普遍现象。这种裂缝，有的细如发丝，有的宽达几厘米，贯穿整个墙体，如图 8.5 所示。挡土墙在拐角处受三向冻结，即冷气从地表和两个墙面侵入墙后土体。使拐角处墙后土的冻深大于墙的其他部位，相应会产生较大的水平冻胀力。从墙体结构特点看，在拐角处，相交两墙体变形受到较大的约束，会使冻胀力增大。同时墙角实际上受到扭矩、弯矩、剪力等综合作用，且形成应力集中。这些条件都是使挡墙拐角开裂的主要原因。

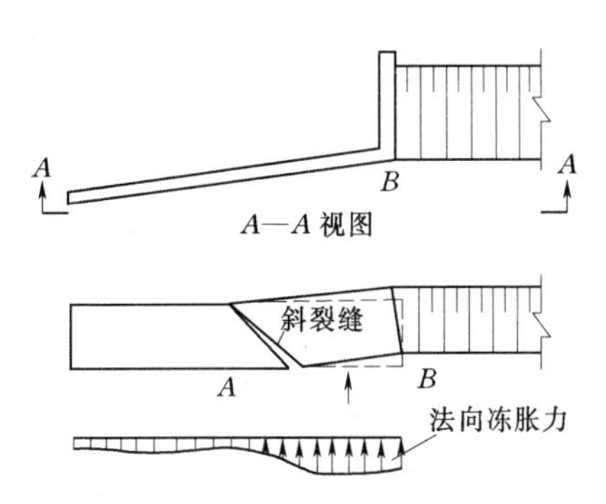

图 8.3 挡土墙基底下的不均匀法向冻胀力作用下产生斜裂缝

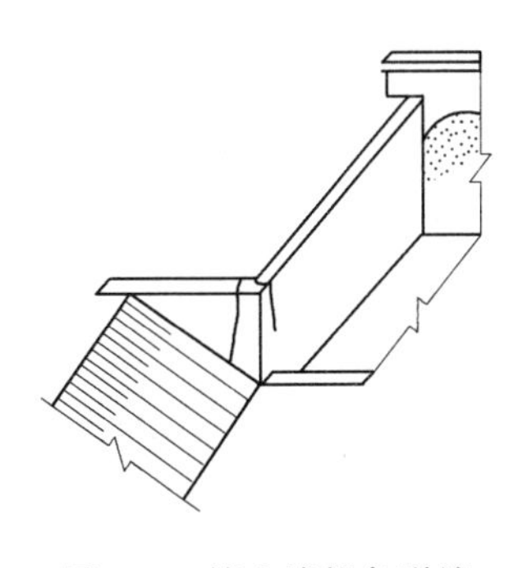

图 8.4 挡土墙拐角裂缝

图 8.5 某挡土墙拐角贯穿裂缝

(4) 长墙的弯曲变形与裂缝。在寒冷地区，整体长度较大的挡土墙，在墙后水平冻胀力的作用下多产生向非填土侧弯曲，如图 8.6 所示。这是因为挡土墙两端受约束，不易产生变形。而在中间自由度较大，挡土墙在墙后水平冻胀力作用下则发生较大前倾或位移，使挡土墙产生平面弯曲，同时使非填土墙表面受拉，当超过墙体材料抗弯抗拉强度时，便会产生竖向开裂。如某涵洞出口挡土墙，由于整体段过长，则在中间产生竖向裂缝。

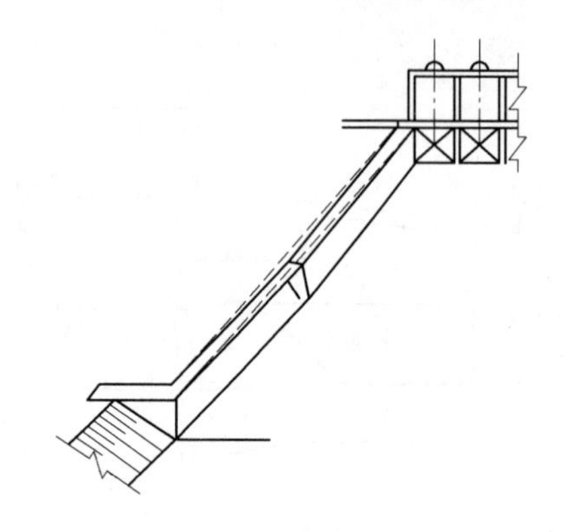

图 8.6　长挡土墙的弯曲与中间竖向裂缝

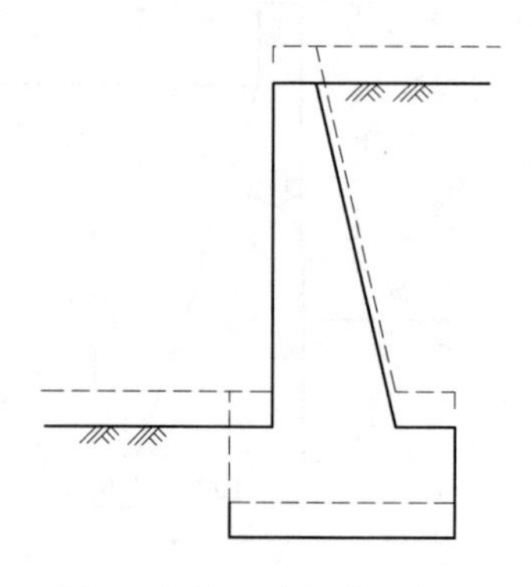

图 8.7　挡土墙整体上抬图

3. 挡土墙整体上抬

挡土墙的整体向上垂直变位常发生在挡土墙长度不大的独立墙体部位（图 8.7）。挡土墙后土体冻胀时，对墙体作用垂直向上的切向冻胀力或者墙基础浅埋于冻土中还作用有向上的法向冻胀力。在切向和法向冻胀力作用下，墙体垂直向上变位超过允许值时，由于土体冻胀的阻抗作用和土的阻塞，常不能使墙基复位。墙体整体上抬与墙体前倾常同时发生。

8.1.2　支挡建筑物的冻害破坏原因

支挡建筑物的冻害破坏可归结为两个基本原因：一是水平冻胀力对支挡建筑物的作用，二是融化期地基承载能力的降低。

1. 水平冻胀力对支档建筑物的作用

支挡建筑物的墙体表面和填土平面为两个冷锋面，其墙后土体将产生双向冻结，冻结线呈弯曲形状，如图 8.8 所示，冰晶体长度方向平行冻结线，而冻胀方向则垂直冻结线。

从第 3 章的水平冻胀力规律可知，作用于支挡建筑物上的水平冻胀力大小和分布与填土性质、水分、温度和墙体特性等多种条件有关，其中填土的水分状态，即填土的水分沿墙背深度方向的变化、地下水的补给以及填土的排水条件是影响水平冻胀力数值大小及分布的主要因素。

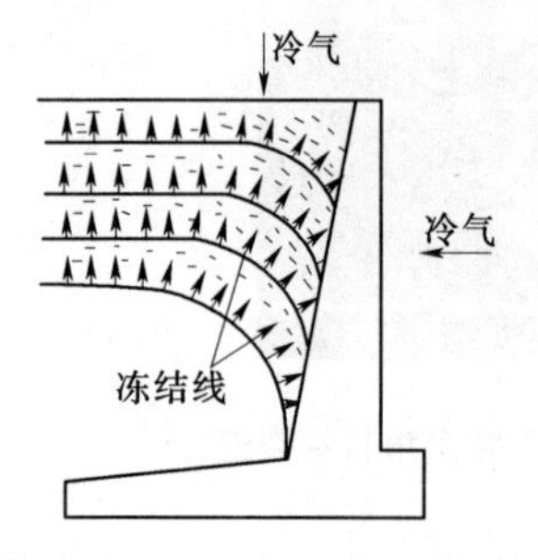

图 8.8　支挡建筑物回填土中冰晶排列与冻胀方向

通常情况下，顶部填土含水量低于塑限时，填土并不产生冻胀，而产生冻缩，使挡墙顶部的墙背与填土分离，如图 8.9 所示。如黑龙江省巴彦县东风水库试验挡土墙，1979 年观测得冻缩引起的最大裂缝为 4.5cm，深为 130cm。

随着填土含水量沿深度的增加及距地下水位的接近，水平冻胀力的最大值将在靠近墙体的下部产生，如图 8.10 所示，这是填方道路或渠堤支挡建筑物水平冻胀力分布的普遍形式。当墙后地下水位高，沿深度各层土外水源补给条件充分时，水平冻胀力最大值将在偏于墙体的上部出现，但不一定出现在最上端，这是因为靠近顶端填土的冻胀方向主要是向上的，如图 8.11 所示，故对墙体作用不大。水平冻胀力最大值偏于顶部时，将对墙体各载面产生大的弯矩值，再加之挡土墙顶部断面较小，水平冻胀力对支挡建筑物的破坏性颇大。

整个冬季，随墙后填土冻结深度的增加及由于水平冻胀力的蠕变特性，使作用于墙背的水平冻胀力的大小和分布不断变化，一般最大值出现在 2—3 月。

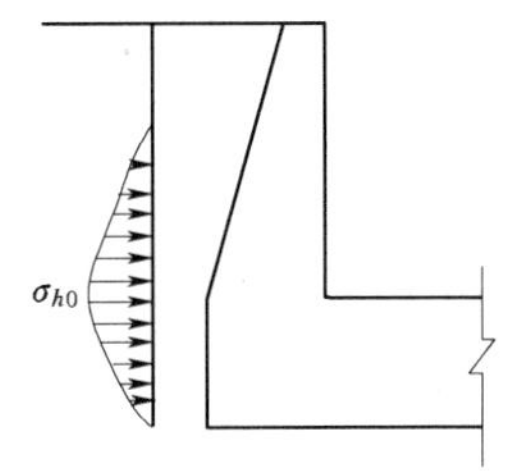

图 8.9　顶部填土含水量低于塑限时的水平冻胀力分布

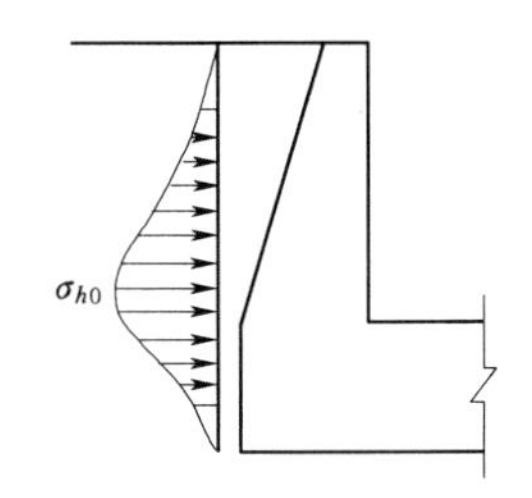

图 8.10　填土含水量沿深度增加时的水平冻胀力分布

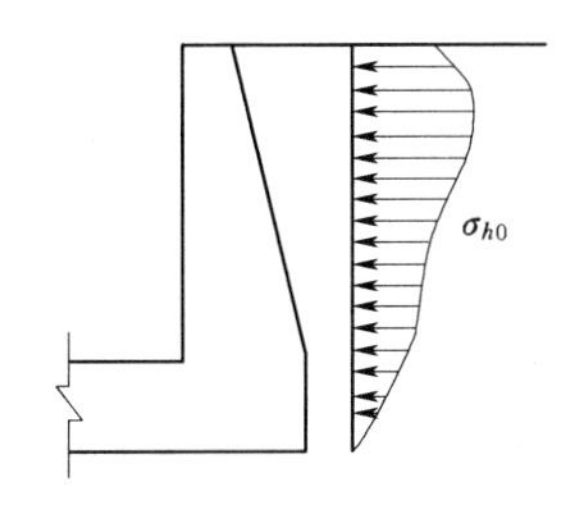

图 8.11　顶部填土含水量大时水平冻胀力分布

2. 地基融化承载力降低对挡土墙的破坏作用

地基承载力降低对挡上墙的破坏作用可分以下几种情况。

(1) 浅基挡土墙的前倾变位。支挡建筑物前倾变位还常由于基础埋深过浅造成，如图 8.12 所示。春季融化时，前趾地基土先融化，由于冻结期间的水分迁移使前趾处土体含水量增大，融化期不能及时排出，导致前趾地基处于饱水软弱状态，地基承载力显著降低。这时墙后填土尚未融化透，支挡建筑物仍存在水平冻胀力的作用。在这种情况下，支挡建筑物往往会产生大的前倾变位。

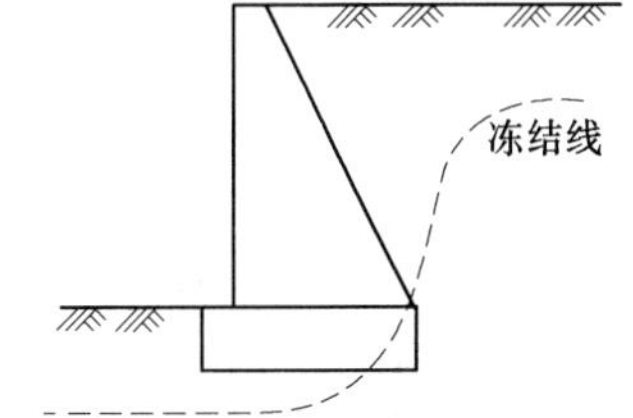

图 8.12　浅基挡土墙示意图

(2) 由挡土墙基础下残留冻土层引起的不均匀融沉。挡土墙基础下的残留冻土层通常由以下两种情况造成：其一，挡土墙春季施工，冻土层未全部挖出，便在其上修建挡上墙，如图 8.13 所示；其二，秋天挖好基坑，来年春天未等全部融化透便在其上修建挡土墙，如图 8.14 所示。上述两种情况均可引起挡土墙产生大的变位或断裂。

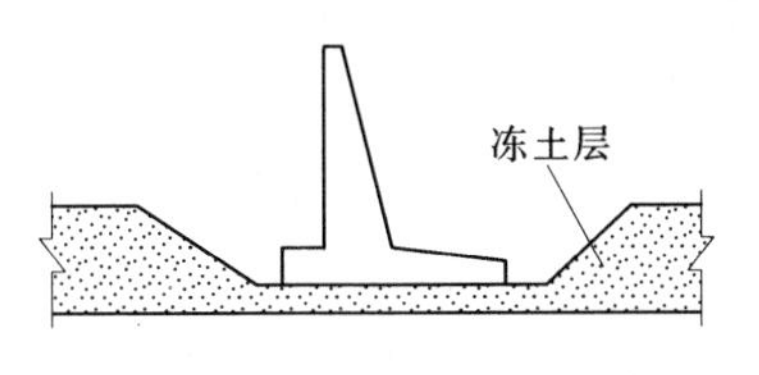

图 8.13　冻土层未全部挖出

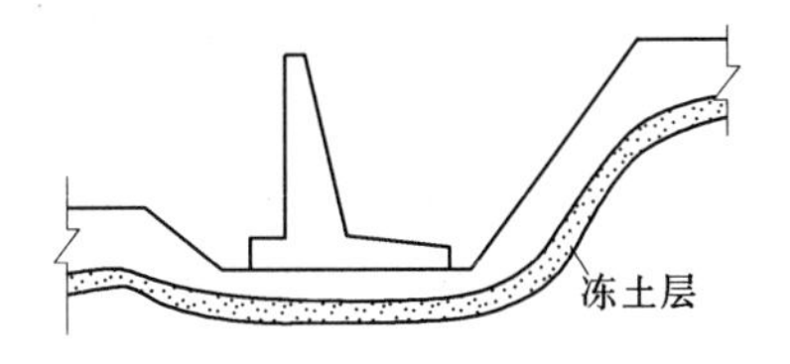

图 8.14　冻土层未化透

挡土墙的冻害破坏除前述两种主要原因外，有时还由冻融土的渗透破坏造成挡土墙破坏。墙后填土经冻融作用后抗渗性能降低也会导致水工挡土墙破坏。当墙后填土含水量低于塑限时，在冻结过程中，往往产生体积收缩，即冻缩，致使填土与墙背分离，如图 8.15 所示，春季通水时，水流沿侧向贯穿，使墙后土被淘空，进而导致挡土墙产生向后倾覆或断裂。

当墙后填土含水量较大时，由于墙体是冷锋面，水分向墙体方向迁移，在靠近墙背一定厚度的土体内，冰晶体含量很大，有时在墙背与填土间有薄冰层或霜状冰存在，如图 8.16 所示。

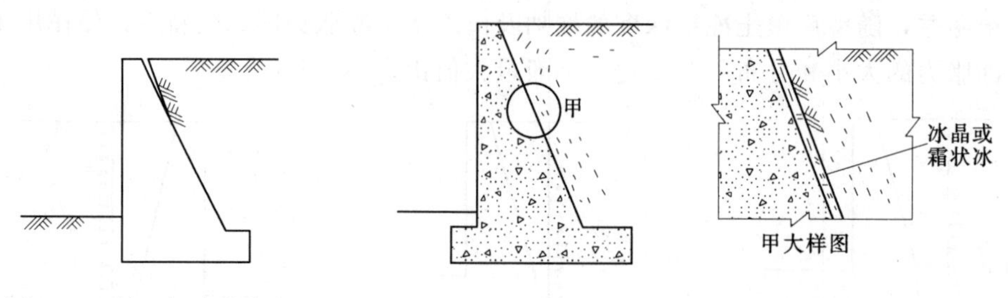

图 8.15　填土与墙背分离　　　　图 8.16　墙背冰晶与霜状冰

春季融化通水时，这部分填土抗渗性能显著降低，这也将导致挡土墙后填土因渗透破坏而被淘空，这时挡土墙往往产生后倾，如图 8.17 所示。

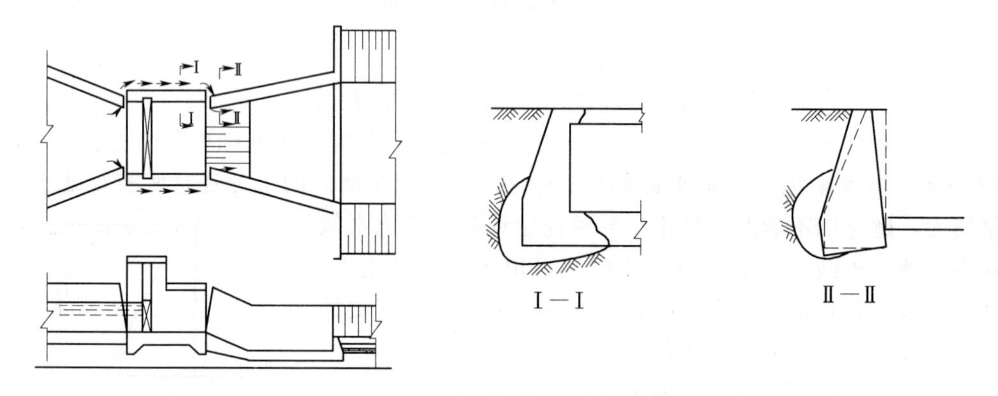

图 8.17　冻融土渗透引起的挡土墙破坏

在水工建筑物中，挡土墙的前（后）倾变形，将使沉陷缝张开或错位，当沉陷缝张开或错位过大时，将使接缝止水扯断，引起渗径“短路”，进而导致水工建筑物的渗透破坏。

8.2　支挡建筑物抗冻胀工程措施

挡土墙抗冻胀工程措施是指各种防治土体冻胀的方法，主要是消除影响土体冻胀的主要因素。采用换填非冻胀土的换填措施、排除土体中水分和隔断迁移水来源的排水和隔层封闭措施、减少地基与负气温进行热交换的保温措施等都可以达到削减或防止土体冻胀的目的。

8.2.1　换填措施

影响土体冻胀的主要因素是土质条件。如果在一定条件下将挡土墙后冻胀土换填成非冻胀土（砂、砾石等），即可达到防治墙体冻胀破坏目的。

1. 非冻胀性土（砂、砾石等）的冻结特性

土的颗粒组成对冻胀的影响在众多的研究中已给出大量的实验成果。这里将工程中的

砂石换填材料冻结时的特性综述如下。

(1) 试验和工程实践证实：土颗粒粒径大于0.1mm砂石料，在粉黏粒含量极少的情况，冻结期间，由于孔隙中自由水冻结对未冻水内产生超静水压，使水分不向冻结锋面迁移，反而向非冻结土方向移动，即砂土冻结时对砂中水分有反向压出作用。这也就是换填砂等非冻胀土在有排水出路时，不会产生冻胀的原因。

(2) 砂砾石中粉黏粒含量多少，在冻结时，对砂的冻胀性影响极大。在工程应用角度来看，粉黏粒含量不应大于12%作为控制条件。此时冻胀系数小于2%，不会造成工程破坏。

2. 采用换填措施的必要条件

根据砂砾石冻结时，无冻胀或轻微冻胀的机理。在工程上采用换填措施，必须同时具备下列条件：

(1) 填换非冻胀土的工程地点必须具备排水条件。

(2) 换填的砂砾石必须具有一定的纯净度。控制其中粉黏粒（粒径在0.005～0.05mm）含量不得超过12%。

(3) 必须有合理的换填范围和换填率。

(4) 换填砂砾石与细微粒土之间必须有反滤层，防止砂砾石中粉黏粒含量加大而失效。

3. 排水出路的设置方法

采用换填措施有无排水出路关系到换填措施的成败。因此挡土墙后换填土的排水出路可参照如下方法设置。

(1) 当地基内有砂砾石透水层，其上部的黏土层又较薄（1～2m）的情况下，可以将局部黏土层挖除，使挡土墙后换填的粗粒土与透水层之间连通，造成天然的排水出路，如图8.18 (a) 所示。

(2) 墙基下有较厚的黏土层（2～4m）连接透水层。采用挖除黏土工程量大时，可以在换填砂层下部设置垂直排水砂井。使墙后换填砂层中水分在冻结过程中，通过砂井排入透水层，如图8.18 (b) 所示。

(3) 墙基下透水层埋深大或地基处于饱水状态，不可能采用其他方法将换填层与透水层连接排水时。为换填措施有效可采用人工设置排水井的方法。设置人工排水井是利用砂土在冻结时对水分的反向排出机理。当换填砂冻结时，水分向人工排水井方向压出引起水平波动释放能量。所以人工排水井起到了减压作用。设置人工排水井的要求是井中的水不能冻结，换填砂体通过卵石盲沟与人工排水井连通。盲沟与细颗粒土接触面应有反滤层，不能被细颗粒土堵塞。排水井管下部要有筛眼进水孔并包滤网防止泥沙淤积，如图8.18 (c) 所示。

(4) 对于非饱和地基土采用换填措施时，秋季冻结前的地下水距离墙底地表的埋深大于1.5m，而且地下水位随着冻深加大而下降时，也可仅采用在挡土墙上设排水孔而不另设置排水的方案防止墙体冻害。

4. 挡土墙换填断面的设计方法

根据挡土墙后土体的温度场、挡墙水平冻胀力的分布形式确定换填断面设计方法如

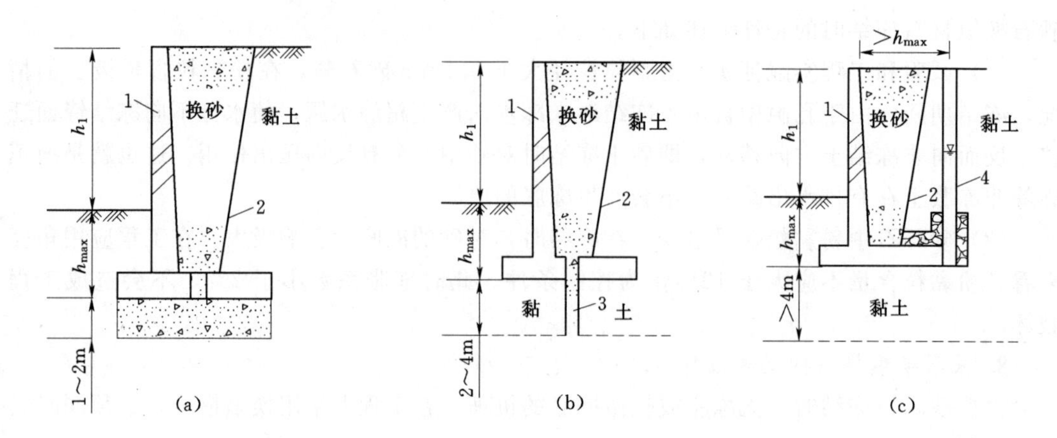

图 8.18　换填排水法示意图

(a) 直接排水；(b) 砂井排水；(c) 人工排水

1—挡土墙；2—反滤层；3—排水砂井；4—人工集水井

下：换填厚度，对于高度小于 8m 的悬臂式挡土墙可参照图 8.19（a）确定。墙顶部 $0.5Z_d$，墙高 $0.56H_w$ 处，$ee'=1.2Z_d$，墙身底部 $g_d=0.3Z_d$。对于高度小于 6m 的重力式挡土墙，换填厚度可参照图 8.19（b）确定。墙顶部 $0.5Z_d$，墙高 $0.56H_w$ 处，$ee'=1.2Z_d-\delta_1/2$，墙后趾部换填厚度为 0。对于非冻胀土回填料，小于 0.05mm 的细颗粒含量应不超过总重的 4%。

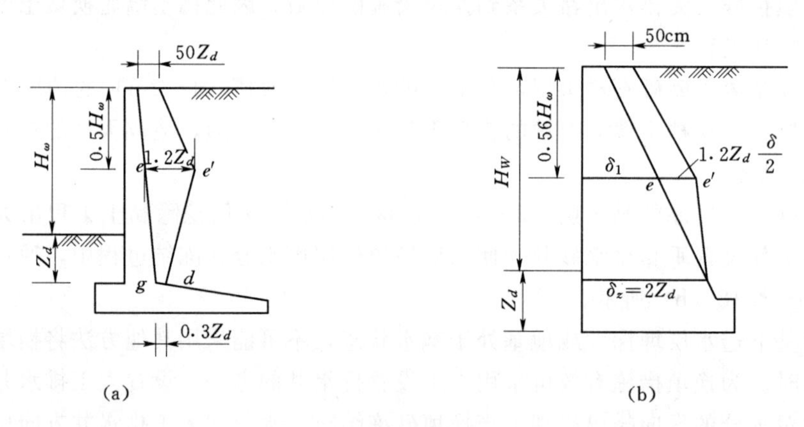

图 8.19　换填断面设计图

8.2.2　隔水封闭措施

1. 隔水材料的选择

聚氯乙烯塑料薄膜是一种不透水材料。除工农业生产中应用外，在水工抗冻胀技术中，常作为渠道防渗和防治冻害的隔断迁移水补给的隔水材料。在隔水封闭土措施中，采用聚氯乙烯塑料薄膜包裹土体具有材料易得、造价低、不透水、抗老化性能较好等特点。表 8.1 是北京东北旺农场埋于防渗渠道的聚氯乙烯塑料薄膜使用 18 年后测试的有关物理性能。从表中可看出塑料薄膜的横向和纵向的抗拉强度没有减少，反而增加；但塑料薄膜的横向和纵向的延伸率损失较大。经鉴定已运用 18 年的塑料薄膜尚可使用 30 年。所以在水利工程中应用塑料薄膜的老化问题不会造成运用效果降低。

表 8.1　　运行 18 年后塑料薄膜性能变化

<table>
<tr><th rowspan="3">厚度/mm</th><th colspan="4">抗拉强度</th><th colspan="4">延伸率</th><th rowspan="3">备注</th></tr>
<tr><th colspan="2">横向</th><th colspan="2">纵向</th><th colspan="2">横向</th><th colspan="2">纵向</th></tr>
<tr><th>数值/MPa</th><th>增率/%</th><th>数值/MPa</th><th>增率/%</th><th>数值/MPa</th><th>损率/%</th><th>数值/MPa</th><th>损率/%</th></tr>
<tr><td rowspan="2">0.12～0.15</td><td>18.87</td><td rowspan="2">72.8</td><td>24.43</td><td rowspan="2">35.9</td><td>261.3</td><td rowspan="2">96.9～84.7</td><td>224</td><td rowspan="2">95.5～19.6</td><td>1965 年埋藏前</td></tr>
<tr><td>32.6</td><td>33.2</td><td>8～40</td><td>10～180</td><td>1983 年底取样</td></tr>
<tr><td rowspan="2">0.14～0.15</td><td>18.1</td><td rowspan="2">49.7</td><td>24.27</td><td rowspan="2">36.8</td><td>261.3</td><td>98.5～96.9</td><td>246</td><td rowspan="2">98.4～83.7</td><td>1965 年埋藏前</td></tr>
<tr><td>27.1</td><td>33.2</td><td>4～8</td><td>4～40</td><td>4～40</td><td>1983 年底取样</td></tr>
</table>

2. 隔水封闭土的换填断面

挡土墙后土体冻胀对墙体的作用范围可按换填措施中的换填断面确定，如图 8.19 所示。在换填断面内不用砂砾石等换填，而改用塑料薄膜包裹的土，分层夯实后封闭修建。

3. 隔水封闭土的施工技术要求

（1）土料的要求。隔水封闭土措施所用的回填土料，可以使用工程基坑开挖的土料。对土料的颗粒组成没有严格的要求。主要控制的土料指标是土中含水量。对土料中的含水量应该控制在塑限以下。土料含水量过大时，可用晾晒风干方法解决。

（2）每层隔水封闭土的质量要求。每层隔水封闭土的厚度，按人工夯实要求不宜超过 30cm。经过夯实后的土料干密度不应小于 1.40g/cm^3。

（3）施工方法。首先按挡土墙后设计的隔层封闭断面所包裹的全部土体尺寸，将塑料薄膜黏结成整体（采用搭接时宽度不得小于 20cm）平铺于基底上。然后在其上分层回填隔水封闭土。每层隔水封闭土的施工是将按每层设计好的塑料薄膜铺好，然后填上含水量低于塑限的土料夯实。当土的干密度达到 1.40g/cm^3 以后，则用塑料布将夯实后土体全部包裹严密。在施工完第一层后，再按如上施工方法填筑第二层封闭土。如此类推直至按设计换填断面全部完成后，再将其外部用塑料布整体包裹起来，即施工完毕。

8.2.3 排水措施

采用将挡土墙后土体中水分排出的方法不仅减少了暖土压力，而且在土冻结后也可消减挡土墙水平冻胀力。

1. 一般排水方法

对于按暖土压力设计的挡土墙，为减少水压力，按构造要求在墙体上需设置排水孔。从挡土墙抗冻角度而言，墙后土体中水分在冻结前疏干也有利于减少土的冻胀。因此，在挡土墙墙体上应设置排水孔。一般挡土墙的排水孔应设置在地面以上或墙前冬季冻结水位以上。排水孔经常选择用 $\Phi5\sim\Phi10$cm，排水孔间距 2～3m。沿墙高方向可设置一排或数排，上下每排排水孔的间距 2～3m。排水孔与墙后土体相接处应用粗颗粒土料覆盖并设反滤层。排出墙后土体中水分有底部排水、墙背排水、倾斜和水平排水四种形式。其中倾斜式、水平排水形式对防治墙体冻害效果较好。图 8.20 是一般排水的四种形式。

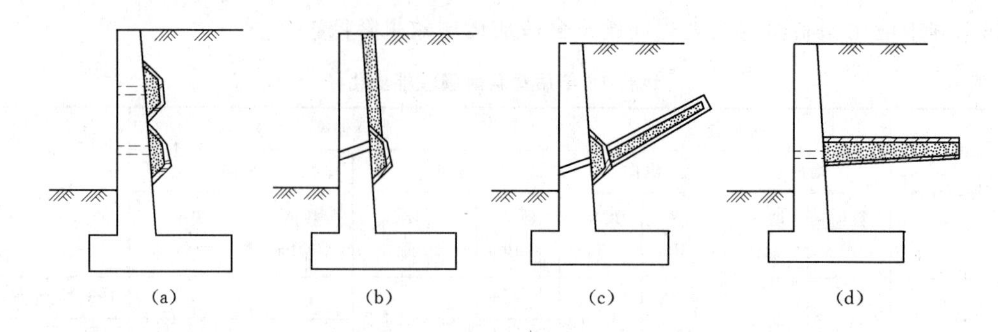

图8.20　挡土墙一般排水形式

(a) 底部排水；(b) 墙背排水；(c) 倾斜排水；(d) 水平排水

2. 排水措施的设计与施工的技术要求

(1) 排水量的计算。由于排水措施是在水利工程停水运行后，土体冻结前排水减少土中含水量。所以是静水头压力排水。水中渗流量即为排水流量。可以按达西定律的公式计算。即渗流量：

$$\delta = AKi \tag{8.1}$$

式中　A——渗流面积；

K——渗流系数；

i——水力坡降。

对于分层土正交于排水面积的总渗透系数 K 可按正交分层的公式计算：

$$K = \frac{L_1 + L_2 + \cdots + L_n}{(L_1/K_1) + (L_2/K_2) + \cdots + (L_n/K_n)} \tag{8.2}$$

式中　L_n——为每层土的厚度；

K_n——为每层土的渗透系数。

(2) 一般排水法适用于工程地点上冻前地下水位距墙底地表埋深大于1.5m的情况。

(3) 排水层与细颗粒土间必须反滤，如用无纺布等。

(4) 排水措施适宜与其他抗冻措施配合使用。

8.2.4　保温措施

保温措施是利用保温材料改变负气温与土体的热交换条件，减少土的冻结深度或改变挡土墙后回填土温度场的形状，从而达到削减土体冻胀的方法。

1. 保温材料的选择

采用保温措施防治挡土墙冻胀破坏，选择的保温材料需要具有一定的强度、导热系数低、吸水率小、隔热性能好等良好性能及造价低、材料易得、具有一定的耐久性、稳定性等要求。聚苯乙烯泡沫塑料板（简称苯板）是一种高能的保温材料。其导热系数在0.044～0.146W/(m·℃)，在不同压缩应力作用下板的变形随板的密度而变化。一般中小型渠系工程的上部荷载在100kPa以下时，密度为0.05g/cm^3 的苯板其压缩变形量接近零；密度为0.03g/cm^3 的苯板其压缩量小于2%；密度为0.02g/cm^3 的苯板其压缩变形量小于10%。此外苯板的吸水率也较低，一般体积吸水率在5%左右，但苯板的吸水率对其热传导性的影响很明显，随着吸水率的增大，热传导系数也增大，实验研究资料表明，苯板体积吸水率等于2%时，其热传导系数可增大10%；体积吸水率达到4%时，热传导系数可增大40%，如图8.21所示。苯板作为土木工程基础下的隔热保温材料设计时，要充分考虑其吸水率大小所导致热传导系数上升的影响因素。苯板的物理力学指标见表8.2。

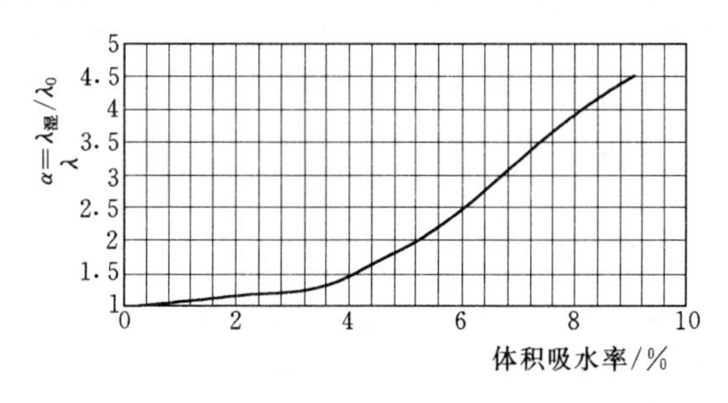

图8.21　导热系数修正系数与含水率关系曲线

表8.2　　聚苯乙烯泡沫塑料板物理力学性能表

项目		单位	性能指标				
			Ⅰ	Ⅱ	Ⅲ	Ⅳ	Ⅴ
表观密度≥		kg/m³	20	30	40	50	60
压缩强度	（相对变形10%）	kPa	100	150	200	300	400
	（相对变形2%）	kPa	60	100	140		
导热系数≤		W/(m·k)	0.041	0.039			
尺寸稳定性≤		%	3	2	2	2	1
吸水率（体积）≤		%	4	2	2	2	2

2. 保温板设计厚度的计算

（1）一般估算。可按修建工程地点设计冻深的1/15～1/10确定聚苯乙烯泡沫塑料板的厚度。

（2）等效厚度法是根据保温基础总热阻应与天然冻土层总热阻等效的原理计算保温层厚度，按式（8.3）和式（8.4）计算。

$$H_m=\lambda^*\left(\frac{1}{\alpha}+\sum_i^n\frac{\delta_i}{\lambda_i}\right) \tag{8.3}$$

式中　H_m——工程地点设计冻深，cm；

λ^*——等效导热系数；

α——地表放热系数，$\alpha=13$；

V——当地平均风速，m/s；

δ_i——保温层及基础底板厚度，cm；

λ_i——对应的保温层、基础底板材料的导热系数，W/(m·℃)。

若保温基础是一种保温材料和一种基础材料组成时，式（8.3）可写成

$$H_m=\lambda^*\left(\frac{1}{\alpha}+\frac{\delta}{\lambda}\frac{s}{\lambda_s}\right) \tag{8.4}$$

式中　δ——基础底板厚度，cm；

λ——基础材料的导热系数，W/(m·℃)；

s——保温层厚度，cm；

λ_s——保温材料的导热系数，W/(m·℃)。

需要指出的是，式（8.3）和式（8.4）中等效导热系数，并不是目前各种热工手册给出的冻土或暖土的导热系数，而是与工程地点地基土天然最大冻深或设计冻深相应的包括相变潜热作用在内的实际（等效）导热系数。这个系数可从理论分析和实际试验中得到。

（3）相关比拟法。"相关比拟法"实质是通过试验工程观测资料，求出典型工程底板下刚好无冻结层时的保温基础的临界热阻值 R_0（典型热阻），作为同类工程保温底板的设计参考热阻，再根据热阻值与冻结指数的关系，计算拟建工程的保温基础热阻值。

$$R_i = R_0 \frac{\sqrt{I_i}}{I_0} \tag{8.5}$$

式中　R_i——欲建工程的保温基础热阻，m²·℃/W；

R_0——典型热阻，m²·℃/W，可参考黑龙江省水利科学研究院的资料；

I_i——欲建工程地点的冻结指数，℃·d，也可参考工程地点附近气象台站资料进行相关分析计算；

I_0——典型工程地点的特定冻结指数，℃·d，可参照黑龙江省水利科学研究所万家冻土试验站资料。

全保温基础（基础板下刚好无冻层）的基础典型热阻为 $R_0=2.6\text{m}^2\cdot\text{K/W}$，相应实测冻结指数 $I_0=1870$℃·d，代入式（8.5），得拟建工程保温基础的热阻值

$$R_0 = 0.06\sqrt{I_0}K \tag{8.6}$$

式中　K——安全系数，由建筑物地域、结构形式、水文地质等因素决定，一般取 1.1～1.2。

保温材料的设计厚度按下式计算：

$$D = \alpha\lambda_0\left(R_0 - \frac{\delta}{\lambda}\right) \tag{8.7}$$

式中　α——导热系数修正系数，为 $\lambda_{湿}/\lambda_0$ 的比值，按图 8.21 查取，或按表 8.3 取值；

R_0——工程的基础设计热阻，m²·℃/W，按式（8.6）计算或根据《水工建筑物抗冰冻设计规范》(SL 211—2006)，按表 8.4 取值；

λ_0——保温材料在自然状态下的导热系数，W/(m·℃)；

δ——基础板厚度，cm；

λ——基础材料的导热系数，W/(m·℃)，钢筋混凝土可取 1.74，混凝土可取 1.55。

表 8.3　导热系数修正系数 α 值表

EPS 密度/(kg/m³)	体积吸水率/%	0	0.5～1	2	3	4	5	6
20～30	α	1	1.05	1.1	1.2	1.4	1.8	2.5

注　本表允许内插取值。

表 8.4 不同冻结指数时所需保温材料的设计热阻值 R_0 单位：m²·℃/W

I_m	100	300	500	800	1000	1200	1500	1800	2000	2200	2500	3000
R_0	0.94	1.17	1.39	1.70	1.90	2.09	2.35	2.59	2.74	2.88	3.07	3.24

注 I_m 为历年最大冻结指数。

水平保温板的厚度取值与竖向保温板一致。

3. 挡土墙保温措施的设计施工技术要求

(1) 挡土墙保温措施可以采用单向或双向保温方法，但采用双向保温效果更好。

(2) 聚苯乙烯泡沫塑料保温板厚度可采用等效厚度法、相关比拟法、解析法、经验公式等方法计算。对小型水利工程而言，也可采用经验确定其厚度，一般可采用最大冻深的1/10作为保护层厚度。

(3) 挡土墙保温层铺设范围的确定。

1) 挡土墙单向铺设保温层的范围：墙高方向保温板在墙后背侧铺设。保温板的高度 H 等于当地最大冻深 h_{max} 与外露墙体的高度 h_1 减去保护土层 20cm 之和。

$$H=(h_1-20)+h_{max} \tag{8.8}$$

为消除墙后保温土体不受侧向不保温土体的影响。在垂直方向，即单向保温土体两侧要设隔热层。其高度与墙背保温板高度 H 相同，长度 L_2 应等于当地最大冻深 h_{max} 的 1.5～2.0 倍。即 $L_2=(1.5\sim2.0)h_{max}$。

挡土墙单向保温范围如图 8.22 所示。

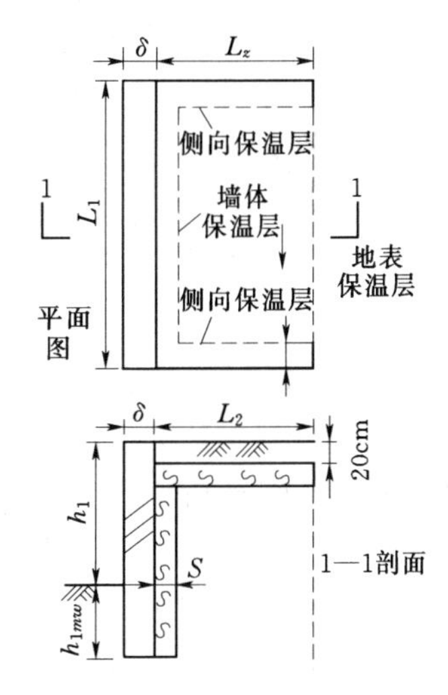

图 8.22 单向保温范围

L_1—挡墙高；S—聚苯乙烯板厚

2) 挡土墙双向铺设保温层的范围：该方法是在单向铺设保温层范围的条件下，增加在墙顶部地表下 20cm，水平铺设聚苯乙烯泡沫塑料板。其铺设宽度等于 L_2。图 8.23 是挡土墙双向保温的范围。从单向和双向保温范围可知，无论墙体多长，墙后土体两侧的保温都是必要的。

(4) 保温层施工方法。聚苯乙烯泡沫塑料泡沫板，很易锯断，所以在铺设所要求的几何形状没有问题。保温板铺设时要避免产生冷桥，所以铺设时要注意接缝。一般铺设厚 10cm 保温板时，最好选择用两层 5cm 板，这样易于将接缝错开。墙背铺设保温板要注意用铁线将保温板固定，以免保温板错动和拉开降低保温效果。水平铺设保温板上要有 20cm 土保护层，避免人为破坏。对于地下水位较高的工程区域，保温板铺设完成后应用塑料膜包裹封闭起来以增加保温防渗效果。

8.3 支挡建筑物抗冻胀结构措施

挡土墙抗冻胀结构措施是指选择在整体布置上可减少总冻胀力、能改变应力集中、允许变形量大、结构强度高和稳定性好的结构型式，以达到防止冻胀破坏的目的。根据在实际工程中应用的挡土墙结构形式，常见的有如下七种抗冻胀较好的挡土墙结构型式。

8.3.1　重力式挡土墙

重力式挡土墙墙高 2.8m，其中基础埋深按当地分层冻胀量确定。由于自地表 80cm 以下土层无冻胀量，所以为消除法向冻胀力作用及降低工程造价，基础埋深为 1.2m，墙顶宽 40cm，墙背坡比可选为 20：1～5：1。墙基宽度按墙高的 3/5～4/5 倍确定为 1.8m。重力式挡土墙按常规设计方法，需要进行如下计算。

（1）土压力计算。土压力按库仑或朗肯土压力理论计算。

（2）外露墙体沿墙基础顶面的断面强度验算。该断面的强度验算应按偏心受压公式计算。在此断面因土压力所产生的压应力和拉应力小于混凝土或浆砌石墙体材料的允许拉、压应力。一般重力式挡土墙可不验算。

（3）墙基下地基应力的验算。墙基底面由于土压力或上部荷载所产生的地基应力按偏心受压公式 $\sigma_{\min}^{\max}=\frac{\sum G}{B}\left(1\pm\frac{6e_0}{B}\right)$ 计算。最大地基应力不大于地基承载力，最小应力不小于零。为避免产生过大不均匀沉陷，一般最大地基应力与最小地基应力之比不大于 2。

（4）抗倾稳定系数。墙体稳定安全系数等于抗倾力矩与倾覆力矩之比，其值应大于抗倾安全系数。一般基本荷载组合下抗倾安全系数为 1.2～1.3；特殊荷载组合下为 1.05～1.1。

（5）抗滑稳定验算。抗滑稳定安全系数等于墙基底面与墙基间的摩阻力与水平方向的总力之比，其值应大于抗滑安全系数。抗滑安全系数与抗倾安全系数相同。

当上述计算中的某项不满足时，可采用增大断面、减少土压力、加宽基底宽度及增加基础上荷载等方法解决。重力式试验挡土墙经上述各项计算后均满足设计要求。

重力式挡土墙是土建工程中常用的挡土结构。它主要依靠墙体自重保证墙体的稳定。一般用混凝土或浆砌块石修建。季节冻土区重力式挡土墙基础埋深大于当地最大冻深，可以不受基底法向冻胀力的影响。但不能消除切向冻胀力和挡土墙水平冻胀力。重力式挡土墙因体积大、造价高、墙体适应变形能力低，不是最好的抗冻胀形式，如图 8.23 所示。

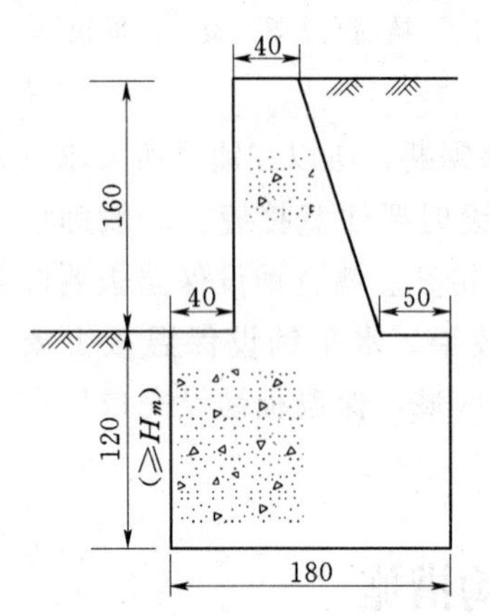

图 8.23　重力式挡土墙（单位：cm）

8.3.2　悬臂式挡土墙

1. 墙体尺寸的选定

悬臂式挡土墙由立板及底板组成。悬臂挡土墙墙顶厚度不允许小于 15cm。立板与底板相接处的厚度为墙高的 1/14～1/10。底板宽度一般为挡土墙的 3/5～4/5 倍，底板前趾宽度为底板厚度的 3/20～3/10 倍。墙基埋深不小于 80～100cm，同时需要满足冻深要求。

2. 挡土墙的土压力及抗倾、抗滑、地基应力验算方法

悬臂式挡土墙验算方法与重力式挡土墙设计方法相同。

3. 强度计算

（1）立板内力计算。立板为固定在底板上的悬臂板，在土压力的作用下按手腕构建计算立板的内力。承受内力最大处位于立板底端，此外对该

断面尚应验算裂缝开展宽度。一般对墙高的 1/2 处也计算内力，以便配筋时减少钢筋量。

(2) 底板内力计算。底板的内底板与外底板都是以立板底部为固定端的悬臂板。一般情况下，内底板受向下的荷载，底板顶面受拉，受力配筋于上侧；而外底板则相反，受力筋配在板的下侧。内外底板均按受弯构件计算。对于抗冻结构的底板因底板承受冻胀反力，所以底板要双层配筋。

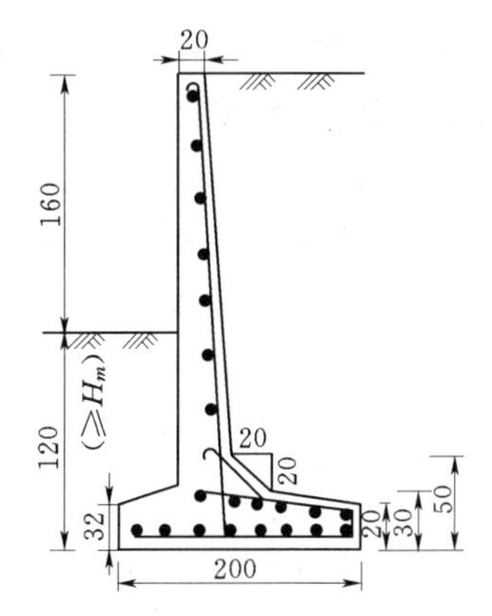

图 8.24　悬臂式挡土墙（单位：cm）

(3) 配筋计算。按选定危险断面的内力计算配筋量。立板受力筋沿立板内侧垂直放置，直径一般不小于 12cm，底板间距一般采用 10～15cm。分布筋选用一级钢筋 6，其间距不大于 40～50cm，其断面不小于立板底部受力钢筋面积的 10%。可将立板钢筋的一半或全部弯过来作为底板的受力筋。立板与底板分别配筋时，立板锚入底板钢筋长度应大于 25～30d。如图 8.24 所示。

钢筋混凝土悬臂式挡土墙由墙体立板和基础底板组成。由于墙体立板是悬臂梁结构，适应变形的能力强。所以能起到消减挡土墙水平冻胀力的目的。按暖土压力设计悬臂挡土墙基础，根据构造要求，基础埋深大于 1.0m 和当地最大冻深。由于基础板能接受冻胀反力，可起到抗冻锚固板的作用，有利于墙体稳定。悬臂式挡土墙的工程造价低于混凝土重力式挡土墙。工程实践证明悬臂挡土墙是较好的抗冻结构形式。

8.3.3　扁壳式挡土墙

扁壳式挡土墙由双曲扁壳作为墙体板支撑在 T 形立柱上。立柱与底板连接在一起。立柱、底板内力计算与拱式挡墙立柱及底板计算相同。下面主要介绍双曲扁壳的计算要求。一般采用高、宽相等的双曲扁壳，其高宽比不宜超过 1.5。它的中曲面的最大矢高 $f < a/5$（a 为壳板的短边长度），壳板的厚度 δ 与中曲面的最小曲率半径 R 之比应小于 1/20。双曲壳板是任何两个垂直方向都有曲率，两个垂直方向的曲率相等。

(1) 扁壳墙板尺寸的选定。采用两个方向等曲率扁壳最经济合理。曲率半径 R 大于 1.4 倍的边长，即最大矢高与相应的边长之比小于 9%。扁壳在直径等于 3/4～17/20 倍最小边长的圆面积内为均匀等厚，然后向边梁四周方向逐渐加厚；扁壳厚度 $\delta=\dfrac{0.8qR}{[\sigma]}$，式中 q 为整个扁壳承受荷载的平均强度，R 为曲率半径，$[\sigma]$ 为混凝土的允许应力。边梁宽不宜小于 15～20cm，梁高要超出壳体矢高 8～10cm。

(2) 扁壳墙板内力计算。扁壳板的内力计算有薄膜内力和弯曲内力。现有三角形荷载薄膜内力系数表可查，按壳板分区分别计算薄膜内力。弯曲内力按公式计算。边梁按简支梁计算。将扁壳结构应用于挡土墙作为挡土板是对传统挡土墙结构形式的改进。壳体结构主要承受轴向力，所以可节省材料。扁壳挡土墙是由预制扁壳墙板现场浇筑 T 形支撑立柱和锚固基础板组成。立柱和基础锚板按悬臂梁设计，墙板按双曲扁壳计算。工程造价低于悬臂式挡土墙。此种结构的特点是扁壳受力后，通过边梁传递给立柱，立柱是适应变形能力强的悬臂结构，底板可以接受冻胀反力，提高挡土墙的整体稳定性。所以是一种较好的抗冻结构形式，在黑龙江省依安县大量使用，如图 8.25 所示。

8.3.4　简支装配板式挡土墙

简支板式挡土墙由预制挡土墙板、支墩及底板组成。墙板按简支梁计算内力及配筋。支墩及底板与拱式挡土墙设计方法相同。由于简支板墙体也具有一定的适应变形能力及施工简单，所以适用于渠系工程中的低墙建筑，如图 8.26 所示。

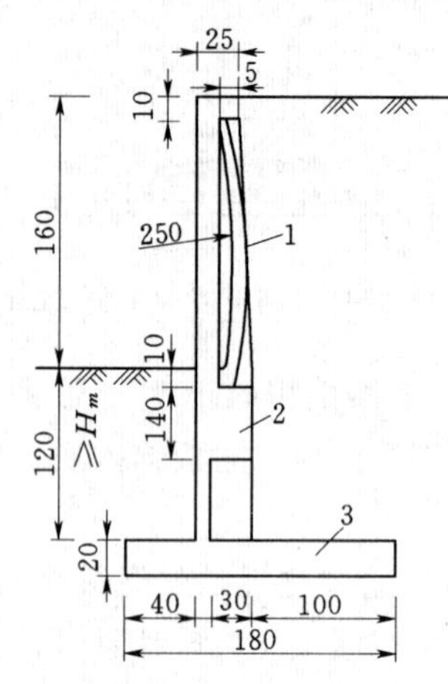

图 8.25　扁壳式挡土墙
（单位：cm）
1—扁壳墙板；2—T 形立柱；
3—基础锚板

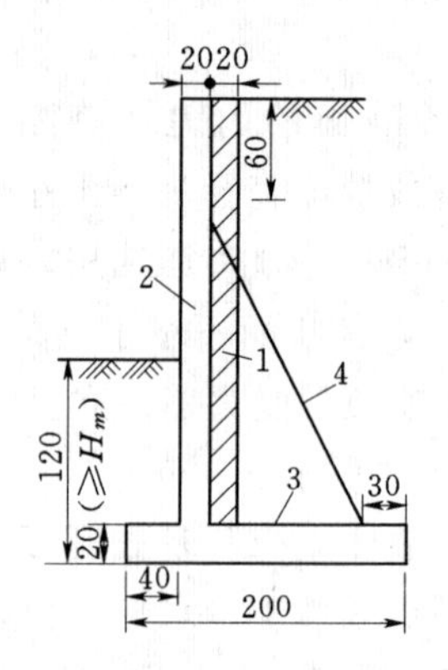

图 8.26　简支装配板式挡土墙
（单位：cm）
1—装配板；2—立柱；
3—基础锚板；4—拉筋

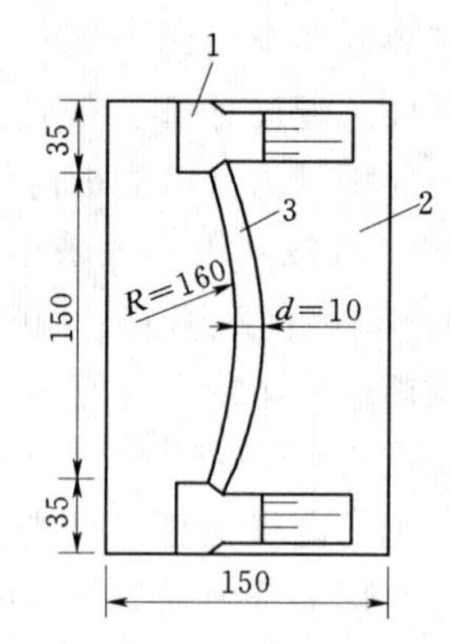

图 8.27　装配拱式挡土墙
（单位：cm）
1—T 形立柱；2—基础锚板；
3—钢筋混凝土拱片

8.3.5　装配拱式挡土墙

拱式挡土墙是由预制装配式拱圈、支墩及底板组成，如图 8.27 所示。

1. 结构尺寸的选定

(1) 拱圈尺寸。拱圈跨度可为 2～3m；预制混凝土拱圈矢跨比可选用 0.2～0.3，混凝土选用 C15～C20；拱圈厚度可参考表 8.5。

表 8.5　挡土墙拱圈厚度

支墩净距/m ＼ 离填面深度/m	<6	6～8	8～10
2.0	10	10	12
2.5	10	12	12～15
3.0	10～12	12～15	15

(2) 支墩尺寸。可参照扶臂式挡土墙的扶臂选定。支墩净间距 2～3m，支墩厚度为 30～40cm，支墩底部宽为墙高的 3/5～4/5。

(3) 底板尺寸。宽度可定为 3/5～4/5 墙高。外底板仍可选用 3/10 底板宽度。底板厚度可选为挡土墙高的 7%～8%，一般不允许小于 20cm。

2. 拱式挡土墙的抗滑、抗倾、地基应力验算

该验算与重力式挡土墙相同。

3. 挡土墙强度计算

(1) 拱圈强度计算。拱圈承载的外荷载支撑于支墩上。对于预制拱圈用现浇柱混凝土填塞拱圈与支墩连接成一体，可按无铰拱计算拱圈内力。否则可按两铰拱计算拱圈内力。

(2) 支墩强度计算。支墩计算单元可取支墩中所受的荷载计算。支墩按悬臂梁计算。危险断面应选在支墩底部。支墩前端支撑拱圈，尚应计算支墩水平方向的受拉钢筋。沿墙高方向断面内力不同，应分别计算配筋。支墩底部钢筋应锚入底板。

(3) 底板强度计算。底板以支墩为支座可按连续板计算内力及配筋。由于底板尚受冻胀反力，所以应配双层筋。

8.3.6 锚固式挡土墙

锚固式挡土墙由墙板、锚梁及底板组成。墙板为预制板，其上部按横梁和锚杆、锚梁支承，墙板下部在底板杯形基础上固定。预制墙板沿墙高方向立板支承，按简支梁计算内力，钢筋配于板外侧。锚杆按立板底部所承担的土压力弯矩相平衡的锚杆拉力对立板底部的弯矩计算拉力，并乘以 2.5 倍安全系数钢筋。锚梁按其四周的摩擦力和锚杆方向地基应力之和计算锚固力。其他稳定验算与重力式挡土墙相同，如图 8.28 所示。

8.3.7 涵管式挡土墙

涵管式挡土墙也称为圆管式挡土墙。由预制涵管及底板组成。涵管底部与底板用在管内现浇钢筋混凝土连接，锚入钢筋长度各为 30d 以上。管与管之间接头也用现浇钢筋混凝土连接，并有钢筋锚入，一般连接长度不小于 30cm。墙底板宽度为 3/5～4/5 的墙高。涵管顶部应设帽梁联成整体，涵管间孔隙抹砂浆或现浇混凝土。墙体及底板内力计算不允许少于 6 根。其他稳定验算方法与重力式挡土墙相同。如图 8.29 所示。

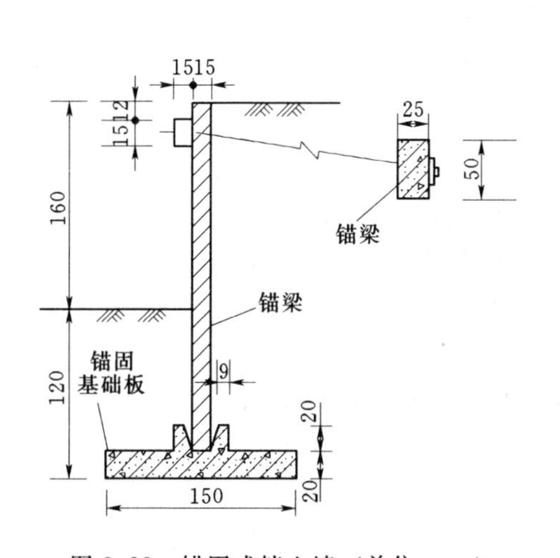

图 8.28 锚固式挡土墙（单位：cm）

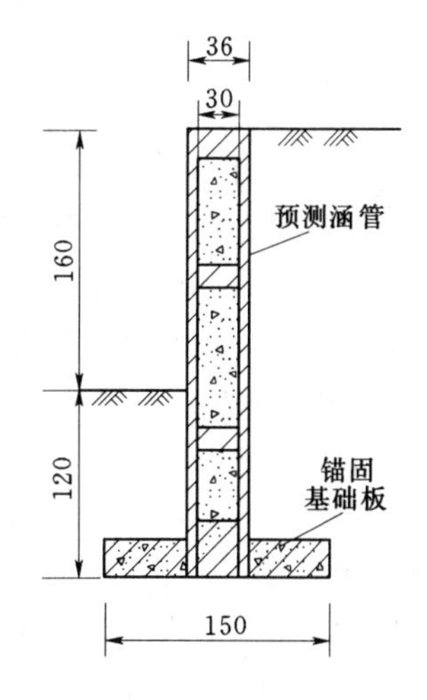

图 8.29 涵管式挡土墙（单位：cm）

8.4 支挡建筑物抗冻胀设计

挡土墙是水利水电工程中面广量大的建筑物，几乎在所有的防洪、治涝、灌溉、供水、航运、发电等水利水电工程中都是不可缺少的。季节冻土区挡土墙抗冻结构设计方法与传统的挡土墙结构设计方法是有区别的。挡土墙后回填土冻结后，土体冻胀对墙体作用的水平冻胀力值大小和其沿墙高方向的分布规律与挡土墙后暖土压力和沿墙高的分布形式完全不同。所以季节冻土区挡土墙的设计在满足暖土压力荷载的设计要求下，同时也要满足水平冻胀力荷载的设计要求，才能保证挡土墙的强度和整体稳定性，本节根据《渠系工程抗冻胀设计规范》（SL 23—2006）的规定给出了设计荷载的组合，挡土墙内力的计算方法及墙体的强度和稳定验算方法。通过设计实例对挡土墙抗冻结构设计方法进行介绍。

8.4.1　季节性冻土区挡土墙抗冻结构设计特点

1. 挡土墙总体设计及构造要求

挡土墙可以是独立的挡土建筑物，也可以是工程整体的一部分。对水利工程及公路桥涵工程而言，挡土墙在工程设计中，应从有利于挡土墙抵抗抗冻胀破坏角度出发进行总体设计。

（1）墙后填土高度应尽量减少。墙后回填土高度减少不仅在设计时降低了融土的侧向土压力，更重要的是减少了挡土墙水平冻胀力。

（2）平面布置尽量避免直角。水利工程中直角形布置的挡土墙受三向冻结条件的影响，墙体受力状态更为复杂。而且直角形布置的两侧挡土墙的直角拐点，受水平冻胀力对墙体的作用，是应力集中点。所以挡土墙常在此处破坏。因此宜采用圆弧型式挡土墙，或在直角拐点的墙体加强强度。

（3）墙体基础应布置在土质均匀在同一高程上。这样布置不仅可以防止地基的不均匀沉陷的破坏作用，而且减少了均匀冻胀对墙体的破坏作用。为防止不均匀冻胀和沉陷的破坏作用，一般墙体长度在 8～12m 处应设置沉陷缝。挡土墙基础的不均匀冻胀系数按下式计算：

$$C_u=\frac{\Delta h_i}{L}\times 100\%\leqslant[C_u] \tag{8.9}$$

式中　Δh_i——基础上两个代表点冻胀量之差；

L——两个代表点间的距离。

（4）在满足渗径要求的条件下，挡土墙体应沿高度方向设置排水孔。其孔径宜大于10cm，孔距和排距为 2～3m，排水孔与墙后土体接触部位应设置反滤层。

（5）挡土墙背侧应设防水层。墙体背侧设防水层可以防止水分渗入墙体引起的冻融破坏作用，同时也减少了墙体与回填土体间的冻结力，可以削减土体冻胀对墙体垂直变位的影响。对于浆砌石挡土墙，应用水泥砂浆或沥青抹平。对于混凝土挡土墙可在墙背直接涂热沥青 2～3mm。

（6）挡土墙结构型式应选择适应变形能力强的结构。由挡土墙水平冻胀力与变形的关系可知，挡土墙允许变形大时对挡土墙水平冻胀力约束程度小，则力对墙体的作用小。选用悬臂式结构对挡土墙的安全是有利的。

（7）选用锚板式墙基础可以接受冻胀反力，有利于墙体稳定。桩与锚固底板的周边长度之比大于 1∶3 基本上可以消除桩柱的冻拔。在工程设计中挡土墙墙基锚板尺寸可取单宽墙体与锚板周边长度为 1∶3 来确定。锚板基础埋深应等于最大冻深。

2. 挡土墙抗冻胀结构计算要求

（1）挡土墙抗冻结构水平冻胀力设计荷载应按墙体允许变形条件取值。

(2) 挡土墙抗冻结构应验算挡土墙在冻胀力作用下的结构强度（墙体最危险断面应取外露墙高底部水平地表处断面）。当不满足上述要求或不经济时，应按消减墙后回填土冻胀性的抗冻技术措施进行设计。

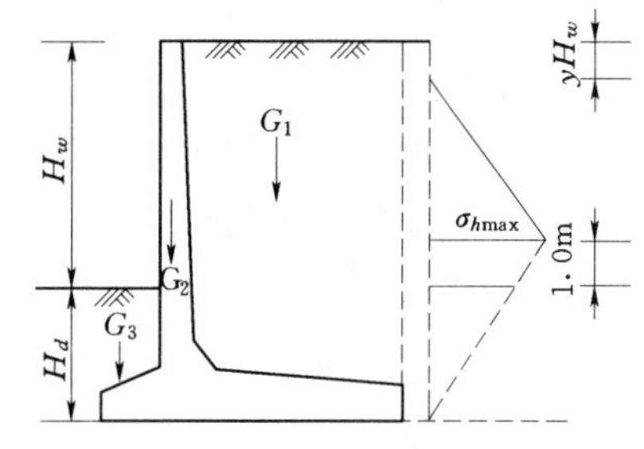

图 8.30 悬臂式挡土墙抗冻设计荷载图

8.4.2 挡土墙抗冻胀设计荷载

挡土墙抗冻设计荷载组合，主要有墙体自重、土重、挡土墙水平冻胀力和切向冻胀力。在荷载组合中土压力与水平冻胀力不叠加。设计时取其中的不利情况组合，对于设计荷载的取值及计算方法如下，图 8.30 是悬臂式挡土墙抗冻设计荷载图。

1. 静荷载

静荷载主要有墙体自重、土体重、外荷载等。根据几何尺寸及密度则可计算出各种静荷载值及重心作用点。

2. 冻胀力荷载

冻胀力荷载值考虑挡土墙水平冻胀力。

挡土墙水平冻胀力设计压强图的计算程序如下。

(1) 根据工程地点挡土墙后地基上的最大冻胀量 Δh，按表 3.10 选定墙体无变形时的最大挡墙水平冻胀力 σ_{h0} 及地基土冻胀类别。

(2) 根据表 3.12 确定挡土墙最大允许水平变形量。

(3) 根据表 3.13 确定非冻胀区深度系数 β' 值求出非冻胀区深度。

(4) 计算墙高特征点（最大水平冻胀力位置处）的水平允许变形量 $[S']$（该点墙高的变形减去了地板的厚度）与墙后地基土冻胀量 Δh 之比即为墙体变形影响系数。然后按 $m'_\sigma=1-([S']/\Delta h)^{0.5}$ 计算式即可求出冻胀力衰减系数 m'_σ。

(5) 根据挡土墙背面倾斜程度的边坡比查表 3.11 确定边坡系数 c_f。

(6) 按 $\sigma_h=c_f m'_\sigma \sigma_{h0}$ 可计算出水平冻胀力设计值，然后从单位最大水平冻胀力这点分别向墙顶和墙基连线，即可绘出挡土墙水平冻胀力设计压强图。

8.4.3 挡土墙抗冻结构计算方法

挡土墙抗冻结构计算包括有挡土墙抗倾覆计算、墙体强度计算两个部分。

1. 在冻胀力作用下的稳定验算

挡土墙的抗倾覆稳定验算，在冻胀力作用下的抗倾覆稳定按式 (8.10) 计算。

$$K_1=\frac{M_p}{M_h}\geqslant[K_1] \tag{8.10}$$

式中 K_1——挡土墙计算抗倾覆安全系数；

M_p——抗倾力矩，kN·m；

M_h——倾覆力矩，kN·m；

$[K_1]$——挡土墙允许抗倾安全系数，Ⅳ、Ⅴ级建筑物取 1.05，Ⅰ、Ⅱ、Ⅲ级建筑物取 1.1。

2. 挡土墙的强度验算

挡土墙外露墙高 H_w 处的断面强度应满足式 (8.11) 要求。

$$K_2=\frac{M_\sigma}{M_i}\geqslant[K_2] \tag{8.11}$$

式中 M_σ——挡土墙计算断面的破换弯矩，kN·m；

M_i——挡土墙计算断面的冻胀力矩，kN·m；

K_2——挡土墙计算强度安全系数；

$[K_2]$——挡土墙允许安全系数，Ⅳ、Ⅴ级建筑物取1.05，Ⅰ、Ⅱ、Ⅲ级建筑物取1.1。

8.4.4 挡土墙抗冻胀计算实例

已知某挡土墙采用砖砌结构，属3级建筑物。墙高$H=3.0$m，墙背垂直，填土面水平，墙背按光滑考虑。墙后填土为可塑性低液限黏土，内摩擦角$\varphi=16°$，黏聚力$c=38$kPa。墙前为砾石填料，容重为$\gamma=19\text{kN/m}^3$。该墙体位置处地下水位于2.0 m处。该地区最大冻深为0.8m。

首先进行受力分析：墙体属于刚性挡土墙，故仅能发生整体平移或转动。墙身的挠曲变形可忽略。墙背受到的土压力呈三角形分布，类似于静水压力分布。由于墙后填土和墙前填料容重相差不大，在墙后填土受到冻胀力的同时，墙体会产生向着离开墙后填土方向的移动或绕墙根的转动，此时墙后填土产生主动土压力；与此同时，墙前填料会受到墙体挤压，从而产生被动土压力。

根据以上计算方法和分析思路进行计算。

(1) 计算设计冻深。该墙体不受遮阴影响，基本属于全日照，查《水工建筑物抗冰冻规范》(SL 211—2006) 得$\psi_d=1.1$；该墙体位置处地下水位于2.0 m处，$\psi_w=\frac{1+0.79\text{e}^{-3}}{1+0.79\text{e}^{-2}}=0.94$，故设计冻深$Z_d=1.1\times0.94\times0.8=0.83$(m)。

(2) 计算地表冻胀量。按照地下水位2.0m，设计冻深0.83m。查黏性土地表冻胀量取值图，得出地表冻胀量$\Delta h=50$mm。挡土墙后计算点（从墙前地面以上$H/4$处）的冻胀量$\Delta h_d=100$mm。

(3) 计算最大单位水平冻胀力。根据挡土墙后计算点的冻胀量，查出最大单位水平冻胀力$\sigma_{h0}=78.6$kPa。

(4) 计算水平冻胀力合力标准值。根据冻胀土级别为Ⅲ级和计算点冻胀量为100mm，查出非冻胀区深度系数$\beta'=0.15$，最大单位水平冻胀力高度系数$\beta=0.3$；计算点的允许水平位移值$[S']=8\beta H=8\times0.3\times3.0=7.2$(cm)；墙体变形影响系数$m'_\sigma=1-(7.2/100)^{0.5}=0.73$；该挡土墙迎土面垂直，边坡修正系数$c_f=1.0$，故

$$\begin{aligned}F_n&=\frac{m'_\sigma c_f\sigma_{h0}}{2}\left[H_t(1-\beta')+\frac{Z_d\beta H}{Z_d+\beta H}\right]\\&=\frac{0.73\times1.0\times78.6}{2}\times\left[3.0\times(1-0.15)+\frac{0.83\times0.3\times3.0}{0.83+0.3\times3.0}\right]\\&=85.50(\text{kN/m})\end{aligned}$$

(5) 计算墙后主动土压力。墙体墙背垂直、光滑，墙后填土面水平，适用于采用朗肯理论计算主动土压力。经查表，朗肯主动土压力系数$K_a=0.589$，主动土压力为

$$E_a = \frac{1}{2}\gamma H^2 K_a - 2cH\sqrt{K_a} + \frac{2c^2}{\gamma}$$

$$= 0.5 \times 18 \times 3^2 \times 0.589 - 2 \times 38 \times 3.0 \times \sqrt{0.589} + \frac{2 \times 38^2}{18} = 33.17(\text{kN/m})$$

（6）计算墙前被动土压力。墙前填料属于无黏性土。采用朗肯理论计算被动土压力。朗肯被动土压力系数 $K_p = \tan^2(45° + \varphi/2) = 1.76$。被动土压力为

$$E_p = \frac{1}{2}\gamma H^2 K_p = 0.5 \times 19 \times 3^2 \times 1.76 = 150.48(\text{kN/m})$$

（7）稳定分析。水平冻胀力与主动土压力取大值，故采用水平冻胀力荷载为85.50kN/m。填料被动土压力远大于水平冻胀力。

通过本例分析计算得出：当土体冻胀对墙体产生冻胀力的同时会对自身产生反力，这种反力平衡掉一部分土压力。当冻胀力大于土压力时，墙后土压力不再对整个结构产生控制作用。也就是说只有当冻胀力大于土压力时，才会产生真正的冻胀破坏；另一方面冻胀力促使墙体挤压填料，使填料相应地产生很大的被动土压力，能够平衡冻胀力导致墙体产生的变形。因此，本墙体不会在冰、冻融、冻胀作用下发生破坏，不需要再采取抗冻措施。

思　考　题

1. 挡土墙的冻胀破坏形式有哪几种？
2. 绘出悬臂式挡土墙受冻胀时的受力简图。
3. 挡土墙的冻胀破坏成因是什么？
4. 支挡建筑物抗冻胀工程措施有哪几种？
5. 基土换填法的必要条件有哪些？
6. 挡土墙常见的排水型式有哪几种？
7. 支挡建筑物抗冻胀有哪几种结构型式？简述各自的适用条件及优缺点。
8. 季节性冻土区挡土墙设计的结构构造要求是什么？
9. 挡土墙抗冻胀设计需要考虑哪些荷载？

参 考 文 献

[1] 中华人民共和国水利部．SL 23—2006 渠系工程抗冻胀设计规范［S］．北京：中国水利水电出版社，2006.
[2] 中华人民共和国水利部．SL 211—2006 水工建筑物抗冰冻设计规范［S］．北京：中国水利水电出版社，2006.
[3] 中华人民共和国交通部．JTG D63—2007 公路桥涵地基与基础设计规范［S］．北京：人民交通出版社，2007.
[4] 徐学祖，王家澄，张立新．冻土物理学［M］．北京：科学出版社，2001.
[5] 中华人民共和国建设部．GB/T 50145—2007 土的分类标准［S］．北京：中国计划出版社，2007.
[6] 曲祥民，张滨．季节性冻土区水工建筑物抗冻技术［M］．北京：中国水利水电出版社，2008.
[7] 中华人民共和国交通部．GB/T 50600—2010 渠道防渗工程技术规范［S］．北京：中国计划出版社，2010.
[8] 中华人民共和国住房和城乡建设部．GB 50007—2011 建筑地基基础设计规范［S］．北京：中国建筑工业出版社，2011.
[9] 王希尧．不同地下水埋深和不同土壤条件下的冻结和冻胀试验研究［J］．冰川冻土，1980，2(3)：40-45.
[10] 谢荫琦，王建国，严维骏．季节冻土区水工建筑物地基土冰胀性的工程分类［C］//第三届全国冻土学术会议论文选集．北京：科学出版社，1989.
[11] 侯兆霞，刘中欣，武春龙．特殊土地基［M］．北京：中国建筑工业出版社，2007.
[12] 张实祥，朱强．冻胀计算探讨［C］//第二届全国冻土学术会议论文选集．兰州：甘肃人民出版社，1983.
[13] 程地会，崔云安，孔繁亮．基土的冻深与冻胀预报［J］．水利水电科技进展，1996，16（5）.
[14] 吴紫汪．冻土工程分类［J］．冰川冻土，1982，4（4）：43-48.
[15] 吴紫汪，刘永智．冻土地基与工程建筑［M］．北京：海军出版社，2005.
[16] 中国科学院兰州冰川研究所．第三届全国冻土学术会议论文选集［C］．北京：科学出版社 1989.
[17] 张克恭，刘松玉．土力学［M］．3版．北京：中国建筑工业出版社，2010.
[18] 中华人民共和国水利部．SL 235—1999 土工试验规程［S］．北京：中国水利水电出版社，1999.
[19] 黄海鸿，杨小平．基础工程［M］．北京：中国建筑工业出版社．
[20] 陈肖柏．用砂砾（卵）石换填黏性土防治冻胀［J］．科学通报，1979，(20)，935-939.
[21] H.A. 崔托维奇．冻土力学［M］．张长庆，朱元林，译．北京：科学出版社，1983.
[22] 童长江，管枫年．土的胀冻与建筑物冻害防治［M］．北京：水利电力出版社，1985.
[23] 陈肖柏，刘建坤，刘鸿绪，等．土的冻结作用于地基［M］．北京：科学出版社，2006.
[24] 中国灌区协会．渠道防渗技术论文集［C］．北京：中国水利水电出版社，2003.
[25] 赵明华．土力学与基础工程［M］．武汉：武汉工业大学出版社，2003.
[26] 徐学祖，王家澄，张立新，等．土体冻胀和盐胀机理［M］．北京：科学出版社，1985.
[27] 徐学祖，邓友光．冻土中水分迁移的实验研究［M］．北京：科学出版社，1990.
[28] 余书超，宋玲，欧阳辉．防治混凝土渠道冻胀破坏技术［M］．乌鲁木齐：新疆科学技术出版社，2004.
[29] 郭东信．中国冻土［M］．兰州：甘肃教育出版社，1990.

[30] 中华人民共和国建设部.JGJ 94—94 建筑桩基技术规范 [S]. 北京：中国建筑工业出版社，1995.

[31] 中华人民共和国建设部.JGJ 118—98 冻土地基建筑桩基基础设计规范 [S]. 北京：中国建筑工业出版社，1998.

[32] 赖远明，张明义，李双洋，等.寒区工程理论与应用 [M]. 北京：科学出版社，2009.

[33] 陈肖柏.我国土冻胀研究进展 [J]. 冰川冻土，1998，(03).

[34] 中华人民共和国住房和城乡建设部.JGJ 118—2001 冻土地区建筑地基基础设计规范 [S]. 北京：中国建筑工业出版社，2001.

[35] 中华人民共和国住房和城乡建设部.GB 50326—2001 冻土工程地质勘察规范 [S]. 北京：中国计划出版社，2001.

[36] 周幼吾，郭东新，邱国庆，等.中国冻土 [M]. 北京：科学出版社，2000.

[37] 水利电力部东北勘测设计院研究所.水工建筑物冻害及其防治 [M]. 长春：吉林出版社，1990.

[38] 李善征，程天金，李为民.明渠冰盖输水观测研究 [J]. 中国农村水利水电，2008 (9).

[39] 余书超，宋玲，欧阳辉，等.渠道刚性衬砌层（板）冻胀受力试验与防冻胀破坏研究 [J]. 冰川冻土，2002，24 (5)：639-641.

[40] 陈肖柏，王雅卿.冻结速率与超载应力对冻胀的作用 [C] //第二届全国冻土学术会议论文选集.兰州：甘肃人民出版社，1983：223-228.

[41] 邱国庆.甘肃河西走廊季节冻结盐渍化及其改良利用 [M]. 兰州：兰州大学出版社，1996.

[42] 王家澄，徐学祖，邓友生，等.压力对冻土孔隙特征的影响.冰川冻土，1993，15 (1)：160-165.

[43] 王正秋.细砂土冻胀分类 [C] //第二届全国冻土学术会议论文选集.兰州：甘肃人民出版社，1983.

[44] 徐学祖.国外对冻土中水分迁移课题的研究 [J]. 冰川冻土，1982，4 (3)：97-103.

[45] 徐绍新.论季节冻土区基础的冻胀力 [C] //第三届全国冻土学术会议论文选集.北京：科学出版社，1989.